中国特色企业新型学徒制培训教材

电子工艺基础

（第二版）

人力资源社会保障部教材办公室　　组织编写

中国特色企业新型学徒制培训教材编审委员会

主　任：刘　康　张　斌　韩智力
副主任：王晓君　葛　玮
委　员：杨　奕　项声闻　赵　欢　张晓燕　郑丽媛　邓小龙

本书编审人员

主　编：黄培鑫
副主编：陈　歆
参　编：张　宪　卢小林　张大鹏　韩凯鸽
主　审：王松尧

中国劳动社会保障出版社

内容简介

本书是中国特色企业新型学徒制培训教材电工电子类专业基础课程教材中的一种，主要内容包括常用电子元器件识别与检测、电子电路、元器件装配、电子产品的装配工艺、常用电子测量仪器。

本书适用于各类企业与职业院校、职业培训机构、企业培训中心等教育培训机构开展中国特色企业新型学徒制培训，也适用于企业岗位技能培训和就业技能培训。

图书在版编目（CIP）数据

电子工艺基础／人力资源社会保障部教材办公室组织编写．--2 版．--北京：中国劳动社会保障出版社，2022

中国特色企业新型学徒制培训教材

ISBN 978-7-5167-5509-9

Ⅰ.①电… Ⅱ.①人… Ⅲ.①电子技术–教材 Ⅳ.①TN

中国版本图书馆 CIP 数据核字（2022）第 140930 号

中国劳动社会保障出版社出版发行

（北京市惠新东街 1 号 邮政编码：100029）

*

北京市白帆印务有限公司印刷装订　　新华书店经销

787 毫米 ×1092 毫米　16 开本　13.5 印张　273 千字

2022 年 10 月第 2 版　　2022 年 10 月第 1 次印刷

定价：42.00 元

营销中心电话：400-606-6496

出版社网址：http://www.class.com.cn

版权专有　　侵权必究

如有印装差错，请与本社联系调换：（010）81211666

我社将与版权执法机关配合，大力打击盗印、销售和使用盗版图书活动，敬请广大读者协助举报，经查实将给予举报者奖励。

举报电话：（010）64954652

前　　言

为贯彻《关于加强新时代高技能人才队伍建设的意见》文件精神，落实《关于全面推行中国特色企业新型学徒制　加强技能人才培养的指导意见》（人社部发〔2021〕39号）有关要求，适应规范化、标准化、制度化开展企业新型学徒制培训对教材的需求，建立完善适应新时代企业新型学徒制培训需求的高质量教学资源体系，人力资源社会保障部教材办公室组织有关行业、企业、院校和培训机构的专家编写了中国特色企业新型学徒制培训教材。

中国特色企业新型学徒制培训教材依据国家职业技能标准、职业培训课程规范等进行开发。以培养劳模精神、劳动精神、工匠精神为引领，主动对接学徒生产实际，强化职业道德、职业素养及职业能力培养，积极适应产业变革、技术变革、组织变革和企业技术创新等需求。以工作过程、学习行动、问题解决为导向，有机融合理论培训与实践培训内容，贴近学徒实际水平、贴近企业实际需要、贴近岗位工作现场。

中国特色企业新型学徒制培训教材包括通用素质课程教材和专业基础课程教材两类。其中，通用素质课程教材注重对学徒综合素质和可迁移技能的培养，促进其具备良好职业道德、职业素养及职业能力，能够安全胜任岗位工作；专业基础课程教材注重对学徒专业基础知识和基本技能的培养，促进其适应有关职业（工种）技能的学习。

首批开发的中国特色企业新型学徒制培训教材依据通用素质课程培训大纲、机械类专业基础课程培训大纲、电工电子类专业基础课程培训大纲、汽车类专业基础课程培训大纲编写，具体包括《劳模精神　劳动精神　工匠精神》等9种通用素质课程教材，以及机械类、电工电子类、汽车类等专业大类的10种专业基础课程教材。

电子工艺基础（第二版）　　　　　　　　　　　　中国特色企业新型学徒制培训教材

| 劳模精神 劳动精神 工匠精神 | 职业道德与职业素养 | 安全生产（第二版） | 法律常识（第二版） | 入企教育 | 数字技能 | 绿色技能 | 质量意识 | 职业健康与卫生 |

通用素质课程培训大纲

通用素质课程教材体系

| 机械基础（机械类） | 机械识图与公差测量（第二版） | 机械制造基础 | 电工基础（机械类） | | 电工基础（电工电子类） | 电子工艺基础（第二版） | 机械基础（电工电子类） | 机械与电气识图 | | 汽车技术基础 | 机械基础（汽车类） |

机械类专业基础课程培训大纲　　**电工电子类专业基础课程培训大纲**　　**汽车类专业基础课程培训大纲**

专业基础课程教材体系

　　本教材是开展中国特色企业新型学徒制培训的重要教学资源。主体读者对象为参加企业新型学徒制电工电子类职业培训人员，也适用于企业岗位技能培训和就业技能培训人员。

　　本教材由黄培鑫担任主编、陈歆担任副主编并负责统稿。本教材在开发过程中得到了北京、内蒙古、辽宁、浙江、山东、河南、广东、重庆、陕西等地人力资源社会保障厅（局）及南通职业大学、苏州工业职业技术学院、天津市军事交通学院、首钢技师学院等相关企业、院校、培训机构的大力支持与协助，在此一并表示衷心的感谢。欢迎读者对完善本教材提出宝贵意见。

人力资源社会保障部教材办公室

目录

第1章
常用电子元器件识别与检测 /001

第 1 节　电阻器的识别与检测 /001
第 2 节　电位器的识别与检测 /014
第 3 节　电容器的识别与检测 /016
第 4 节　晶体二极管的识别与检测 /025
第 5 节　晶体三极管的识别与检测 /035
第 6 节　场效应晶体管的识别与检测 /049
第 7 节　晶闸管的识别与检测 /053
第 8 节　集成电路的使用 /057
第 9 节　电感器的识别与检测 /062
第 10 节　变压器 /066

第2章
电子电路 /069

第 1 节　基本放大电路 /069
第 2 节　集成运算放大器 /075
第 3 节　整流、滤波电路 /078
第 4 节　直流稳压电路 /088
第 5 节　数字电路 /096

第3章
元器件装配 /103

第 1 节　装配工具 /103
第 2 节　元器件的引脚成形 /106
第 3 节　元器件的装配 /109
第 4 节　绝缘导线的加工 /112
第 5 节　线扎加工 /113
第 6 节　元器件的焊接技能 /116

第 7 节 元器件的拆焊 /122

第 4 章
电子产品的装配工艺 /125

第 1 节 电子产品装配工艺流程 /125
第 2 节 多用电路板的装接工艺 /128
第 3 节 印制电路板的装接工艺 /137

第 5 章
常用电子测量仪器 /148

第 1 节 电子测量的基本知识 /148
第 2 节 指针式万用表 /150
第 3 节 数字式万用表 /165
第 4 节 示波器 /168
第 5 节 频率计 /177
第 6 节 信号发生器 /183
第 7 节 晶体管毫伏表 /191
第 8 节 晶体管特性图示仪 /197
第 9 节 其他测量仪器 /202

参考文献 /207

附表 常用电气图的图形符号 /208

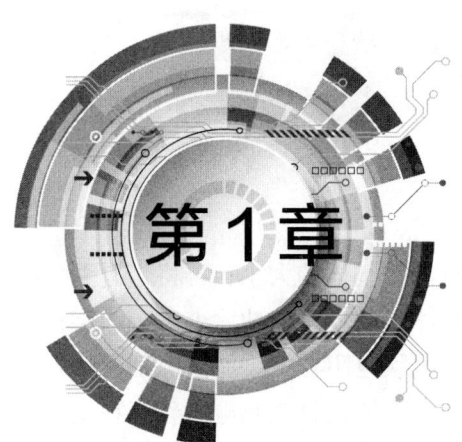

第1章

常用电子元器件识别与检测

第1节 电阻器的识别与检测

一、电阻器的作用与类别

电阻器是一种能使电子运动产生阻力的元件，是一种能控制电路中电流大小和电压高低的电子元件。如使用的电阻器阻值大，则电路中的电流就小，电压值就低；反之，则电路中的电流就大，电压值就高。所以，电阻器在电路中有稳定和调节电流、电压的作用，可以作为分流器和分压器，还可以作为消耗功率的负载电阻。

电阻器分为固定式与可变式两大类。固定电阻器主要用于阻值固定而不需要变动的电路中，起限流、分流、分压、降压及负载和匹配等作用。

可变电阻器分成可变与半可变两类。可变电阻器又称变阻器或电位器，主要用在阻值需要经常变动的电路中，用其来调节音量、音调、电压、电流等。如收音机中的音量调节，歌舞厅调音室中的调音台音量推子（各路音量电位器）等。在结构上分为旋杆式（旋柄式）和滑杆式两类。

半可变电阻器又称微调电阻器或微调电位器。其主用于对电路进行调试，使电路符合设计要求。调节时，通过调节微调电阻器的旋转触点，改变其与两侧固定引出端间的阻值，即改变微调电阻器的阻值，从而达到调整电路电压、电流的目的。

按照电阻器的制成材料与制成结构，分为碳膜电阻器、金属膜电阻器和金属线绕式电阻器等，部分电阻器实物如图1-1所示。电阻器的基体通常采用耐高温，并且有一定机械强度的绝缘材料，如陶瓷等。为了方便生产和使用，通常将电阻器的基体做成圆柱形。

中国特色企业新型学徒制培训教材

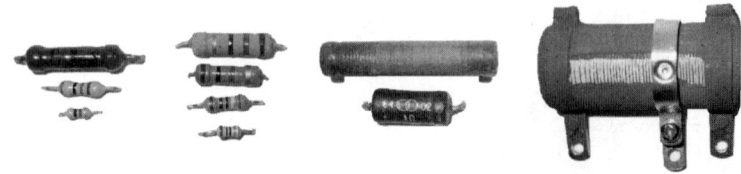

图 1-1 部分电阻器

在制作电阻器时，首先按其功率大小确定电阻器的基体的大小；再将带有引线的金属帽，套在电阻器基体的两端；然后在电阻器基体的四周均匀地涂上碳膜涂层；再给各种阻值的电阻器印上阻值标识，就制成了一只碳膜电阻器。金属膜电阻器的外表是一层金属膜涂层，其性能比碳膜电阻器好。线绕电阻器是将金属电阻丝绕在基体上制成的。线绕电阻器体积较大，但其性能比碳膜电阻器和金属膜电阻器都好。

膜式电阻器的阻值范围比较大，可以从零点几欧姆至几十兆欧姆，但功率比较小，多为 2 W 以下。线绕式电阻器的阻值范围比较小，为零点几欧姆至几十千欧姆，但功率较大，最大可达几百瓦。

在电子设备产品中，贴片型元件的使用也十分广泛。大的控制设备，如挖掘机的控制板，小的电子产品如蓝牙耳机、耳道助听器等，都大量使用了贴片型元件。贴片型电阻器的实物如图 1-2 所示。

图 1-2 贴片型电阻器

贴片型电阻器又叫"厚膜片式固定电阻器"，或称"矩形片状电阻"，属于金属玻璃铀电阻器中的一种。是将金属粉和玻璃铀粉混合，采用丝网印刷法印在基板上制成的电阻器。

贴片电阻器的特点如下：

（1）体积小，重量轻。

（2）适合波峰焊和回流焊。

（3）机械强度高，高频特性优越。

（4）常用规格的价格比传统引线电阻还便宜。生产成本低，配合自动贴片机，适合现代电子产品规模化生产。

贴片电阻器由于价格便宜，生产方便，能大幅度减少 PCB（印制电路板）面积，减小产品外观尺寸，现在已取代绝大部分传统引线电阻。

二、电阻器的符号及串并联

1. 电阻器的图形符号与代号

电阻器在电路中的图形符号如图 1-3 所示。

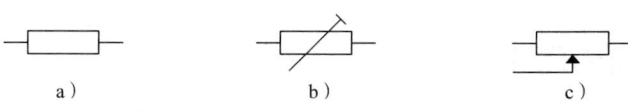

图 1-3 电阻器图形符号

a）固定电阻器　b）可变电阻器　c）电位器

固定电阻器的文字符号为"R"。如在电路中使用两个电阻器，就将它们编成"R1、R2"。如在一个电路图中有二十个电阻器，则可以将它们分别编为 R1、R2、R3、……、R20。

可变电阻器和电位器的文字符号为"RP"。如在一个电路图中有三个电位器，则可以将它们分别编为 RP1、RP2、RP3。

2. 电阻器的串、并联及其作用

（1）电阻器的串联及其作用。把两个或两个以上电阻器的首尾相连，即为电阻器的串联。电阻器串联相当于电阻器物理长度增加，使总阻值增大。如将 3 个电阻串联，串联后的阻值等于各个电阻值之和（见图 1-4）。

串联后的总电阻值 $R=R_1+R_2+R_3$

各个电阻器上的电压降（也可以看成是电阻器的分压）是这个电阻器占总电阻的比值数乘上接在总电阻器上的电压。

R1 上的分压 $U_1 = R_1 \times U / (R_1+R_2+R_3)$

R2 上的分压 $U_2 = R_2 \times U / (R_1+R_2+R_3)$

R3 上的分压 $U_3 = R_3 \times U / (R_1+R_2+R_3)$

（2）电阻器的并联及其作用。把两个或两个以上的电阻并排地连在一起，电流可以从各条途径同时流过各个电阻，这就是电阻的并联。如将图 1-5 中的三个电阻并联，其结果就相当于电阻截面积加大，总电阻值减小。

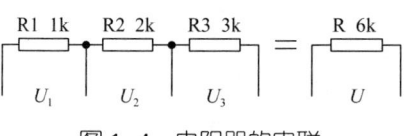

图 1-4　电阻器的串联

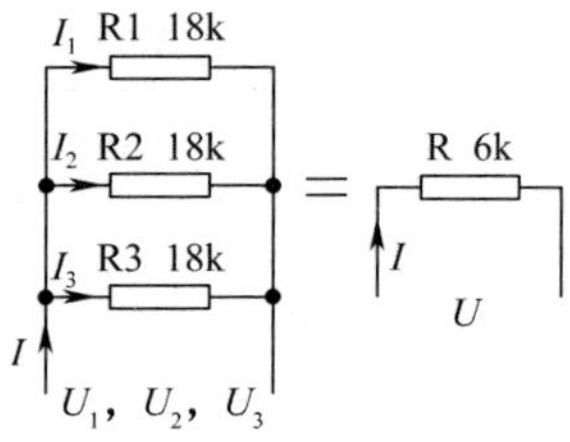

图 1-5　电阻器的并联

并联后的总电阻 $R = U/I = 1/(1/R_1+1/R_2+1/R_3)$

并联时各电阻器承受的电压降相同，即 $U=U_1=U_2=U_3$

并联电路中的总电流等于各电阻上流过的电流之和。

$$I = I_1+I_2+I_3 = U/R_1+U/R_2+U/R_3$$
$$= U(1/R_1+1/R_2+1/R_3)$$

电阻器无论串联或并联，电路中消耗的总功率都是各个电阻器消耗功率之和。在对电阻器进行串、并联时，要注意各电阻器功率最好一致或相近。

三、电阻器的识别

电阻器的识别包括电阻器阻值的识别、电阻器功率的识别、电阻器制成材料和性能的识别等几项内容。每个电阻器都有自己的型号，以表示其类别（固定式电阻器或可变式电阻器）、材料（碳膜材料或金属膜材料或其他材料）、性能（高频或低频，线性式调节或指数式调节等）、阻值和误差精度等。

电阻器型号一般用4位或5位字母及数字表示，电阻器和电位器命名示意图如图1-6所示，电阻器和电位器型号含义见表1-1。

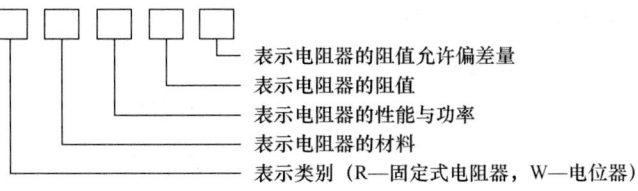

图1-6 电阻器和电位器命名示意图

表1-1 电阻器和电位器型号含义

第1位	第2位		第3位		第4位	第5位
字母	字母		数字和字母		数字	大写字母
R（电阻器）W（电位器、可变电阻器）	T	碳膜	1	普通	对材料、特征相同，仅尺寸、性能指标有差别，但基本上不影响互换的产品给同一序号	区别代号
	P	硼碳膜	2	普通		
	U	硅碳膜	3	超高频		
	H	合成膜	4	高阻		
	I	玻璃釉膜	5	高温		
	J	金属膜	7	精密		
	Y	氧化膜	8	电阻器：高压 电位器：特种函数		
	S	有机实心	9	特殊		
	N	无机实心	G	高功率		
	X	线绕	T	可调		
	C	沉积膜	X	小型		
	G	光敏	L	测量用		
	R	热敏	W	微调		
			D	多圈		

1. 电阻器阻值的识别

电阻器阻值的表示方法有：字标表示法、数字表示法和色环表示法三种。字标表示法的电阻器识别比较直观，但在电阻器的生产、装配和电子设备维修时，都不太方便，特别是维修时不易识别。色环表示法的电阻器，无论是生产，还是在装配与维修中都很方便识别，所以使用比较普遍。

（1）电阻器字标表示法。电阻器字标表示法是用 0 ~ 9 十个阿拉伯数字及英文字母组成不同的组合，来表示电阻器的不同阻值及其性能参数。

如 5.1 kΩ 电阻器的字标表示法为：5.1 kΩ、5.1 k 或 5k1。千欧姆以上的电阻器，字母 "Ω" 可以不标注。

字标表示法电阻器的外形如图 1–7 所示。

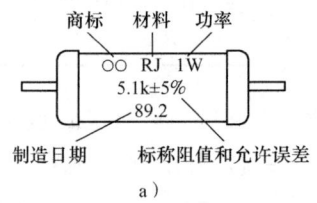 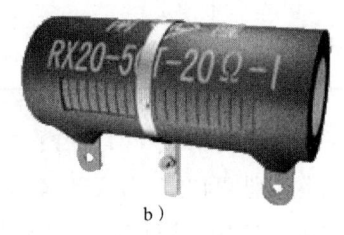

图 1–7　电阻器的字标表示法

a）字标表示法的电阻器　b）字标表示法的电阻器实物图

（2）电阻器数字代码表示法。数字代码表示法通常由 3 位或 4 位阿拉伯数字与字母组合而成。第一位数字和第二位数字表示电阻器的具体阻值数，第三位数字表示 1×10^n 次方，也可以看成是 "零" 的个数。4 位数字代码表示的电阻器，第一位至第三位表示具体阻值数，第四位表示 1×10^n 次方。以 3 位数字代码表示法为例：电阻器数字代码表示法命名示意图如图 1–8 所示，电阻器数字代码表示法含义见表 1–2。数字表示法通常使用在贴片电阻器上。

表示 1×10^n，或看成是 "0" 的个数
表示有效数字
表示有效数字

图 1–8　电阻器数字代码表示法命名示意图

表 1–2　电阻器 3 位数字代码表示法含义

第 1 位 （表示数字）	第 2 位 （表示数字）	第 3 位 （表示 10^n 或零的个数）
1：1	1：1	1：1×10^1（或 0）
2：2	2：2	2：1×10^2（或 00）
3：3	3：3	3：1×10^3（或 000）
4：4	4：4	4：1×10^4（或 0000）

续表

第1位 （表示数字）	第2位 （表示数字）	第3位 （表示 10^n 或零的个数）
5：5	5：5	5：1×10^5（或 00000）
6：6	6：6	6：1×10^6（或 000000）
7：7	7：7	7：1×10^7（或 0000000）
8：8	8：8	8：1×10^8（或 00000000）
9：9	9：9	9：1×10^9（或 000000000）
0：0	0：0	0：1×10^0（或表示无 0）
R（表示小数点）	R 左边数为整数，R 右边数为小数 （如：1R0 =1 Ω，R100 =0.1 Ω）	

如 "473"："47" 表示数字 4 和 7；"3" 表示 $1 \times 10^3 = 1\,000$，也可以看成有 3 个 "0"，即为 "000"。则 "473" 含义为 $47 \times 1\,000 = 47\,000$，或看成在 47 的后面加上三个零，即为 47 000，单位是欧姆。简化后的写法为 "47 kΩ"，也可写成 "47 k"。

再如 "47R"："47" 表示数字 4 和 7；"R" 表示小数点，或看成在 47 的后面没有零，即为 47，单位是欧姆。

数字表示法使用十分普遍，特别是在贴片型电阻器上，都是采用数字表示法的标注方法。

例如 RS–05K102JT 贴片电阻器，其含义为：

R 表示电阻；S–05 表示功率，是 0805 封装，为 1/8 W 功率（见表 1–3）；K 表示温度系数为 100 ppm；102 表示阻值为 1 kΩ（数字表示法）；J 表示阻值精度为 5%；T 表示编带包装形式。贴片电阻器的封装、外形尺寸及功率对照见表 1–3。

例如，标识为 "R050" 的贴片式电阻器，第 1 位 "R" 表示小数点；第 2 位 "0" 表示数字 0，排在小数点后 1 位；第 3 位 "5" 表示数字 5，排在小数点后 2 位；第 4 位 "0" 表示 1×10^0，或看成 "无"。则 "R050" 含义为 0.05，单位是欧姆，实则为一只 0.05 Ω 的贴片电阻器。

（3）贴片电阻器封装与外形尺寸。贴片电阻器的封装有 0201、0402、0603、0805、1206、1210、1812、2010、2512 九种，不同的封装有不同的体积之分。选择贴片电阻器的封装，要根据电子产品的整机大小而定。如蓝牙耳机、手机中的大部分贴片电阻器，由于电压低、电流小，又受整机体积的约束，所以通常采用较小的封装电阻器，如 0201、0402 和 0603 封装。而液晶电视机中的部分贴片电阻器，以及许多工业自动控制设备中的控制电路板使用的贴片电阻器，由于工作电压比较高、电流比较大，大部分采用体积较大封装的贴片电阻器，如 0805、1206、1210、1812、2010、2512 封装。

表 1-3　贴片电阻器的封装、外形尺寸及功率对照表

英制 （inch）	公制 （mm）	长（L） （mm）	宽（W） （mm）	高（t） （mm）	a （mm）	b （mm）	功率 （W）
0201	0603	0.60±0.05	0.30±0.05	0.23±0.05	0.10±0.05	0.15±0.05	1/20
0402	1005	1.00±0.10	0.50±0.10	0.30±0.10	0.20±0.10	0.25±0.10	1/16
0603	1608	1.60±0.15	0.80±0.15	0.40±0.10	0.30±0.20	0.30±0.20	1/10
0805	2012	2.00±0.20	1.25±0.15	0.50±0.10	0.40±0.20	0.40±0.20	1/8
1206	3216	3.20±0.20	1.60±0.15	0.55±0.10	0.50±0.20	0.50±0.20	1/4
1210	3225	3.20±0.20	2.50±0.20	0.55±0.10	0.50±0.20	0.50±0.20	1/3
1812	4832	4.50±0.20	3.20±0.20	0.55±0.10	0.50±0.20	0.50±0.20	1/2
2010	5025	5.00±0.20	2.50±0.20	0.55±0.10	0.60±0.20	0.60±0.20	3/4
2512	6432	6.40±0.20	3.20±0.20	0.55±0.10	0.60±0.20	0.60±0.20	1

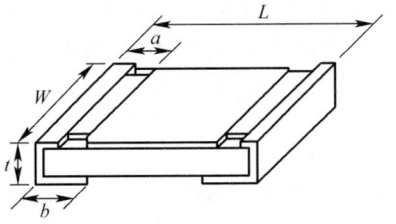

（4）色环表示法。将一定颜色的色环印在电阻器上，用色环代表电阻器的阻值，这种电阻器就叫色环电阻器。色环电阻器具有生产方便，识别直观的优点，所以被广泛地使用。

色环电阻器中的色环表示色有：棕、红、橙、黄、绿、蓝、紫、灰、白、黑以及金、银共计 12 种颜色。色环含义见表 1-4。

表 1-4　色环含义

颜色	有效数字	乘数（或零的个数）	允许偏差
棕	1	$\times 10^1$（0）	±1%
红	2	$\times 10^2$（00）	±2%
橙	3	$\times 10^3$（000）	—
黄	4	$\times 10^4$（0000）	—
绿	5	$\times 10^5$（00000）	±0.5%
蓝	6	$\times 10^6$（000000）	±0.2%
紫	7	$\times 10^7$（0000000）	±0.1%

续表

颜色	有效数字	乘数（或零的个数）	允许偏差
灰	8	$\times 10^8$（00000000）	—
白	9	$\times 10^9$（000000000）	—
黑	0	位于最后一位表示"无"，其余位置表示"0"	—
金	—	$\times 10^{-1}$（0.1）	$\pm 5\%$
银	—	$\times 10^{-2}$（0.01）	$\pm 10\%$

色环电阻器中分为四道色环的电阻器和五道色环的电阻器两种。

以四道色环的电阻器的识别为例：四色环电阻器外形有四道颜色环，如图 1-9 所示。

四色环电阻器的第 1、2 道色环表示 2 位有效数字；第 3 道色环表示 1×10 的 n 次方数，也可以看成是"0"的个数；第 4 道色环表示阻值的允许偏差。识别时应注意电阻器色环的识别方向，如图 1-10 中的箭头方向。

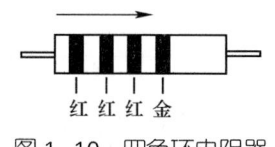

图 1-9　四色环电阻器命名示意图　　　图 1-10　四色环电阻器

图 1-10 中，第 1 道色环和第 2 道色环都是红色，则分别表示数字"2"，即 22。第三道为红色，则表示 $1 \times 10^2 = 100$，也可以看成是两个"0"，即"00"。第 4 道为金色，表示电阻器的阻值偏差为 $\pm 5\%$。所以，该四色环电阻器是一只阻值为 2.2 kΩ、阻值偏差为 $\pm 5\%$ 的电阻器。

五色环电阻器外形有五道颜色环，如图 1-11 所示。

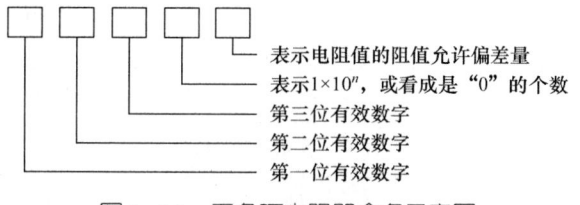

图 1-11　五色环电阻器命名示意图

五道色环电阻器的第 1、2、3 道环色表示 3 位有效数字；第 4 道色环表示 1×10^n，也可以看成是"0"的个数；第 5 道环色表示阻值的允许偏差。

色环电阻器的识别技巧：先找出决定识别方向的第一道色环。其特点是，该道色环距电阻器的一端引线距离较近。如将第一道色环放在自己前方的左侧，则从电阻的左端向右端观看；反之，则从电阻的右端向左端观看。如果两边的色环与电阻器的两端距离相似，则应对照电阻器的标称阻值来加以判断。

（5）电阻器的标称阻值。标称阻值是指电阻器表面上标出的电阻值。其单位为欧（Ω），或标以千欧（kΩ）、兆欧（MΩ）。对热敏电阻器则指 25 ℃时的阻值。标称阻值系列见表 1-5。

任何固定电阻器的阻值都应符合表 1-5 所列数值乘以 10^n Ω，其中 n 为整数。

表 1-5　标称阻值系列

系列代号	标称阻值系列	允许偏差
E24	1.0　1.1　1.2　1.3　1.5　1.6　1.8　2.0　2.2　2.4　2.7　3.0 3.3　3.6　3.9　4.3　4.7　5.1　5.6　6.2　6.8　7.5　8.2　9.1	±5%
E12	1.0　1.2　1.5　1.8　2.2　2.7　3.3　3.9　4.7　5.6　6.8　8.2	±10%
E6	1.0　1.5　2.2　3.3　4.7　6.8	±20%

2. 电阻器制成材料的识别

电阻器根据其制成材料的不同可以分成很多种，如碳膜电阻器、金属膜电阻器、玻璃釉膜电阻器等。通过正确识别，达到正确使用的目的。电阻器制成材料的识别，通常可以通过以下几个方面进行判断。

（1）根据电阻器外表的颜色判断其制成材料。如果电阻器的外表底色是米色，则为碳膜电阻器，如果电阻器的外表底色是蓝色，则为金属膜电阻器。

色环表示法的碳膜电阻器，其外形颜色一般为米色。色环表示法的金属膜电阻器，其外形颜色一般为淡蓝色。

（2）根据电阻器上的色环数判断其制成材料。四道色环的电阻器一般为碳膜电阻器，其电阻器的底色为米色。底色为淡蓝色的四道色环的电阻器，则为金属膜材料的电阻器。五道色环的电阻器都为金属膜材料的电阻器，与电阻器的底色无关。

3. 电阻器功率的识别

电阻器的功率与电阻器的外形大小有直接关系，一般来说，电阻器的功率越大，其外形体积也越大。电阻器的功率是指流过电阻器的平均电流与工作电压之乘积，单位为"瓦"，用字母"W"表示，既 1 W ＝ 1 V·A。电阻器的功率分为 1/16 W、1/8 W、1/4 W、1/2 W、1 W、2 W、3 W、5 W、8 W、10 W 等。

电阻器功率在电阻器的型号上就能识别（见图 1-12）。

电阻器的功率大小，在其符号上也能体现，同时在外形体积上也有较大区别，如图 1-13 所示。

电阻器的功率大小，可以通过以下几个方面进行识别：

RT-1W-5.1k±5%

——→ 表示电阻器的功率为1W

图 1-12　电阻器功率识别

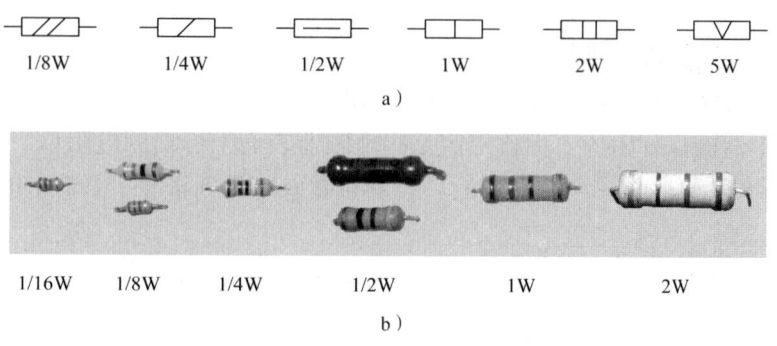

图1-13 电阻器功率识别符号及各种功率电阻器外形对比

a）电阻器功率识别符号 b）各种功率电阻器的外形对比

（1）根据电阻器的外形判断电阻器功率的大小。如RT-1/16 W的电阻器外形为1.5 mm×3.5 mm，电阻器的底色为米色，用四色环表示；RJ-1/8 W的电阻器外形也为1.5 mm×3.5 mm，电阻器的底色为浅蓝色，用五环色表示，而RT-1/8 W的电阻器外形要大一些，为2 mm×6 mm，电阻器的底色为米色，用四色环表示；RJ-1/4 W的电阻器外形也为2 mm×6 mm，电阻器的底色为浅蓝色，用五环色表示，而RT-1/4 W的电阻器外形要大一些，为3 mm×8.5 mm，电阻器的底色为米色，用四色环表示；RJ-1/2 W的电阻器外形也为3 mm×8.5 mm，电阻器的底色为浅蓝色，用五环色表示，而RT-1/2 W的电阻器外形要大一些，为3.5 mm×11 mm，电阻器的底色为米色，用四色环表示。

相同外形的电阻器，金属膜电阻器的功率要比碳膜电阻器大一倍。

（2）根据电阻器的符号表示来判断电阻器功率的大小。

（3）根据电阻器上的性能标注识别电阻器功率的大小。

四、电阻器的测量

各类电阻器不仅可以用直观的方法来判断其阻值及阻值偏差的大小，更可以用仪器仪表对其进行测量。虽然用仪器仪表测量比直观判断麻烦，但其结果是十分精确。通常使用万用表测量电阻器。

1. 万用表的使用方法

万用表分指针式万用表和数字式万用表两类。这两种万用表不仅可以对电阻器进行测量，还能对直流电压、交流电压、直流电流、交流电流进行测量，有的还能测量电容器、二极管及三极管。

指针式万用表由指针、测量电路和外壳组成。其中指针部分由一个字符刻度盘和表头组成，由于表头组件的大部分部件安装在刻度盘的下方，因此在刻度盘上只能看到指针；测量电路由测量元件和量程开关组成。在测量时，指针在刻度盘的上方活动。当测量不同的电阻器时，指针会根据被测电阻器的不同阻值而停在不同刻度读数的上方。读取数值时，从指针的正上方向下直视读取刻度盘欧姆线上的数值。量程开关又叫挡位旋钮，是为选择测量不同元器件及不同数值参数而设置的。测量前，应根据测量对象及测量参数值的大小来选择挡位和量程。

（1）指针式万用表测量前的准备

1）机械调零：将万用表水平放置，调整机械调零螺钉，使指针指向"0"刻度线上。

2）将红表笔插入"+"插孔内，黑表笔插入"−"插孔内。

3）根据不同电阻值选择相应的测量挡位，依据是测量时万用表指针应该指在刻度线满刻度的 50% ~ 80% 范围内。

4）把红、黑表笔相接短路，调整欧姆校零旋钮，使万用表指针满度偏转为"0"。

（2）使用万用表的注意事项

1）将万用表在自己的正前方，眼睛与刻度线平行，以提高读取数值的准确性。

2）不能在测量过程中改变测量挡位。如需要改变挡位必须先停止测量，待改变挡位后方可继续进行测量，以防损坏万用表。

3）根据测量内容预先设定测量挡位。

4）在测量或平时状态，万用表应摆放稳固，切不可将其挤压和玩耍。

5）表笔破裂损坏或表笔连线绝缘层损坏时应及时更换，以确保使用者的人身安全。

6）测量结束或万用表处在平时状态，红黑两根表笔不能相接触，以防在欧姆挡时消耗表内电池的电能。

2. 万用表测量电阻器的测量原理

万用表中有一个 50 μA 电流的表头。有 1.5 V 和 9 V 两块电池，R×1 至 R×1k 挡的测量使用 1.5 V 电池，R×10k 挡使用 9 V 电池（见图 1–14）。图中的"RP"表示万用表中的量程开关及分流、降压电阻。在测量中，改变测量挡位，就是改变流过表头中的电流。表头中流过的电流越大，表针偏转就越大。

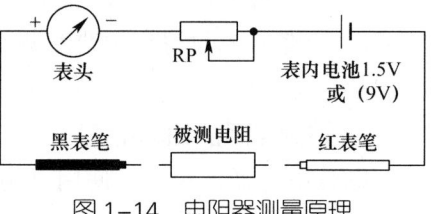

图 1–14　电阻器测量原理

测量挡位越高，RP 的阻值越大，流过表头中的电流就越小。在 R×1 挡时，表头流过的最大电流约为 80 mA。所以，在低挡位测量时，电池的电能消耗最快。

测量电阻器时，在挡位确定的前提下，当测量不同阻值的电阻器，流过表头的电流值是不同的。所以，表头的偏转也不同，表针指示的读数也就各异。被测电阻器的阻值小，流过表头的电流就大，指针偏转就大，读数就小；反之，被测电阻器的阻值大，流过表头的电流就小，指针偏转就小，读数就大。

测量中万用表的指针偏转太小或太大，都会影响读数的读取的精度。所以，应正确地选择测量挡位，尽量使指针的偏转在 50% ~ 80% 的区域内。

3. 普通电阻器的测量方法

（1）将红黑表笔分别插入"+""−"插孔中，测量中读取欧姆刻度线上的数值。

（2）对可以识别的电阻器的测量。首先根据识别出的电阻器阻值的大小，在万用表上找出最佳的读数位置，再确定与该读数相应的电阻测量挡位，最后按照校零、测量的顺序对电阻器进行测量。

（3）对无法识别（如标注不清）的电阻器的测量。测量时应首先选用较高的测量挡位，然后根据实际测量情况逐渐减小测量挡位，测出大概的阻值；根据大概的阻值数，选择正确的测量挡位，最后测出电阻器准确的阻值读数。

（4）要充分利用万用表刻度盘上最小的可视刻度，以提高测量时的读数精度。

例如，使用 MF47 型万用表对一只 360 Ω 的电阻器进行测量。当设定 R×100 挡，则测量后万用表的可视刻度读数为 350 Ω，而还有 10 Ω 只能估计读出；如挡位设定在 R×10 挡，则测量后万用表的可视刻度读数可以精确到 360 Ω。可以看出后一次的测量结果比前一次的测量结果精度高。

（5）为了能适应大范围的测量需要，在万用表电阻挡设立了读数倍率，当读出刻度线上数值后还要乘上倍率才是该电阻的阻值。读数倍率的设置，使刻度线读数得以细化，提高了电阻器的测量精度。

（6）测量中的注意事项：

1）用左手持握电阻器（见图 1-15），注意不能同时触接两个以上的引线，以防引入测量误差。

2）右手以握筷姿势持握红、黑表笔，以方便测量和转换挡位。

3）挡位的选择应使指针有较大的偏转（>1/2 满刻度）和较小的数值区域，以便提高测量精度。

4）严禁在测量过程中改变测量挡位，以防损坏万用表表头。

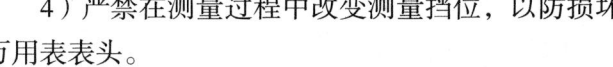

图 1-15　测量电阻器时左手姿势

4. 贴片电阻器的测量

贴片电阻器体积小，使用万用表来测量较困难，所以要使用专用测量工具才能对其进行测量。

（1）测量仪表。常用的专用贴片电阻器的测量仪表有多种。6013B SMD（surface mounted devices，表面贴装器件）元件测量仪如图 1-16 所示。

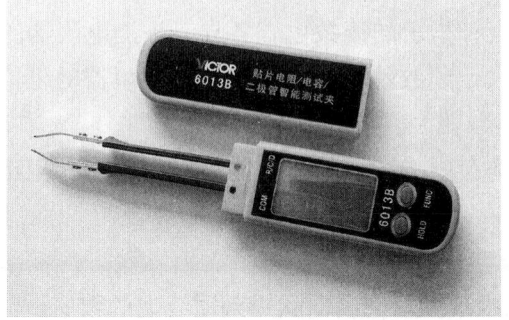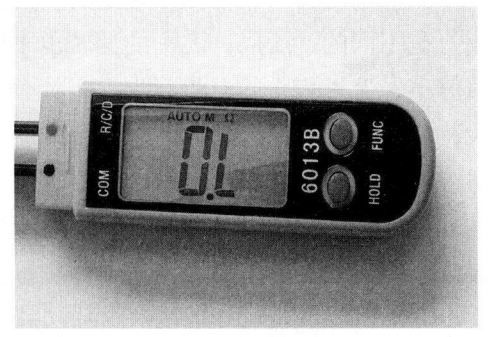

图 1-16　6013B 贴片元件测量仪

6013B SMD 元件测量仪有一个数字显示屏，可以直接显示出被测值，它有一个测试头，像镊子的形状，所以也称其为镊式测试仪。

6013B SMD 元件测量仪能对电阻器、电容器、二极管进行测量，每个测量功能均为免调节自动量程测量，具体性能如下：

1）电阻器的测量：$0.1\,\Omega \sim 30\,M\Omega$（自动量程）。测量精度：$300\,\Omega/3\,k\Omega/30\,k\Omega/300\,K\Omega$ 为 $\pm（1.0\%\ rdg.+5\ dgt.）$，$3\,M\Omega/30\,M\Omega$ 为 $\pm（2.0\%\ rdg.+5\ dgt.）$。

2）自动关机：测试仪在待机状态下，10 min 后自动关机，以节约电能。

3）具有电池低电压显示功能。使用 1 颗 CR2032 型 3 V 纽扣电池。

（2）贴片电阻器的测量方法

1）按下"FUNC"按钮，显示屏即刻显示。

2）调节测量挡位。6013B SMD 元件测量仪有 3 挡测量功能，按一次"FUNC"按钮，测量挡位转换一次，采用挡位循环调节方式。

3）测量未装接的贴片电阻器时，由于贴片电阻器体积很小，不能直接用手抓着固定，以免引进测量误差。可以左手用牙签按住贴片电阻器，使贴片电阻器不滑动，也可以使用镊子固定电阻器，然后用右手握测试仪对电阻器进行测量。测量值直接在显示屏上读取。

4）测量接在电路中的贴片电阻器时，左手握住电路板，右手握测试仪对被测电阻器进行镊式测量。由于贴片电阻器接在电路中，会受其他元件的影响。所以，测量初始阶段的电阻值要比标注值小，随着测试时间的延长，阻值会慢慢变大，当测量阻值没有变化时，即为被测电阻器的测量阻值。6013B SMD 元件测量仪具有很高的输入阻抗，所以测量结果比较准确。

5）测量结束后，长按"FUNC"按钮 3 s，测量仪关闭电源。

（3）贴片电阻器使用中的注意事项

1）设计和使用贴片电阻器时，最大功率不能超过其额定功率，否则会降低其可靠性。

2）一般按额定功率的 70% 降额设计使用。

3）不能超过其最大工作电压，否则有击穿的危险。

4）一般按最高工作电压的 75% 降额设计使用。

5）当环境温度超过 70 ℃，必须按照降额曲线图降额使用。

五、电阻器的装配

1. 普通电阻器属于直插式元件，在安装前应根据装配实际情况，对电阻器进行成形。成形后的电阻器可以成为立式安装方式或卧式安装方式，如图 1–17 所示。

2. 贴片电阻器无须进行成形处理，可直接进行焊接。

3. 对引脚有氧化现象的电阻器，应对其引脚进行去除氧化层的处理。

4. 大功率电阻，应采用架空方式进行装配，以便于散热。同时尽量远离其他元器件。

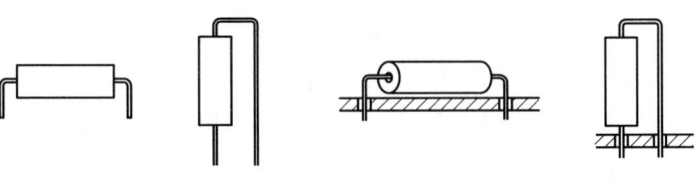

图 1-17　普通电阻器的安装成形示意图

第 2 节　电位器的识别与检测

一、电位器的性能指标

电位器是由一个电阻体和一个转动或滑动系统组成的。在家用电器和其他电子设备电路中，电位器常用作一个可调的电子元件。电位器是从可变电阻器发展派生的电阻器的另一分支。它可以用来作分压、分流和作为变阻器使用。在晶体管收音机、CD 机、DVD 机、调音台等设备中，常用电位器阻值的变化来控制音量的大小，有的还带有开关，兼作电源开关使用。

二、电位器的分类

电位器有三个引脚，其阻值在一定范围内可连续可调。

电位器按电阻体材料可分为薄膜和线绕两种。薄膜电位器又可分为 WTX 型小型碳膜电位器、WTH 型合成碳膜电位器、WS 型有机实芯电位器、WHJ 型精密合成膜电位器和WHD 型多圈合成膜电位器等。线绕电位器是一种高精度的电位器，其代号为 WX。一般电位器的误差不大于 ±10%，线绕电位器的误差不大于 ±2%。其阻值、误差和型号均标在电位器上。

电位器按调节机构的运动方式，可分为旋转式和滑杆式。

电位器按结构，可分为单联、多联、带开关、不带开关等。开关形式又有旋转式、推拉式、按键式等。

电位器按用途，可分为普通电位器、精密电位器、功率电位器、微调电位器和专用电位器等。

电位器按阻值随转角的变化关系，可分为线性电位器和非线性电位器。

常用电位器的实物图如图 1-18 所示。

图 1-18　常用电位器的实物图

电位器阻值的单位与电阻器相同，基本单位也是欧姆，用符号"Ω"表示。由基本单位导出的单位有 kΩ、MΩ 等。

电位器的主要参数有标称阻值、额定功率、分辨率、滑动噪声、阻值变化规律、零位电阻、温度系数等。

三、电位器的识别

电位器通常用作音量大小的调节、电压高低的调节、电流大小的调节、频率高低的调节等。

电位器根据使用场合的不同，其旋转轴的旋转角度与阻值的变化关系也不同，分为线性式、指数式和对数式。作为音量调节时，应选用线性式电位器；指数式和对数式通常用于仪器仪表之中。

为了让使用者购买方便，电位器都标注有型号。其型号中包含了电位器的用途、制成材料、性能、安装形式及厂家的生产编号等内容，电位器型号如图 1-19 所示。

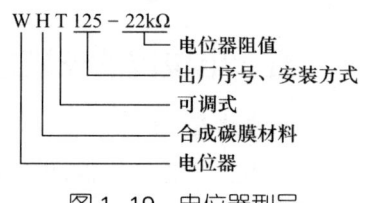

图 1-19　电位器型号

电位器是一种能改变电信号大小的器件，在电路中用"RP"表示。电位器通常有 3 个引脚，其中两侧引脚为电位器的固定臂引出端（脚），中间一个是电位器的活动臂引出端（脚），活动臂上有触点，电位器旋转时，触点在电阻体上移位，从而改变电位器中心引脚（触点）与两侧固定臂引脚之间的距离，达到改变与两侧引脚之间电阻值的目的。电位器符号和电位器引脚示意如图 1-20 所示。

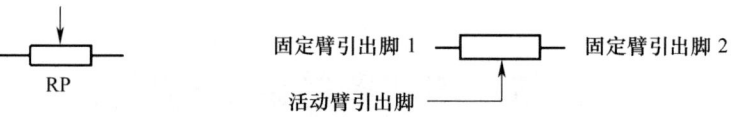

图 1-20　电位器符号和电位器引脚示意图

四、电位器的测量

测量电位器时，不仅要测量两个固定臂引出端（脚）之间的阻值，还要测量活动臂引出端（脚）分别与两个固定臂引出端（脚）之间的可变阻值，即活动臂引出端（脚）从一个固定臂引出端（脚）至另一个固定臂引出端（脚）之间的可变阻值。所以，测量电位器共有以下四个步骤：

1. 根据被测电位器的阻值，选择万用表的合适量程挡位，并对万用表进行校零。

2. 左手握住电位器外围部分，右手采用握筷姿势手持万用表的两根表笔，分别接触活动臂引出端（脚）和一个固定臂引出端（脚），如图 1-21 所示。

3. 旋转电位器旋转轴，当活动臂（中心引出端）靠近表笔接触的电位器电阻体的这个固定臂引出端时，阻值应为"0"；反方向慢慢旋转电位器转轴，阻值应慢慢增大，直至活动臂引出端（脚）旋转靠近一个引出端（脚）时，阻值应为电位器的最大阻值。

4. 将接触固定臂引脚的表笔改接到另一个固定臂引脚，当内部活动臂（中心引出端）靠近表笔接触的电位器内部阻体的这个固定臂引出端时，阻值应为"0"；反方向慢慢旋转电位器轴，阻值应慢慢增大，直至活动臂引出端（脚）旋转靠近另一个引出端（脚）时，阻值应为电位器的最大阻值。

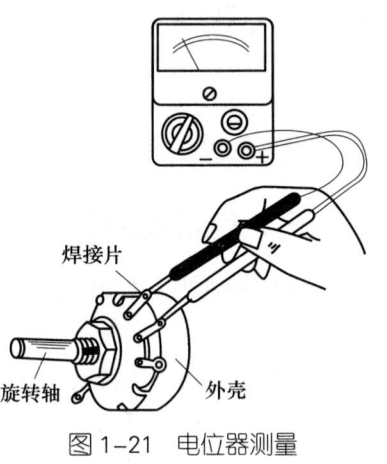

图 1-21　电位器测量

五、电位器的安装使用

电位器安装时：

1. 注意判断电位器两边引脚与电路的连接位置，如作为音量调节，顺时针旋转调节至最大时应为音量最大，接反则调节至最大时，音量最小。

2. 在音频电路中，电位器的金属外壳应该接地，可以有效地减小干扰。

3. 焊接贴片可调电阻器时，焊接时间不能太长。

4. 电位器使用中，要安装上电位器旋钮，以方便使用、减小干扰、提高安全性。

5. 安装在金属支架上的电位器，金属支架要与电路"地"相连接。

6. 可调电阻器调节中应使用专用工具，且调节时不可用力过猛。

第 3 节　电容器的识别与检测

一、电容器的性能指标

电容器是一种能储存电能的元件，并具有传输交流信号而隔断直流信号的作用。电容器在电路中的代号是"C"，如电路中有三只电容器，就将它们编成"C1、C2、C3"。电容器的种类很多，外形差别也很大。电容器在电路中使用非常广泛。

电容器有两个电极，每个电极各接有一块金属板，这种金属板实际上是铝质薄膜等金属材料。电容器的容量越大，则电容器内的金属板就越大。两块金属板平行地放置，金属板之间有绝缘材料加以绝缘而使金属板之间不相接触。

如在电容器的两端加上直流电压，电池正极处的电子就会集聚在电容器正极金属板上，而负极金属板会通过电池的负极从电池的正极获得电子，从而使电路中形成电流，这就是电容器的充电现象。电容器一旦开始充电，就会在两块金属板上形成电荷，这就是电容器的储能作用，如图1-22a所示。

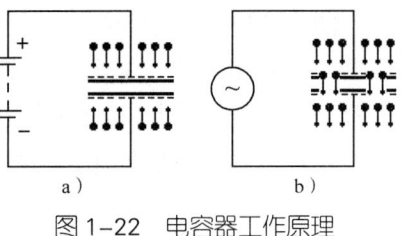

图1-22　电容器工作原理

随着充电时间的延长，两块金属板上的电荷越集越多，而电路中的充电电流也随之越来越小，直至电容器两端的电位与直流电源电压相同，即充电结束。充电结束后，电路中就没有电流流动，相当于开路，这就是电容器能隔断直流电的道理。

如在电容器的两端加上交流电压，交流电极性有规律地周期的变化，使电容器金属板上的电荷的极性也产生变化而形成电流，从而使交流电中也形成电流，如图1-22b所示。可以看出，电容器对交流电有通路作用。

综上所说，电容器是一种能储存电能的元件，并具有隔直通交的特性。

二、电容器的识别

1. 外形识别

电容器的识别包括电容器的图形符号识别、电容器的容量识别、电容器的耐压识别等内容。

电容器图形符号是电容器在电路图中的表示方式，电容器的图形符号如图1-23所示。

电容器的性能不同，外形也不同。图1-24所示是部分普通电容器的实物图。

图1-23　电容器图形符号

a）固定电容器符号　b）有极性电容器符号　c）微调可变电容器符号　d）可变电容器符号

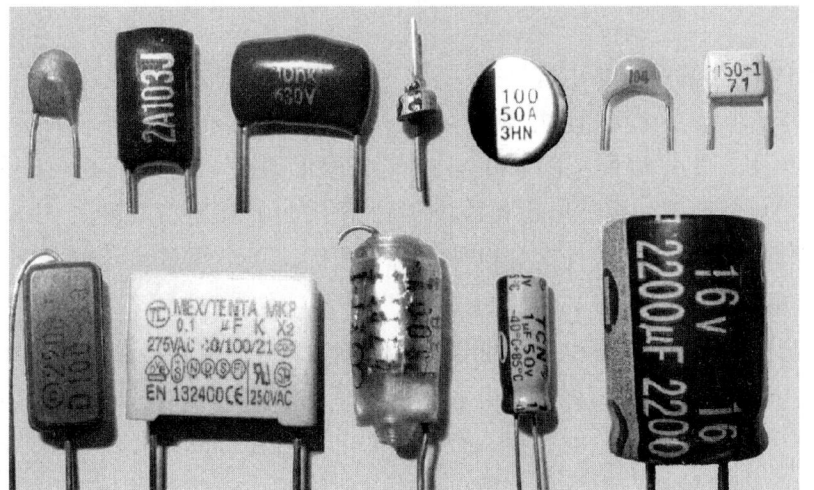

图1-24　各种电容器

图 1-24 中，上排至左向右分别为：CC 电容器、CL 电容器、CBB 电容器、穿心电容器、管形电容器、独石电容器、CI 电容器；下排至左向右分别为：CY 电容器、CH 电容器、CB 电容器、两个 CD 电容器。

贴片电容器目前使用已十分广泛，图 1-25 所示为部分贴片电容器实物。

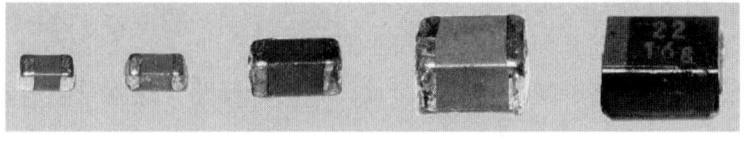

图 1-25　贴片式电容器

贴片电容有 NPO、X7R、Z5U、Y5V 等不同的规格，不同的规格有不同的用途。NPO、X7R、Z5U 和 Y5V 的主要区别是它们的填充介质不同。在相同的体积下，由于填充介质不同，电容器的容量就不同，随之带来的电容器的介质损耗、容量稳定性等也就不同。所以在使用电容器时，应根据电容器在电路中作用不同来选用不同的规格。下面仅就常用的 NPO、X7R、Z5U 和 Y5V 来介绍一下它们的性能和应用。

（1）NPO 型贴片电容器。NPO 是一种最常用的具有温度补偿特性的单片陶瓷电容器。它的填充介质是由铷、钐和一些其他稀有氧化物组成的。NPO 电容器是电容量和介质损耗最稳定的电容器之一。NPO 电容器的封装形式有 0805、1206、1210 和 2225 几种。适合用于振荡器、谐振器的槽路电容，以及高频电路中的耦合电容。

（2）X7R 型贴片电容器。X7R 电容器被称为温度稳定型的陶瓷电容器。当温度在 -55 ℃到 +125 ℃时，其容量变化为 15%。它的主要特点是在相同的体积下电容量可以设计的比较大。X7R 电容器的封装形式有 0805、1206、1210 和 2225 几种。

（3）Z5U 电容器。Z5U 电容器称为"通用"陶瓷单片电容器。Z5U 电容器的主要技术指标是工作耐压在 DC 50 V 以下，工作温度范围为 -10 ~ 85 ℃，温度系数 +22% ~ -56%，介质损耗最大为 4%。Z5U 电容器的封装形式有 0805、1206、1210 和 2225 几种。

（4）Y5V 电容器。Y5V 电容器是一种有一定温度限制的通用电容器，在 -30 ℃到 85 ℃范围内其容量变化可达 +22% ~ -82%。Y5V 电容器的主要技术指标是工作耐压在 DC50 V 以上，工作温度范围 -30 ~ 85 ℃，温度系数 +22% ~ -82%，介质损耗最大为 5%。Y5V 电容器的封装形式有 0805、1206、1210 和 2225 几种。

在电容器中除了有无极性区分以外，还分成固定式电容器和可变式及半可变式电容器，可变电容器实物如图 1-26 所示。

电容器分无极性电容器和有极性电容器两种。无极性电容器通常就称其为电容器，或者把电容器的制成材料名称放在电容器三个字的前面一起加以称呼，如电容器的材料是涤纶薄膜，就叫它涤纶电容器。有极性的电容器通常称为电解电容器，或电解电容。电解电容器常使用在电源的滤波电路中，所以正负极性千万不能装错，否则会造成元件的损坏或发生电解爆炸。

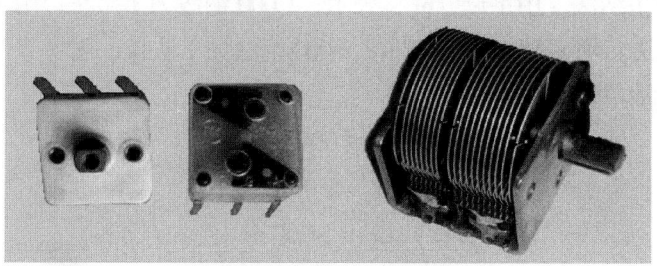

图 1-26　可变电容器实物

2. 电容器的串、并联及其作用

（1）电容器的串联。电容器的串联就等于增加了电介质的厚度，也就是增加了电容器两极之间的距离，使容量减小（见图 1-27）。

$$C=1/（1/C_1+1/C_2+1/C_3）$$

电容器串联后总额定工作电压是各电容器额定工作电压的总和。

（2）电容器的并联。电容器并联就等于极片（金属板）面积的增大，因此并联后电容器是各个电容器电容量的总和（见图 1-28）。

$$C=C_1+C_2+C_3$$

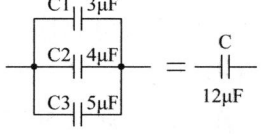

图 1-27　电容器的串联　　　　　图 1-28　电容器的并联

并联后的各个电容器，如果它们的额定工作电压不相同，就必须把其中最低的一个电容器的额定工作电压值作为并联后允许的最高工作电压值。

3. 电容器的性能识别

每个电容器都有一个型号，以表示电容器的容量、材料、性能、用途、耐压以及外形。电容器型号含义如图 1-29 所示。

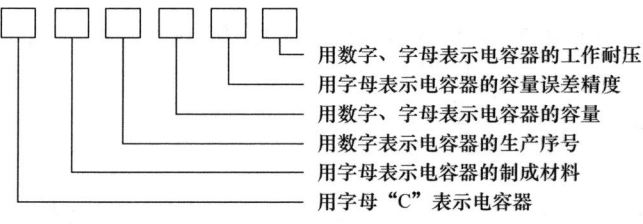

图 1-29　电容器型号含义

如"CL—111—47nFK /63V"：容量 0.047 μF、耐压 63 V、误差范围为 ±10% 的 111 型涤纶电容器。"111"表示的一些性能可通过查表得知。

（1）电容器容量的识别。电容器容量值的基本数量单位是"皮法"，用字母"pF"表示；1 000 皮法为 1 纳法，用字母"nF"表示；1 000 纳法为 1 微法，用字母"μF"表示；1 000 微法为 1 毫法，用字母"mF"表示；1 000 毫法为 1 法拉，用字母"F"表示。

电容器各容量单位的相互关系为：

$$1 F = 1 000 mF$$

$$1 mF = 1 000 \mu F$$

$$1 \mu F = 1 000 nF$$

$$1 nF = 1 000 pF$$

电容器容量的标注在型号的第三位或第四位。电容器容量的标注采用字标表示法和色点表示法两类。现在色点表示法已很少使用。色点表示法的电容器的识别方法，与色环电阻器的识别方法相同。电容器字标表示法中分成直接表示法和数字表示法两种。

1）电容器容量的直接表示法。电容器的字标表示法采用数字加字母的方法来表示一个电容器的容量，字标表示法的电容器，识别时比较直观（见图 1-30）。

图 1-30 左图为 22 nF 63 V 耐压的 11 型陶瓷电容器。其外形呈圆形，而且体积很薄呈片状，所以通常称为"圆片电容器"。图 1-30 右图为 0.27 μF 630 V 耐压、容量偏差为 ±5% 的聚酯膜（聚苯乙烯）电容器。

图 1-30 电容器直接表示法

注：有些小体积的电容器，因其表面积很小而不能标注很多字符，所以通常只能标注容量，看不到耐压标注，但可以根据其外形判断它的材料和性能。现在电容器的耐压（最高工作电压）都在 50 V 以上，所以，一些小体积的电容器不标耐压值，但其耐压均在 50 V 以上。

2）电容器容量的数字表示法。

数字表示法通常有 3 位数字组合。第一、第二位数字表示电容器的具体电容值，第三位数字表示 1×10^{n} 次方，也可以看成是在前两位数字之后加上的"零"的个数。

图 1-31a 中的"104"电容器，"104"中的第一位"1"和第二位"0"分别表示数字 1 和 0，组成数字"10"；第三位"4"表示 $1 \times 10^{4} = 10 000$，也可以看成是 4 个"0"，即"0000"；则"104"的含义为 $10 \times 10^{4} = 100 000$，或看成是：在 10 的后面加上"0000"，则为 100 000。单位是 pF，即为 100 000 pF，应写成 100 nF，或写成 0.1 μF。

a）

b）

c）

图 1-31 数字表示法电容器

贴片电容器的体积小，其容量标注通常采用数字表示法，而工作电压采用字标表示法，如图 1-31b 所示的两个贴片电容器。而贴片式电解电容器体积比较大，所以都有数字标注和极性标识。

如图 1-31b 右图所示的贴片式电解电容器，其标注是"107-16 V"，则含义为：$10 \times 10^7 = 100\,000\,000$，单位是 pF，简便读法为 100 μF，黑线标记一端的电极是电容器的正极，说明这是一只贴片式电解电容器，工作电压最高为 16 V。如果在电容器上没有黑线标记，则是一只无极性电容器。

（2）电容器容量误差的识别。电容器容量误差是衡量一只电容器质量的重要指标。

电容器容量误差范围的标注方法通常采用希腊字母Ⅰ、Ⅱ、Ⅲ和英文字母 J、K、M、G 表示。其含意是"Ⅰ"或"J"表示 ±5%；"Ⅱ"或"K"表示 ±10%；"Ⅲ"或"M"表示 ±20%；"G"表示 ±2%。

图 1-31c 中电容器标注为"2A103J"，其中"J"就是该电容器的误差精度，说明该电容器的误差是 ±5%。

（3）电容器耐压的识别。电容器耐压值的标注规定了在使用该电容器时，只能将电容器使用在其耐压值 80% 的工作电压的电路中，也就是说：一个电路中的最高工作电压只能是这个电路中最低耐压值电容器的 80% 的电压值，这样才能保证该电路工作的稳定性能。电容器的耐压标注有直接表示法和字母表示法两种。

1）电容器耐压的直接表示法。电容器耐压的直接表示法，就是直接用 0 ~ 9 的数字来表示。如"CBB10—223M/63 V"：

容量 0.022 μF（22 nF）、耐压 63 V、容量偏差为 ±20% 的 10 型聚酯膜电容器。

2）电容器耐压的字母表示法。电容器耐压的字母表示法，通常是有一位数字和一位字母来表示。第一位数字表示 1×10^n；第二位字母表示一个数。第二位共有十二个英文字母，每个字母各表示一个数，见表 1-6。第一位和第二位相乘后的乘积就是该电容器的耐压值，单位"V"。

表 1-6　电容器耐压字母表示法一览表

A	B	C	D	E	F	G	H	J	K	W	Z
1.0	1.25	1.6	2.0	2.5	3.15	4.0	5.0	6.3	8.0	4.5	9.0

如"2 H"代表 $5.0 \times 10^2 = 500$ V。

（4）电容器材料的识别。电容器材料的识别是在型号的第 2 项，通常用字母来表示，见表 1-7。

电子工艺基础（第二版）

中国特色企业新型学徒制培训教材

表1-7　电容器制成材料符号

代号	材料	代号	材料
A	胆材料	J	金属化纸质
B	聚苯乙烯等非极性薄膜	L	聚酯等极性有机薄膜（涤纶薄膜等）
C	高频陶瓷	Y	云母
D	铝电解	Z	纸质
E	其他材料电解	N	铌电解
G	合金电解	O	玻璃膜
H	纸膜复合	S、T	低频陶瓷
I	玻璃釉	V、X	云母纸

如"CY—100 pFJ／DC100"：容量100 pF、耐压为直流100 V、偏差为±5%的云母电容器。

三、电容器的测量

在使用电容器时，最好要对电容器的容量值、漏电性能进行测量，最佳的测量方法是使用数字电容表等仪器仪表进行测量，这样才能保证电容器安装在电路中能正常工作。而在只有万用表时，也可以用万用表对电容器的容量、漏电性能以及电容器极性进行估计测量，也能达到对一般电路的制作要求和装配要求，以及在电子设备电路的维修中对元器件的判断要求。

1.电容器的万用表估计测量

（1）电容器容量的估计测量。用万用表对电容器进行估计测量，主要是利用万用表内的电源对电容器的充电现象，即"万用表指针瞬间偏转，又逐渐回到∞（无穷大）"位置的现象作为依据，而得出判断结果。

这种估计测量中，主要是通过对一个被判断容量电容的测量结果与另一个样本（标准）电容的测量结果进行相互比较，从而得出估计测量的判断结果。这种估计测量，可以估测出电容器的极性和容量等。

测量方法如下：

1）测量有极性的电容器（电解电容器）时，通常使用R×100以下挡位。电容器的容量越大，使用的挡位应越小。测量无极性电容器时，通常使用R×1k或R×10k挡位。

2）首先要对万用表进行动态校零，然后用红黑表笔分别接触被测电容器的两个电极，待电容器充电现象结束后，对调电容器的两个电极再进行测量。在两次测量中的万用表指针偏转值与作为样本的电容器测量时的两次指针偏转值相比较，如果偏转值相仿，则可以判断被测的电容器的容量值基本正常。

3）在测量中，指针会发生偏转（向小阻值方向偏转），然后必须等待指针慢慢向回偏转至最大（∞），这样才能作为1次测量；然后迅速将电容器的两个电极的位置互换，再进行下一次测量，仍必须等到指针偏转至最大值（∞）。这种将电容器两极互换、一正一反的两次测量，才是一个完整的测量。

以上测量中，后一次测量中指针的摆动（向右偏转）会比前一次摆动大很多，这是因为后一次充电初始瞬间，遇到了前一次电容器充电中存储的反向电压，对电容器而言瞬间形成一次反充电现象。

为了得到比较准确的测量结果，要对电容器做两次以上的测量，才能使电容器测量结果更加明显，一般四次就能得出比较稳定的测量结果。

4）在测量中，如被估计测量的电容器在测量中，万用表指针偏转值比作为样本的电容器测量时的指针偏转值小很多，则可以判断该被估计测量电容器的容量值很小，不应使用；如估计测量时万用表的指针不偏转，则可以判断该电容器已失效，不能使用。

如遇到与电阻器外形相似的卧式电容器，测量应采用如图1-32所示的握姿。左手拿元件，右手以握筷子的姿势拿表笔，这样可以避免造成测量误差。

5）在测量中，观察万用表指针偏转很激烈（偏转速度很快），这样会损坏万用表指针，可以及时降低量程挡位。

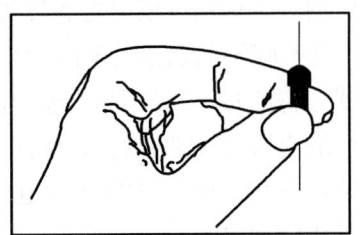

图1-32　电容器测量握姿示意图

（2）电解电容器漏电性能的估计测量。用万用表对电容器漏电性能进行估计测量，主要是利用万用表内的电源对电容器的充电至结束后，观察万用表指针是否能回到∞位置这一现象来估计测量。

测量方法如下：

1）将万用表量程开关置于欧姆量程中的任一挡位，具体挡位应根据被测电容器容量值而定，容量大则测量挡位小。

2）用红、黑表笔分别接触被测电容器的两个电极，待电容器充电现象结束，万用表指针回到∞或接近∞位置后，对调电容器的两个电极再次进行测量。如果两次测量后的指针均能回到∞或接近∞位置，则可以判断该被测电容器的漏电很小，而且该电容器的工作电压也比较高；如果在两次测量中，表针指示阻值都比较小，则可以判断该被测电容器的漏电比较大，而且该电容器的工作耐压也比较低。漏电大的电容器是不能使用的。

（3）电解电容器正、负极性的估计测量。测量中通常使用R×100以下挡位。电容器的容量越大，则使用的挡位应越小。用红、黑表笔分别接触被测电容器的两个电极，待电容器充电现象结束，万用表指针回到∞或接近∞后，对调电容器的两个电极再进行一次测量。在多次测量中，其中有一次测量后，万用表的指针与"∞"接近或为"∞"，则该次测量中与黑表棒相接的是电容器的正极，与红表棒相接的是电容器的负极。

测量中，电容器的充电现象如较小时，可增大测量挡位后再测，可以提高测量效果。

2. 贴片电容器的测量

贴片电容器体积小，使用万用表测量是很困难的，所以要使用专用测量工具才能对贴片电容器进行测量。

（1）测量仪表。常用的专用贴片元件的测量仪表有 6013B 等。6013B 贴片元件测量仪外形如图 1-16 所示，利用它可以方便地对贴片电容器进行测量。

（2）贴片电容器的测量方法：

1）按下 6013B 的"FUNC"按钮，显示屏即刻显示。

2）调节测量挡位。按动"FUNC"按钮，使测量仪位于电容器测量挡位。

3）测量未装接的贴片电容器时，左手固定电容器，右手握测试仪进行测量。由于贴片电容器体积很小，不能直接用手抓着固定，以免引进测量误差。可以左手用牙签按住贴片电容器，也可以使用镊子对贴片电容器进行固定，使贴片电容器不滑动，然后用右手握测试仪对电容器进行测量。测量值直接在显示屏上读取。

4）测量接在电路中的贴片电容器时，左手握住电路板，右手握测试仪对被测电容器进行测量。由于贴片电容器接在电路中，会受其他元件的影响。所以，测量初始阶段的电容器值要比标注值小，随着测试时间的延长，电容值会慢慢变大，当测量电容值没有变化时，即为被测电容器的容量值。6013B 具有很高的输入阻抗，所以测量结果比较准确。

5）测量结束后，长按"FUNC"按钮 3 s，测量仪关闭电源。

3. 电容器测量中的注意事项

（1）测量挡位的设定应根据被测电容器的容量大小而定。

1）在测量电容器的容量时，电容器的容量小，则挡位设置反而要大，否则会造成指针偏转太小而看不清，从而造成测量误差。

2）在测量电容器的漏电性能时，万用表的挡位不能设定的太大，否则虽然指针偏转很大而看得很清楚，但也同时增加了测量的时间。

3）在判断测量电容器的正负极性时，如果表针的指示值差异很小，此时可增大一挡测量量程。

4）测量大容量的电解电容器时，应先将其正、负极短接放电，以免损坏万用表指针。

（2）严禁在测量过程中改变测量量程，以防万用表被损坏。

四、电容器的装配

普通电容器多数为立式安装方式，在作为卧式装配时，应对电容器预先进行成形处理，如图 1-33 所示。

贴片电容器无须进行成形，但装配时要紧贴电路板才能焊接牢固。

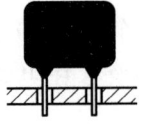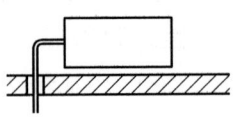

图 1-33　电容器装配方式

第 4 节　晶体二极管的识别与检测

一、半导体的基本知识

自然界中存在着许多种物质，按其导电性能的不同，大致可以分成三类。一类是导电性能良好的物质，如金、银、铜、铁、铝等，称导体。一类是在一般条件下不能导电的物质，如陶瓷、玻璃、塑料、橡胶等，称绝缘体。还有一类物质，它的导电性能介于导体与绝缘体之间，如锗、硅等，称半导体。

半导体除了在导电性能方面与导体及绝缘体不同外，当受到外界光和热的刺激时，其导电能力会明显变化。在纯净的半导体中掺入某些微量元素时，它的导电性能会明显增强。

制作半导体器件所用的硅和锗都是单晶体，完全纯净的、没有任何杂质的而且结构完整的半导体的单晶体称本征半导体。所以，二极管也称为晶体二极管。

纯净的、没有任何杂质的半导体导电性能很差，没有多大实用价值。只有掺入不同的杂质，才能成为制作晶体二极管或三极管的材料。当在硅或锗的本征半导体物质中掺入微量的五价元素，如磷或锑等元素，它就成了 N 型半导体。N 型半导体以自由电子导电为主，故称为电子型半导体。

如在硅或锗的本征半导体物质中掺入微量的三价元素，如硼或铟等，它就成为 P 型半导体。在 P 型半导体中，空穴数比电子数多很多，它的导电性能主要取决于空穴数，故称为空穴型半导体。

N 型半导体中的施主杂质电离为带负电的自由电子和带正电而不能移动的离子。P 型半导体中的施主杂质电离成为不能移动的负离子并产生带正电又可移动的空穴。也就是说，N 型半导体中有大量的自由电子；而 P 型半导体中有大量的自由空穴。

采用特殊的制作工艺，将 P 型半导体和 N 型半导体紧密地结合在一起，在两种半导体的交界处就会产生一种特殊的接触面，称为 PN 结，如图 1-34 所示。PN 结是构成半导体器件的基础。

二、二极管的性能指标

二极管的全名叫晶体二极管。它的内部有两个结，一个是 P 结，也称为阳极，用"+"表示；另一个是N结，也称为阴极，用"-"表示。二极管具有单向导电特性，利用这个特性，制作成桥式整流电路能将交流信号（交流电）变成直流信号（直流电），所以它的用途极为广泛。二极管在电路中用文字符号"VD"表示。

二极管生产工艺的不同，其工作性能也不同，使用场合也不尽相同。其主要性能参数有工作频率、工作电流和工作电压等。这些差异在其型号上能得以区别。

三、二极管的识别

二极管的识别包括其用途、工作电流、工作电压及表示符号等内容。

1. 二极管的图形符号

二极管的种类不同，他们在电路中的图形符号也不同。如图1-34所示是使用较多的二极管的图形符号：

图1-34 PN结及部分二极管图形符号

2. 二极管的识别

（1）二极管的外形识别。二极管正负极性的识别如图1-35a所示。

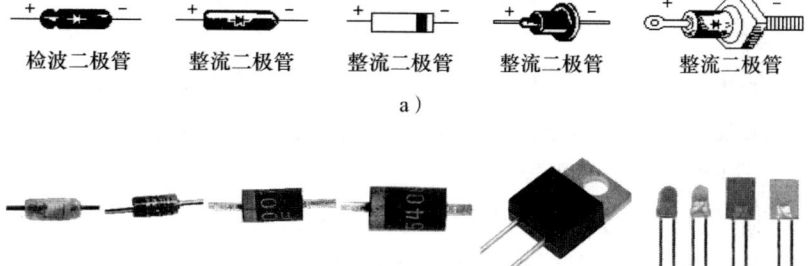

图1-35 部分二极管实物

a）二极管极性识别 b）部分二极管实物

图1-35b中，自左至右分别为：

1）锗材料检波二极管。锗材料检波二极管的压降比较小，一般为0.2V左右，通常使用在分立式收音机中作音频检波之用。

2）硅材料开关二极管。硅材料开关二极管体积比较小，压降为0.6V左右，通常在控制电路中用作单方向导通控制之用。

3）1A整流二极管和5A整流二极管。这两种整流二极管多数用于交流变直流的整流电路中。整流电流越大，外形体积也越大，引脚也越粗。

4）肖特基二极管。这种二极管的工作压降仅为 0.3 V 左右，工作电流也比较大，一般都在 10 A 以上，通常用在开关电源中作大电流整流之用。

5）发光二极管。发光二极管主要用作信号指示之用，用途极为广泛。

（2）二极管的性能识别。二极管型号命名通常采用 4 位字母及数字的表示方法（见图 1-36），分别表示为：

1）区分二极管或三极管。

2）区分二极管的制作材料。

3）区分二极管的性能、用途。

4）区分二极管的工作电流、工作电压。

图 1-36 为二极管型号命名示意图，二极管型号含义见表 1-8。

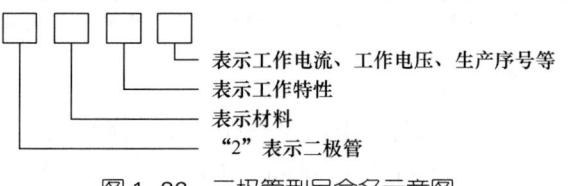

图 1-36　二极管型号命名示意图

表 1-8　二极管型号含义

第一部分	第二部分		第三部分		第四部分
"2" 表示二极管	A	N 型，锗材料	P	普通管	序号
	B	P 型，锗材料	V	微波管	（区分二极管的工作电流、工作耐压、工作频率等参数）
	C	N 型，硅材料	W	稳压管	
	D	P 型，硅材料	C	参量管	
			Z	整流管	
			L	整流堆	
			S	隧道管	
			N	阻尼管	
			U	光电管	
			K	开关管	

如型号为 2AP9 二极管的含义：N 型锗材料 9 型普通检波二极管。其中 "9" 的具体含意可以通过查阅《晶体二极管器件手册》找到该二极管的最大工作电流、最高工作电压及最高工作频率等参数。

表 1-9 提供了常用二极管的型号及参数，以方便读者在一般情况下使用。

表1-9　常见二极管的型号及参数

参数	型号					
	2AP9	2CZ11	1N4148	1N4004	1N4007	1N4504
最大整流电流 I_{DM}（mA）	5	1 000	450			
平均整流电流 I_d（mA）			150	1 000	1 000	300
最高反向工作电压 U_{RM}（V）	15	50	75	400	1 000	400
最大正向压降 U_{FM}（V）	≥ 0.2	≤ 1	≤ 1	≤ 1	≤ 1	≤ 1.2
截止频率 f_M（MHz）	100	0.003				

注：锗材料二极管正向压降为 0.2 ~ 0.4 V，硅材料二极管正向压降为 0.6 ~ 0.8 V。

（3）二极管部分性能参数。

1）最大整流电流 I_{DM}。最大整流电流是指在半波整流连续工作的情况下，PN 结的温度不超过额定值时，二极管中允许通过的最大电流。二极管工作在最大电流时要加装散热片。

2）平均（额定）整流电流 I_d。指二极管工作时的 PN 结温度不超过允许值时的整流电流值。PN 结温度：锗管 <80 ℃，硅管 <150 ℃。

3）最高反向工作电压 U_{RM}。指不致引起二极管击穿损坏的反向电压。

4）最大正向压降 U_{FM}。指二极管在最大工作电流时 PN 结间的电压值。一般锗材料二极管为 0.2 ~ 0.4 V，硅材料二极管为 0.6 ~ 0.7 V。

5）截止频率 f_M。指二极管能正常工作（发挥其最大整流电流、最高工作电压、最小正向压降）时，所处电路的工作频率。

（4）贴片二极管的识别

1）贴片二极管的外形识别。贴片二极管与直插形二极管的作用是一样的，仅在外形上有较大的区别，通常使用在小型电子产品中，如电脑、手机、蓝牙耳机等。

贴片二极管通常采用字标表示法标注，如图 1-37 所示。

图 1-37　贴片二极管实物

图 1-37 中自左至右分别为：

发光二极管。外形为长方形，电极位于两端，有色条的一侧电极为负极。这种发光二极管一般作指示灯用，常在手机键盘照明、显示屏背光照明使用。

超亮度发光二极管。外形为长方形，体积比较大，电极位于两端，有小斜角的一侧为负极。这种发光二极管主要用在 LED 照明灯中，如 LED 日光灯和 LED 球泡灯中多使用这种发光二极管。使用 LED 发光二极管的各种照明灯，既能节约大量的电能，又能提高照度。

开关二极管或稳压二极管。这是一种圆柱状的二极管，电极位于两端，有色环的一侧为负极。开关二极管或稳压二极管中有很多型号都采用这种外形。

整流二极管。外形为长方形，电极位于两端，有横条线标识的一侧为二极管的负极。这种贴片二极管的作用主要是整流，如 LED 日光灯中的电源控制板中大都使用这种二极管。

高频二极管（肖特基二极管）。外形为长方形，体积比较大，电极位于两端，有横条线标识的一侧为二极管的负极。这种贴片二极管的作用主要是高频整流，如开关电源以及 LED 日光灯的电源控制板中就用到这种二极管。

2）贴片二极管的封装识别。贴片二极管的封装有多种，如图 1-37 中自左至右分别为：第 1 种是 0603 封装或 0805 封装或 1206 封装的发光二极管。第 2 种是 3528 封装的发光二极管。第 3 种是 1206/LL34 圆柱状封装的二极管。第 4 种是 SOD-123 封装的整流二极管。第 5 种是 SOD-214AC 封装的高频整流二极管。

以 SOD-123 贴片二极管为例介绍贴片二极管的封装。图 1-38 所示为 SOD-123 贴片二极管封装示意图，表 1-10 是 SOD-123 贴片二极管封装参数。SOD-123 贴片二极管的典型外形尺寸为 2.70 mm × 1.60 mm × 1.10 mm。

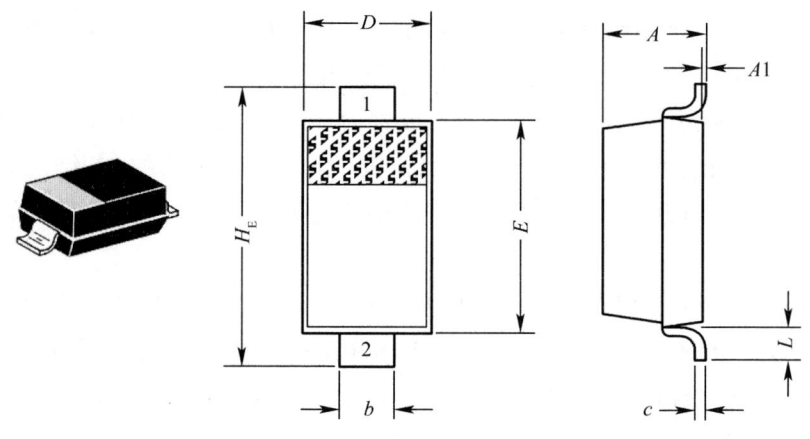

图 1-38　SOD-123 贴片二极管封装示意图

表 1-10　SOD-123 贴片二极管封装参数

尺寸代号	参数（mm）			参数（in）		
	最小	通用	最大	最小	通用	最大
A	0.94	1.17	1.35	0.037	0.046	0.053
$A1$	0.00	0.05	0.10	0.000	0.002	0.004
b	0.51	0.61	0.71	0.020	0.024	0.028

续表

尺寸代号	参数（mm）			参数（in）		
	最小	通用	最大	最小	通用	最大
c	—	—	0.15	—	—	0.006
D	1.40	1.60	1.80	0.055	0.063	0.071
E	2.54	2.69	2.84	0.100	0.106	0.112
H_E	3.56	3.68	3.86	0.140	0.145	0.152
L	0.25	—	—	0.010	—	—

四、二极管的测量

生产厂家对二极管的测量都是采用专用仪器，如晶体管特性图示仪等。在不具备这种条件的情况下，可以采用指针式万用表对二极管进行简单的测量，也能达到一般的使用要求。

用指针式万用表对二极管进行测量，可以从中判断出二极管 PN 结的材料（锗管或硅管）；二极管的正、负极性；区分出整流二极管与稳压二极管。

1. 二极管的万用表测量原理

二极管是一个 PN 结组成的半导体器件，具有单方向导电的性能。用万用表测量二极管时，表内的直流电源为二极管提供了工作电源。

以用 MF47 型万用表测量为例，当二极管为正向连接时（见图 1-39），即表内电池的正极（万用表的黑表笔）接二极管的正极。此时，二极管的 PN 结内的阻挡层变薄，使测量电路中的电流增大，万用表表头中流过的电流就变大，表针偏转就大，指示读数就小。

当二极管为反向连接时（见图 1-40），万用表内电池的正极（万用表黑表笔）接二极管的负极。此时，二极管的 PN 结内的阻挡层变厚，使测量电路中的电流变小，万用表头中流过的电流就小，表针偏转就小，指示读数就很大。通过观察万用表上的读数，以及识别红、黑表笔，就能测量出二极管的极性和材料。

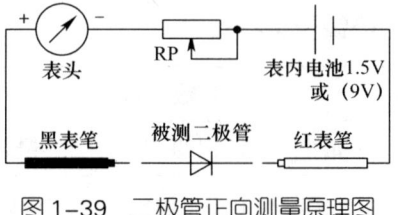
图 1-39　二极管正向测量原理图

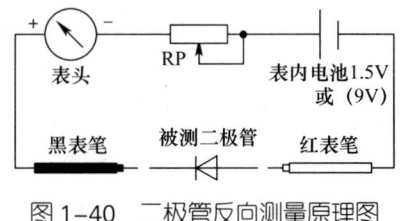
图 1-40　二极管反向测量原理图

2. 低压二极管的万用表测量方法

通常将耐压值小于 2 000 V 的二极管归类于低压二极管。

（1）测量前的准备。

1）将红表笔插入"+"插孔内，黑表笔插入"－"插孔内。

2）将万用表量程置电阻 R×1k 或 R×100 挡（测量硅材料二极管用 R×1k 量程，测量锗材料二极管用 R×100 量程）。

3）把红、黑表笔短接，调整欧姆校零旋钮，使万用表指针满度偏转为"0"。

（2）测量方法。

1）将万用表放在自己的正前方，眼睛最好与刻度线平行，以提高读数的准确性。

2）用左手持握元器件，并注意不能同时触接两根电极，以防引入测量误差。

3）右手持握红、黑表笔，并成握筷姿势，以方便测量和转换挡位。

4）用红、黑表笔各接二极管的一个电极，万用表指示出一个读数，然后调换二极管两个电极再次测量，又指示一个读数。在两次测量中，有一个读数在 10 kΩ 左右，则测量的是一只硅材料二极管的正向电阻值，此次与黑表笔相接的是二极管的正极，与红表笔相接的是二极管的负极；而另一个测量阻值读数应为 ∞（无穷大）或接近 ∞，该阻值为二极管的反向电阻值，与黑表笔相接的是二极管的负极，与红表笔相接的是二极管的正极（见图 1-39 和图 1-40）。

如果两次测量中有一个读数在 1 kΩ 左右，则测量的是一只锗材料二极管的正向电阻值，与黑表笔相接的是二极管的正极，与红表笔相接的是二极管的负极。而另一个测量阻值读数应大于 500 kΩ，则该阻值是其反向阻值，与黑表笔相接的是二极管的负极，与红表笔相接的是二极管的正极。符合以上测量情况，即正向电阻值小、反向电阻值大的二极管才可使用。

如果测得的两次结果，阻值均很小或接近零，说明被测二极管内部 PN 结击穿或已短路；如果测得的两次结果，阻值均很大或表针不动，说明被测二极管内部已开路；以上两种情况的二极管都不能使用。

（3）测量中的注意事项。

1）不能在测量过程中改变测量挡位。如需要改变挡位必须先停止测量，待改变挡位后方可继续进行测量，以防损坏万用表。

2）测量结束或万用表处在平时状态，红黑两表笔不能相接触，以防在欧姆挡时消耗表内电池的电能。

3）表笔破裂或表笔连线绝缘层损坏应及时更换，以确保人身安全。

4）在测量或平时状态，万用表应摆放稳固，切不可将其挤压。

3. 高反压二极管的测量方法

在测量 15 kV、20 kV 的高压整流二极管时，用以上方法就很难测出其好坏。因为万用表内的电池电压不够高，即使使用万用表的 R×10k 挡测量，指针也往往不摆动。如果在万用表上接一只晶体三极管，就能解决以上测量难题。

（1）测量高压二极管接线图如图 1-41 所示。将三极管的发射极接万用表的"+"端，三极管的集电极接万用表的"－"端。

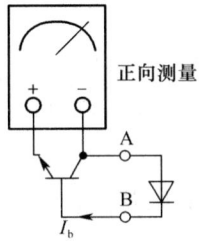
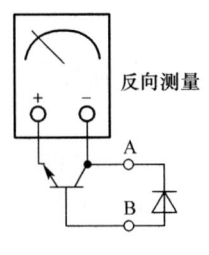

图 1-41　高压二极管测量示意图

（2）测量时，将被测高压二极管的正极接三极管的集电极（万用表的"−"端），二极管的负极接三极管的基极。此时，万用表中电池电压通过被测高压二极管的正极向三极管基极提供一个正向偏置电流 I_b，此电流经三极管放大后，流入万用表，使万用表中流过的电流变大而使表针偏转。当二极管正向接入时，指针指向 10k 附近，此时 A 端接的应是硅材料二极管的正极。

如被测二极管反向接入，由于高压二极管的反向电阻非常大，虽然接入 A、B 端，但仍相当于开路，由于二极管反向截止，所以指针不偏转。二极管反向测量时，A 端接的应是高压二极管的负极。

4. 整流二极管与稳压二极管的判别测量

判断测量整流二极管还是稳压二极管，应采用万用表的高阻挡，如 R×10k 挡来测量。因为，此时万用表的测量回路中的电池电压为 9 V 或 15 V，大于一般稳压二极管的稳压值，这样就能判断测量出稳压二极管。

在判断测量中，如整流二极管和稳压二极管的材料相同，则它们的正向阻值也基本相同。但整流二极管的反向电阻阻值为∞或接近∞，万用表的指针表现为不动或微动；而稳压二极管在测量中处于反向击穿状态中，所以其反向直流阻值较小，约为几十千欧姆。测量中，只要万用表中的电池电压高于被测二极管的反向击穿电压，万用表中就有电流流过。所以通过观察测量二极管的反向电阻值的大小，就能判断出是整流二极管还是稳压二极管。

5. 贴片二极管的测量

贴片二极管体积小，使用万用表来测量很困难，所以要使用专用测量工具。

（1）测量仪表。常用的专用贴片元件的测量仪表有 6013B 等。用 6013B 镊式 SMD 元件测量仪可以方便地对贴片二极管进行测量。

（2）贴片二极管的测量方法及注意事项。

1）按下 6013B 的"FUNC"按钮，显示屏即刻显示。

2）调节测量挡位。按动"FUNC"按钮，使测量仪位于二极管测量挡位，如图 1-42 所示。

3）测量未装接的贴片二极管时，左手固定二极管，右手握测量仪进行镊式测量。由于贴片二极管体积很小，不能直接用手抓着固定，以免引进测量误差。可以用牙签按住贴片二极管，使其不滑动，然后右手握测量仪对二极管进行镊式测量。测量值直接在显示屏上读取。

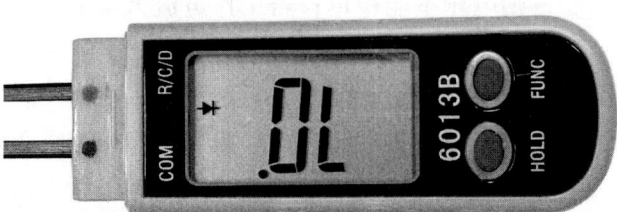

图 1-42　专用测量仪表的二极管测量挡位

4）测量安装在电路中的贴片二极管时，左手握住电路板，右手握测量仪对被测二极管进行镊式测量。由于专用测量仪器具有较高的输入阻抗，所以，无论是开路测量还是在路测量，都能有较好的测量效果。

5）二极管的正向显示数据为 0.2 ~ 0.7 V，反向阻值数据为"DL"。

6）测量结束后，长按"FUNC"按钮 3 s，关闭测量仪电源。

7）也可以采用普通的万用表进行测量，方法如下：

用一段双面胶贴在纸上，然后将待测的贴片式二极管贴在双面胶上。测试前需将万用表的两根表笔的头部锉尖。然后用牙签按住贴片二极管，再用右手握表笔对二极管进行测量。

五、稳压二极管的测量

1. 稳压二极管工作原理

稳压二极管是一种特殊的面接触型半导体二极管，简称稳压管，其伏安特性曲线和符号如图 1-43 所示。

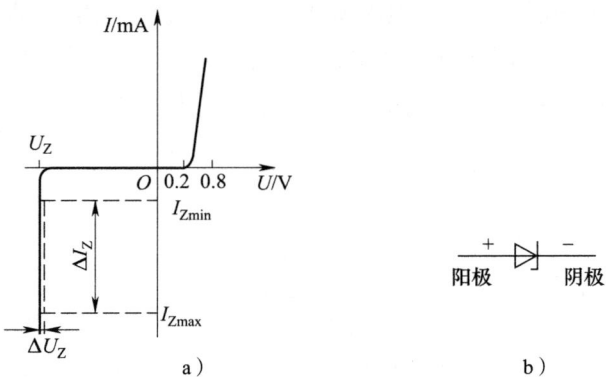

图 1-43　稳压二极管伏安特性曲线和符号

a）伏安特性曲线　b）符号

稳压二极管特性曲线与普通二极管相似，但反向击穿电压小，反向击穿区的伏安特性曲线十分陡峭。在反向击穿状态下，反向电流在很大范围变化时，稳压二极管两端的电压变化很小，让稳压管工作在反向击穿状态，就能起稳压作用，这时稳压管两端的电压 U_Z 称为稳定电压。与稳压管稳压范围所对应的电流为 I_{Zmin} ~ I_{Zmax}。

如果工作电流小于 I_{Zmin}，则电压不能稳定；若工作电流大于 I_{Zmax}，稳压管将因过热而损坏。

2. 稳压二极管测量

稳压管是一个经常工作在反向击穿状态的二极管。稳压管在产生反向击穿现象以后，其流过的电流便有较大的变化，两端电压变化很小，因而起到稳压作用。稳压管与一般二极管不一样，它的反向击穿是可逆的。当去掉反向电压之后，稳压管又恢复正常。但是，如果反向电流超过允许范围，稳压管将会发生热击穿而损坏。

稳压二极管的主要直流参数是稳定电压 U_Z。要测量其稳压值，必须使管子进入反向击穿状态，所以电源电压要大于被测管的稳定电压 U_Z。这样，就必须使用万用表的高阻挡，例如 R×10k 挡。MF47 型万用表内电池是 9 V 电压，所以只能测量 9 V 以下的稳压二极管。

当万用表量程置于 R×10k 高阻挡，测量稳压二极管反向电阻值时，其测量阻值与被测稳压二极管的稳压值有很大关系：稳压值偏小的稳压二极管，其测量的阻值偏小，反之偏大。如 2.7 V 的稳压二极管，其反向电阻值为 25 kΩ 左右；如 6.5 V 的稳压二极管，其方向电阻值为 220 kΩ 左右。这样的结果是因为：稳压值小的稳压二极管，测量中反向击穿电压低，流过表头的电流就大，测量电阻就小。反之，稳压值大的稳压二极管，测量中反向击穿电压高，流过表头的电流就小，测量电阻就大。

以上这种测量方法，只能判断稳压二极管的好与坏，至于稳压二极管的稳压值是无法测量的。

3. 稳压二极管的动态测量

图 1-44 所示是一个可以正确地测量出稳压二极管稳压值的动态测试电路图。该稳压二极管测试电路具有恒流测量效果，不会损坏稳压二极管，即使输出端短路也无妨，只要接入相应的外接电源，用指针式万用表或是数字式万用表，都可以测出被测稳压管的稳压值。

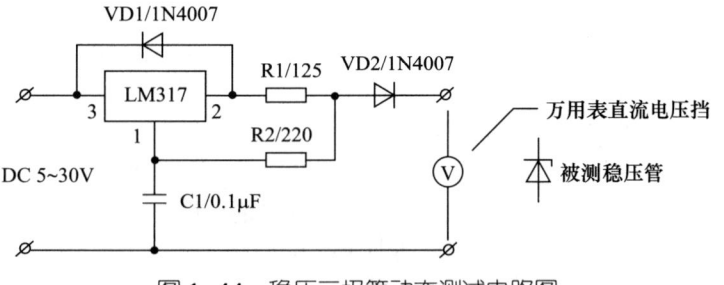

图 1-44　稳压二极管动态测试电路图

（1）测试电路的制作。

1）元器件有：LM317 三端可调稳压器 1 个，125 Ω 电阻器 1 个，220 Ω 电阻器 1 个，0.1 μF 电容器 1 个，1N4007 二极管 2 个。电阻 R1 的阻值确定了测试电路的限流电流值，使用 125 Ω 电阻，限流电流为 10 mA。VD1 起保护作用，VD2 是防止测试板在万用表测试直流电压时被损坏。

2）测试电路所有元器件可以装配在多用电路板上。

3）测试板的输出端（测量端）用绝缘导线与万用表输入口相连接，测试板的输入端安装两个插口，便于与外部电源连接。

4）也可以将测试板安放在万用表中，由于电路板体积小，不会影响万用表的内部元器件。在万用表的侧面安装两个香蕉插座，便于外部电源与内部测试板输入端相连接。

（2）测量方法及注意事项

1）测量前先将万用表挡位拨置直流电压挡。测量 10 V 以下稳压二极管，外部电压输入为 10 V，万用表拨置 10 V 直流电压挡；测量 10 V 以上稳压二极管，外部电源需大于 10 V，万用表拨置 50 V 直流电压挡。

2）外接输入电压值要大于被测稳压管的稳压值，可保证测试精度。

3）测量中要确保稳压二极管引脚与万用表的表笔接触良好。

第 5 节　晶体三极管的识别与检测

一、三极管的性能指标

三极管是一种具有放大能力的半导体器件，所以称为半导体三极管，也叫晶体三极管。晶体三极管有 3 个电极，简称三极管。三极管的 3 个电极中，一个叫发射极，用字母"E"表示；一个叫基极，用字母"B"表示；一个叫集电极，用字母"C"表示，如图 1-45a 所示。

三极管在电路中的文字符号为"VT"，如电路中有 2 只以上晶体三极管，则编为VT1、VT2、VT3……

三极管按工作频率分有低频三极管、高频三极管和开关三极管。三极管性能不同，或功率不同，它们的外形也不同，如图 1-45b 所示。

二、三极管的结构与放大性能

三极管是一个具有 3 层结构的半导体器件，3 层结构中有两个 PN 节和三个结构区，即发射区、集电区和基区，如图 1-46 所示。

如将发射极 E 作为电路的公共端，基极 B 和发射极 E 之间经基极电阻 R_b 与基极电源 U_{BB} 相连，并保证发射结正偏。集电极 C 经集电极电阻 R_C 与发射极电源 U_{CC} 相连，并确保集电结反偏（见图 1-47）。称为共发射极连接形式，简称共射电路。

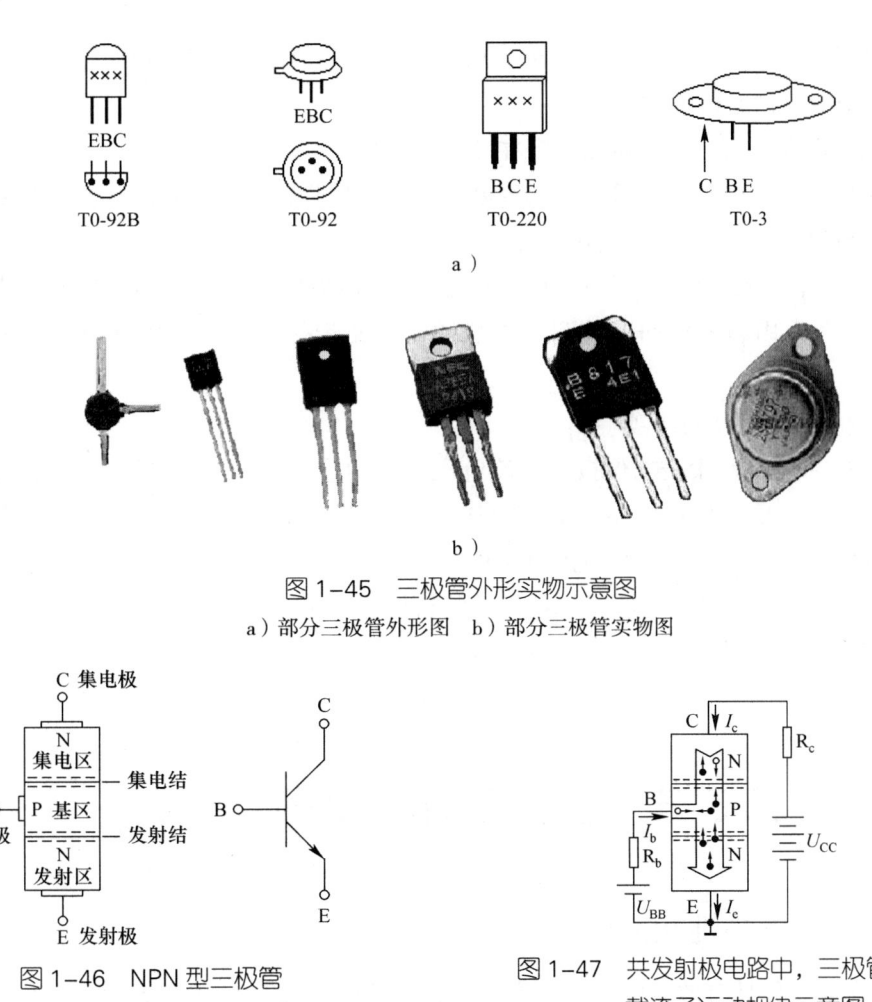

图 1-45 三极管外形实物示意图

a）部分三极管外形图 b）部分三极管实物图

图 1-46 NPN 型三极管

图 1-47 共发射极电路中，三极管内部载流子运动规律示意图

共射电路具有电流放大能力。如在发射结上加上正向偏置，即在 NPN 型三极管的基极加上正向偏置电压。发射结两侧的电子与空穴就开始运动而产生基极电流 I_b。由于集电极上加了反向电压，在发射区向基区注入大量电子的同时，也被集电区的空穴吸引去了大量的电子，从而产生了集电极电流 I_c。发射结的正向偏置电压越高，则基区得到发射区的电子数量就越多，被集电区吸引过去的电子流就越强，集电极电流 I_c 就越大。

从以上分析可知，基极电流 I_b 和集电极电流 I_c 都是由发射极发射的电子形成的。电源 U_{CC} 和基极偏置电源 U_{BB} 不断地向发射极提供电子，形成发射极电流 I_e。把三极管看作电路中的一个节点，根据基尔霍夫电流定律，流入节点的电流 I_b 和 I_c 等于流出节点的电流 I_e。即发射极电流等于基极电流加集电极电流之和：

$$I_e=I_b+I_c$$

三极管一旦制成，这只三极管内电子与空穴的运动能力基本就确定了，即三极管的电流放大能力 β 值基本就确定了。所以，共射电路的集电极电流 I_c 为：

$$I_c=I_b \times \beta$$

三、三极管的识别

三极管的用途极为广泛，为了正确地使用三极管，首先要了解三极管的特性、判断三极管的优劣、辨别它的极性。

1. 三极管的图形符号

三极管在电路中除了有文字符号以外，在电路中还有其特定的图形符号。三极管的电路图形符号如图 1-48 所示。

图 1-48 三极管图形符号

a）PNP 型　b）NPN 型

从图中可以看出，NPN 型三极管的符号中发射极的箭头是向外的，而 PNP 型三极管的符号中发射极的箭头是向内的，即由 P 端指向 N 端。

2. 三极管的外形识别

（1）普通三极管的识别。三极管的外形种类很多，有大有小，有圆有扁（见图 1-45）。图 1-45b 中，自左至右分别为：

1）TO-40B 封装的超高频微波三极管。超高频微波三极管工作频率在 1 000 MHz以上，外形体积很小，通常使用在电视机的高频头中，或者是有线信号放大器中等，型号有 2SC3357 等。

2）TO-92 封装的小功率三极管。这种三极管的使用十分普遍，在很多控制电路中都能见到。常用的型号有 9012、9013、9018 等。

3）TO-126 封装的中功率三极管。这种三极管常用在简单的稳压电源中或小功率音频放大器中，有固定散热片的安装孔，常见的型号有 13003 等。

4）TO-220 封装的大功率三极管。这种外形的三极管使用比较广泛，通常在电源电路或音响电路或控制电路中能见到，常见的型号有 TIP31、TIP41、TIP122 等，三端稳压块 7805、7905 等也是采用这种外形的封装。

5）TO-3A 封装的大功率三极管。这种外形的三极管通常使用在如电视机的行输出管、大功率功放中的末级放大对管以及电瓶车充电器中。

6）TO-3 封装的大功率三极管。这种三极管外形为全金属材料，可以使三极管大面积地与散热片接触，有良好的散热效果。这种封装的三极管只有 2 个电极，一个是发射极 E，一个是基极 B，而金属外壳则是集电极 C。

（2）贴片三极管的识别

1）贴片三极管外形的识别。贴片三极管与直插形三极管的作用是一样的，仅在外形上有较大的区别，所以通常使用在小型电子产品（如计算机、手机、蓝牙耳机等）中。

贴片三极管通常采用字标表示法来标注，如图 1-49 所示。

图 1-49　几种贴片三极管实物

2）贴片三极管的封装识别。贴片三极管的封装有多种形式，但是使用较多的是图 1-49 中的几种。自左至右分别为：第 1 种是 SOT-23 封装的贴片三极管，第 2 种是 SOT-113 封装的贴片三极管，第 3 种是 TO-252 封装的贴片三极管。

贴片三极管与其他三极管一样，也有三个电极，E 为发射极、B 为基极、C 为集电极，如图 1-50 所示。

① SOT-23 贴片三极管。使用 SOT-23 封装的贴片三极管，通常的型号有 9012、9013、8050、8850 等。图 1-51 所示为 SOT-23 封装示意图，表 1-11 是 SOT-23 贴片三极管的封装参数。

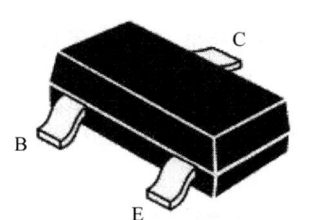

图 1-50　贴片三极管引脚示意图

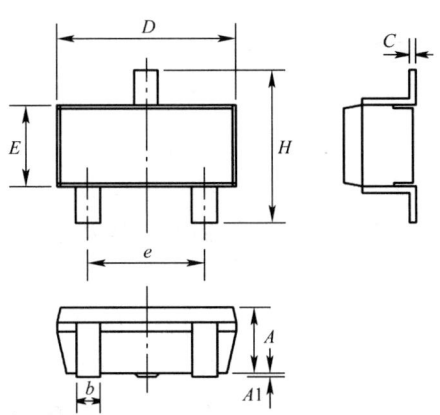

图 1-51　SOT-23 三极管封装示意图

表 1-11　SOT-23 贴片三极管封装参数

符号	尺寸（mm）			尺寸（in）		
	最小	通用	最大	最小	通用	最大
A	1.05	1.15	1.35	0.041	0.045	0.053
$A1$	—	0.05	0.10	—	0.002	0.004
b	0.35	0.40	0.55	0.014	0.016	0.022
C	0.08	0.10	0.20	0.003	0.004	0.008
D	2.70	2.90	3.10	0.106	0.114	0.122
E	1.20	1.35	1.50	0.047	0.053	0.059
e	1.70	1.90	2.10	0.067	0.075	0.083
H	2.35	2.55	2.75	0.093	0.100	0.108

②SOT–323贴片三极管。使用SOT–323封装的贴片三极管，通常的型号有2N3904、2SK3018等三极管。图1–52所示为SOT–323封装示意图。

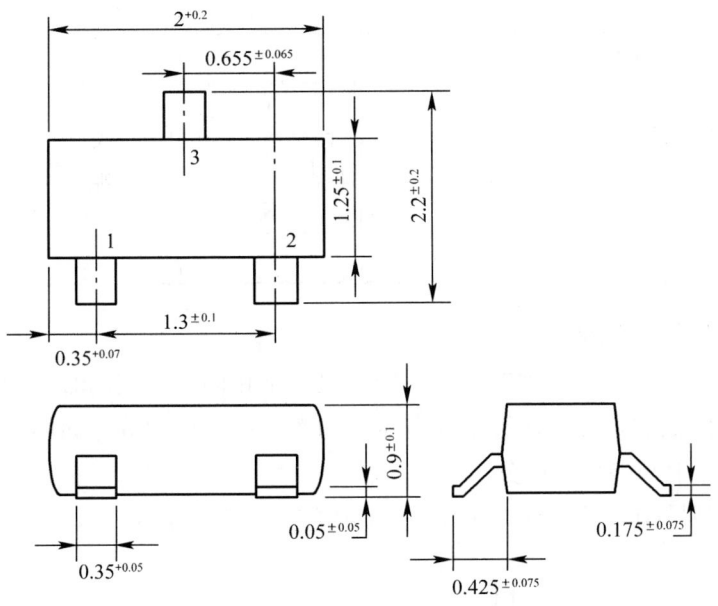

图1–52　SOT–323三极管封装示意图

③TO–252贴片三极管。通常使用TO–252封装的晶体管型号有78M05、79M05等三端稳压块，以及D1758、A1385、B340等一些大功率三极管和60N03、J210、K416等一些大功率场效应三极管。图1–53所示为TO–252封装示意图，表1–12是TO–252贴片三极管的封装参数。

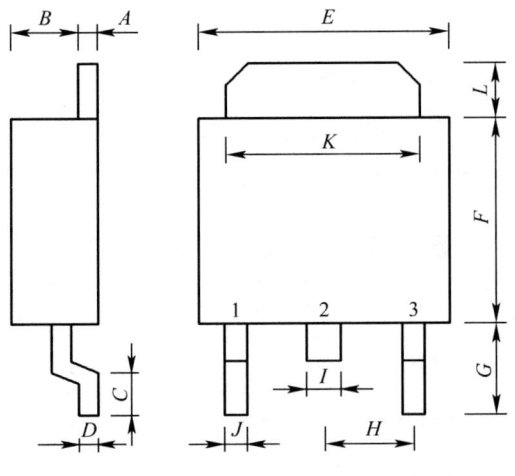

图1–53　TO–252三极管封装示意图

表1-12 TO-252贴片三极管封装参数

尺寸代号	最小（mm）	最大（mm）	尺寸代号	最小（mm）	最大（mm）
A	0.45	0.55	G	2.20	2.80
B	1.65	1.95	H	—	2.30
C	0.90	1.50	I	—	0.90
D	0.45	0.60	J	—	0.80
E	6.40	6.80	K	5.20	5.50
F	5.20	5.60	L	1.40	1.60

3. 三极管的型号识别

不同三极管的性能有很大的差异，用途也各不相同，在使用时有严格的要求。三极管除了有结构上的差异，还有工作电压、功率和放大倍数等方面的差异，这些差异在三极管的型号上都能得以区分。

三极管的型号构成通常有4部分，分别由字母及数字表示，如图1-54所示。

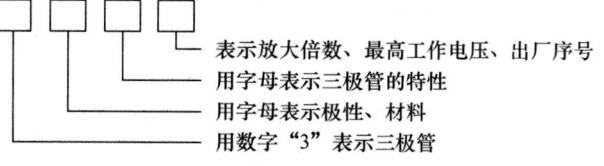

图1-54 三极管型号命名示意图

第1部分用数字"3"表示三极管。

第2部分用字母表示极性、材料。如"A"表示PNP型锗材料三极管；"D"表示NPN型硅材料三极管……

第3部分用字母表示三极管的性能。

第4部分用数字表示三极管的放大倍数、最高工作耐压、出厂序号。

三极管型号命名方法见表1-13。

表1-13 三极管型号命名方法

	第二部分		第三部分
A	PNP型，锗材料	X	低频小功率管（$f_\alpha < 3\,\mathrm{MHz}$，$P_c < 1\,\mathrm{W}$）
B	NPN型，锗材料	G	高频小功率管（$f_\alpha < 3\,\mathrm{MHz}$，$P_c < 1\,\mathrm{W}$）
C	PNP型，硅材料	D	低频大功率管
D	NPN型，硅材料	A	高频大功率管
		K	开关管

如型号为 3DG6B 的三极管:"3DG"表示 NPN 型硅材料高频小功率三极管,"B"最高工作电压为 12 ~ 15 V,出厂序号为 6 型("6 型"还包含其他一些性能参数,如 U_{CEO}、P_{CM}、I_{CM}、β 值等,都可以通过晶体管手册查出)。

如有条件,应在使用前查阅晶体三极管使用手册。

4. 三极管部分性能参数

(1)集电极—发射极反向击穿电压 U_{CEO}。发射极开路($U_E = 0$)时,集电极与发射极间最大允许的反向电压。

(2)集电极—基极反向击穿电压 U_{CBO}。基极开路($U_B = 0$)时,集电极与基极间最大允许的反向电压。

(3)集电极—发射极反向截止电流 I_{CEO}。基极开路($I_B = 0$),集电极—发射极间加规定反向电压时的集电极电流。也叫穿透电流。

(4)集电极—基极反向截止电流 I_{CBO}。发射极开路($I_E = 0$),集电极—基极间加规定反向电压时的集电极电流。

(5)共发射极电路直流放大倍数 h_{FE}(或 β)。共发射极电路中,集电极电流 I_C 与基极电流 I_B 之比,$h_{FE} = I_C / I_B$。

(6)共基极截止频率 f_α。因频率升高,当 h_{FE}(β)下降到等于 1 所对应的频率。

(7)集电极最大允许电流 I_{CM}。当三极管参数变化不超过规定值时,集电极允许承受的最大电流。一般是指 h_{FE}(β)减小到规定值的 2 / 3 的 I_c 值。

(8)集电极最大允许耗散功率 P_{CM}。保证参数在规定范围内变化,集电极上允许损耗功率的最大值。

常见三极管及其参数见表 1-14。

表 1-14 常见的三极管及其参数

参数	型号						
	8050	8550	9011	9012	9013	9014	9015
P_{CM}(mW)	1 000	1 000	400	650	650	450	450
I_{CM}(mA)	1 000	1 000	300	700	700	150	150
U_{CEO}(V)	35	35	30	30	30	30	30
截止频率 f_α（MHz）	100	100	140	80	80	150	150
极性	NPN	PNP	NPN	PNP	NPN	NPN	PNP
β 值	棕 5 ~ 15、红 15 ~ 25、橙 25 ~ 40、黄 40 ~ 55、绿 55 ~ 80、蓝 80 ~ 120、紫 120 ~ 180、灰 180 ~ 270、白 270 ~ 400						

四、三极管的测量

对三极管进行测量，厂家都采用专用仪器，如晶体管特性图示仪等。在一般场合，可以采用指针式万用表对三极管进行估计测量，也能达到一般的使用要求。

1.三极管的万用表测量原理

在使用万用表欧姆挡测量时，测量电路中串联着表内使用的 1.5 V 或 9 V 直流电源。在测量 NPN 型三极管的基极与集电极及发射极间的直流电阻时，相当于表内电源使基极与集电极的 PN 结或是基极与发射极的 PN 结成正向连接而正向导通。于是测量回路中就有电流通过，此时表针偏转较大，如图 1-55 所示。

当改变红黑表笔，红表笔接三极管的基极，黑表笔接三极管的集电极或发射极，两个 PN 结与电路的电源极性成反向连接，测量电路中几乎没有电流通过，所以表针不偏转，测量阻值为 ∞，如图 1-56 所示。

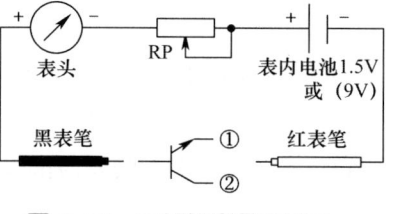
图 1-55　三极管测量原理之一

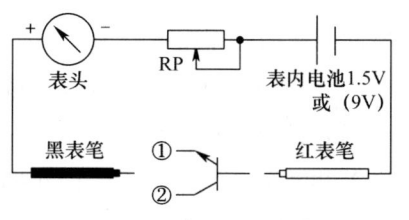
图 1-56　三极管测量原理之二

在测量 NPN 型三极管的放大能力时，被测三极管与万用表组成了一个三极管的共发射极放大电路，如图 1-57 所示。表头是三极管的集电极负载，食指电阻是三极管的基极偏置电阻。只要三极管性能良好，都会产生集电极电流，从而使表针产生偏转。表针偏转越大，说明三极管的放大性能越强。

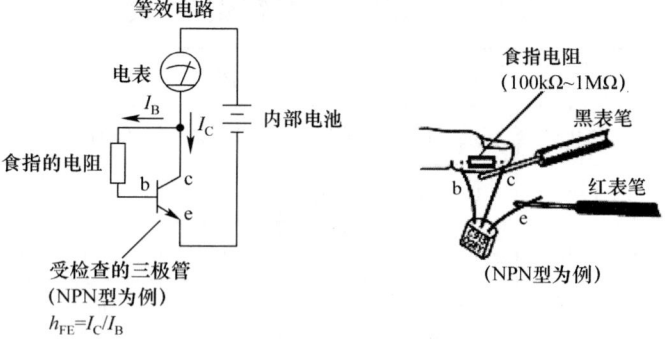
图 1-57　三极管放大能力测量原理

2.测量前的准备

（1）将红表笔插入"+"插孔内，黑表笔插入"-"插孔内。

（2）将万用表量程切换至电阻 R×1k（测量硅材料三极管）或 R×100 挡（测量锗材料三极管）。

（3）把红、黑表笔相短路，调整欧姆校零旋钮，使万用表指针满度偏转为"0"。

3.测量注意事项

（1）将万用表放在自己的正前方，眼睛最好与刻度线平行，以提高读数的准确性。

（2）用左手的中指与拇指夹持三极管，食指准备作人体电阻之用（见图1-58）。

（3）右手持握红、黑表笔，并成握筷姿势，以方便测量和转换挡位。

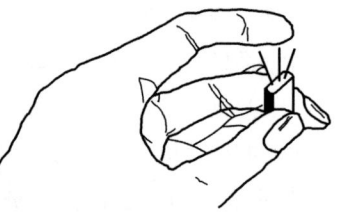

图1-58　左手夹持三极管

（4）不能在测量过程中改变测量挡位。如需要改变挡位需先停止测量，待改变挡位后再继续测量。

（5）测量结束或万用表处在平时状态，红黑两根表笔不能相接触，以防在欧姆挡时消耗表内电池的电能。

（6）表笔破裂或表笔连线绝缘层损坏应及时更换，以确保人身安全。

（7）在测量或平时状态，万用表应摆放稳固，切不可将其挤压和随意摆弄。

4.三极管的万用表测量方法

（1）测量 NPN 型硅材料三极管

1）测量三极管的基极与集电极和基极与发射极之间的正、反向电阻值。左手拇指与中指夹住三极管，管脚朝上，如图1-58所示。将欧姆挡置 R×1k 挡。黑表笔接基极，红表笔分别接集电极和发射极，测出两次正向电阻值均为 10 kΩ 左右。再用红表笔接基极，黑表笔分别接集电极和发射极，测出两次反方向电阻值应均为∞或接近∞。

2）测量 NPN 型硅材料三极管的穿透电流。将黑表笔接三极管的集电极，红表笔接发射极，测出的阻值应为∞或接近∞。阻值越大，该三极管的穿透电流越小，性能就越好。

3）测量 NPN 型硅材料三极管的放大能力。保持第2）条操作动作，然后在三极管的集电极与基极之间接一只 100 kΩ 左右的电阻，也可以按照图1-58所示，用左手食指的人体电阻来代替，此时万用表的表针发生偏转。这种万用表表针的偏转现象，证明三极管有放大能力，表针偏转越大，说明三极管的放大能力越强。

4）测量 NPN 型锗材料三极管时，挡位选在 R×100 挡或 R×10 挡，测量方法同第1）~3）条，但读数有较大差别。测量时测出的前两次 PN 结的正向电阻值均为1.5 kΩ 左右，反向电阻值均应大于 200 kΩ。200 kΩ 左右的直流阻值就是该 NPN 型锗材料三极管的测量穿透电流估计测量值，锗材料三极管的穿透电流越大，其测量出的直流阻值就越小。

（2）测量 PNP 型硅材料三极管

1）测量三极管的基极与集电极和基极与发射极之间的正、反向电阻值。因为测量的是硅材料三极管，所以测量挡位为 R×1k 挡，而表笔的接法与测量 NPN 管相反，即红表笔接基极，黑表笔分别接集电极和发射极，测出两次正向电阻值均为 10 kΩ 左右。再用黑表笔接基极，红表笔分别接集电极和发射极，测出两次反方向电阻值应均为∞或接近∞。

2）测量 PNP 型硅材料三极管的穿透电流。将红表笔接集电极，黑表笔接发射极，测出的阻值为∞或接近∞。阻值越大，三极管的穿透电流越小，性能越好。

3）测量 PNP 型硅材料三极管的放大能力。保持第 2）条操作动作，然后在三极管的集电极与基极之间接一只 100 kΩ 左右的电阻，也可以按照图 1-58 所示，用左手食指的人体电阻来代替，此时万用表的表针发生偏转。这种万用表表针的偏转现象，证明三极管有放大能力，表针偏转越大，说明该三极管的放大能力越强。

4）测量 PNP 型锗材料三极管时，挡位选在 R×100 挡或选在 R×10 挡。测量方法与以上相同，只是测出的阻值读数有较大差别，两个正向阻值均为 1.5 kΩ 左右，反向阻值均应大于 200 kΩ。200 kΩ 左右的直流阻值就是该 PNP 型锗材料三极管的测量穿透电流估计测量值，锗材料三极管的穿透电流越大，其测量出的直流阻值就越小。

用 MF47 型万用表测量三极管时的直流阻值见表 1-15。

表 1-15 三极管的电阻值（用 MF47 型万用表测量）

表笔及管脚＼三极管	黑-红 B-E	黑-红 B-C	红-黑 B-E	红-黑 B-C	黑-红 C-E	黑-红 E-C	黑-红 C-E（h_{FE}）	黑-红 E-C
NPN 硅管	约 10 kΩ	约 10 kΩ	>10 MΩ	>10 MΩ	>10 MΩ	>1 MΩ	阻值较小	阻值较大
NPN 锗管	约 1.5 kΩ	约 1.5 kΩ	>200 kΩ	>200 kΩ	>200 kΩ	>500 kΩ	阻值较小	阻值较大
PNP 硅管	>10 MΩ	>10 MΩ	约 10 kΩ	约 10 kΩ	>10 MΩ	>1 MΩ	阻值较大	阻值较小
PNP 锗管	>200 kΩ	>200 kΩ	约 1.5 kΩ	约 1.5 kΩ	>200 kΩ	>200 kΩ	阻值较大	阻值较小

注：测量用的万用表型号不同，与以上阻值会有一些差异。

5. 三极管管脚的判断测量

在无法识别三极管的 3 个电极时，可以使用万用表对三极管进行判断测量，以便找出三极管的发射极、基极和集电极。

在三极管的性能中，三极管的基极与另外两个电极之间呈现的是两个二极管的正反向直流电阻特征，利用这种特征就能找到三极管的基极，进而找到集电极和发射极。

（1）三极管管脚的判断方法一

1）判断三极管的基极。用黑表笔接三极管的某一管脚（假设为基极），再用红表笔分别接另外两个管脚。如果两次阻值都很小，阻值均在 10 kΩ 左右，则该管是 NPN 型硅材料三极管；如阻值均在 1 kΩ 左右，则该管是 NPN 型锗材料三极管。因为，黑表笔是测量的公共表笔，所以与黑表笔相接的就是 NPN 型三极管的基极。

如用红表笔接假设的基极，黑表笔分别接另外两个管脚。如果两次阻值都很小，阻值均在 10 kΩ 左右，则该管是 PNP 型硅材料三极管；如阻值均在 1 kΩ 左右，则该管是 PNP 型锗材料三极管。因为，红表笔是测量的公共表笔，所以与红表笔相接的是 PNP 型三极管的基极。

如果两次测量中一次阻值小一次阻值大，则说明基极假设得不对，应调换另一只管脚作为假设基极，再用以上方法测量，直至找到三极管的基极。

2）判断集电极和发射极。在以上测量的基础上进行以下测量：

如已测出是一只 NPN 型三极管，则黑表笔接假设的集电极，红表笔接假设的发射极，并在基极与假设的集电极间并接一只阻值为 100 kΩ 左右的电阻（也可以用手指触摸的人体电阻来代替），测出一个阻值；然后改变假设的集电极与发射极，黑表笔仍然接假设的集电极，红表笔接假设的发射极，并在基极与假设的集电极间再次并接一只 100 kΩ 左右的电阻，又测出一个阻值。在两次测量中，偏转大的一次与黑表笔相接的就是 NPN 型三极管的集电极，与红表笔相接的则是 NPN 型三极管的发射极。

如已测出是一只 PNP 型三极管，则红表笔接假设的集电极，黑表笔接假设的发射极，并在基极与假设的集电极间并接一只阻值为 100 kΩ 左右的电阻（可用手指触摸的人体电阻来代替），测出一个阻值；然后改变假设的集电极和发射极，红表笔仍然接假设的集电极，黑表笔接假设的发射极，并在基极与假设的集电极间再次并接一只 100 kΩ 左右的电阻，又测出一个阻值。在两次测量中，偏转大的一次与红表笔相接的就是 PNP 型三极管的集电极，与黑表笔相接的是 PNP 型三极管的发射极。

（2）三极管管脚的判断方法二

1）集电极与发射极的直接判断。黑表笔接 NPN 型三极管假设的集电极，红表笔接假设的发射极，在假设的集电极与假设的基极间并接一只 100 kΩ 左右的电阻，测出一个阻值；再将以上集电极和发射极调换假设，在假设的集电极与假设的基极间并接一只 100 kΩ 左右的电阻，又测出一个阻值。如果两次阻值一大一小（表针偏转一大一小），则表针偏转大的一次与黑表笔相接的是 NPN 型管的集电极，与红表笔相接的是 NPN 型管的发射极。因为在两次测量中均以黑笔接假设的集电极，所以是一只 NPN 型的三极管。

如用红表笔接 PNP 型三极管假设的集电极，黑表笔接假设的发射极，在假设的集电极与假设的基极间并接一只 100 kΩ 左右的电阻，测出一个阻值；再将以上集电极和发射极调换假设，在假设的集电极与假设的基极间并接一只 100 kΩ 左右的电阻，又测出一个阻值。如果两次阻值一大一小（表针偏转一大一小），则表针偏转大的一次与红表笔相接的是 PNP 型三极管的集电极，与黑表笔相接的是 PNP 型三极管的发射极。因为在两次测量中均以红笔接假设的集电极，所以是一只 PNP 型的三极管。

2）测出集电极和发射极后，另一个管脚就是三极管的基极。

6. 三极管穿透电流的估计测量

一只三极管的穿透电流 I_{CEO} 大时，其耗散功率会增大、热稳定性变差、噪声也大、调整三极管的工作点困难。所以应该使用 I_{CEO} 小的三极管。用万用表能估计测量出三极管的 I_{CEO} 大小。

测硅材料三极管时，用万用表 R×1k 挡测量。如果是 NPN 型三极管，则黑表笔接集电极，红表笔接发射极，其测量阻值在几百千欧以上。如测量阻值很大（表针摆动很小），说明三极管的穿透电流很小。如果是 PNP 型三极管，则红表笔接集电极，黑表笔接发射极。

测锗材料三极管时，用万用表 R×100 或 R×10 挡测量。如果是 NPN 型三极管，则黑表笔接集电极，红表笔接发射极，其测量阻值在几十千欧以上，阻值越大说明三极管的穿透电流越小。如果在测量中表针缓慢地向低阻值方向移动，说明 I_{CEO} 值大，而且稳定性差；如果阻值接近于零，说明三极管已击穿损坏。如果是 PNP 型三极管，则红表笔接集电极，黑表笔接发射极。

7. 三极管直流放大倍数 h_{FE} 的测量

测试三极管的 h_{FE} 性能，是 MF47 型万用表的一个辅助功能。h_{FE} 参数是三极管的直流放大能力参数，是指三极管在对输入直流信号进行放大工作状态下的工作能力。

（1）h_{FE} 性能测试的工作原理。在 MF47 型万用表的左侧有个插座，当万用表拨到 R×10 挡位时，可以在此插座上，对 NPN 型三极管和 PNP 型三极管进行 h_{FE} 性能的估计测试。h_{FE} 性能的测试电路图如图 1-59 所示。

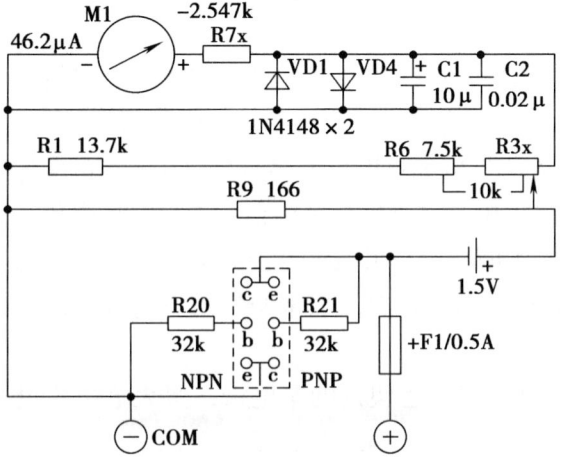

图 1-59　h_{FE} 测试电路图

这种测试是由万用表内的 1.5 V 电池作为测量电路的电源，而表头中反映的是被测三极管的集电极电流 I_c（其中包括很小的基极电流 I_b）。在测试电路中，基极电流 I_b 是固定不变的。所以，各个三极管随着各自放大能力的不同，在表头上就能反映出各自的集电极电流，也就是各个三极管的直流放大性能 h_{FE}。测试原理图如图 1-60 所示。从图中可以看出，由于这种测试电路使用的电源电压只有 1.5 V，而三极管在实际使用中的工作电压一般都比此电压高。另一方面该测试电路中的基极电流 I_b 和集电极电流 I_c 比较小，所以也比较安全（MF47 型万用表的 h_{FE} 测量挡位的短路电流不会超过 9 mA），这种估计测试只能作为参考。

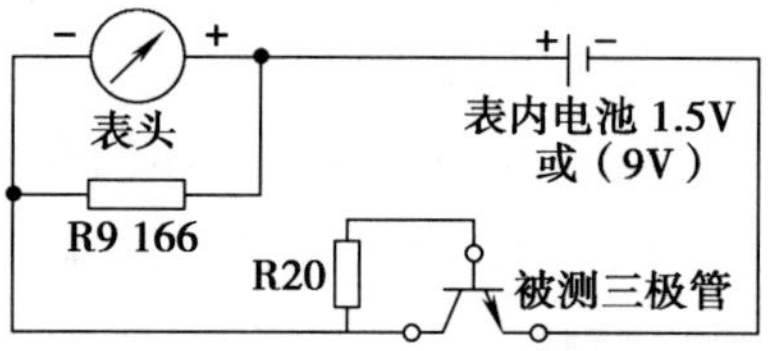

图 1-60 h_{FE} 测试原理图

（2）指针式万用表测试 h_{FE} 性能的方法

1）将挡位转换开关拨至 R×10 挡位，然后将红、黑表笔短接，调节 "Ω 调 0" 旋钮，使表针指示为 "0"。分开红、黑表笔。

2）将被测三极管插入 h_{FE} 专用插座中。测试 NPN 三极管时，使用左边一排的三个测试孔，其三个插孔的插入位置从上至下分别为 c、b、e；如测试 PNP 三极管时，则使用右边一排的三个测试孔，其三个插孔的插入位置从上至下分别为：e、b、c。MF47 型万用表的 h_{FE} 专用插座中的接触簧片离插口比较远，约为 15 mm，故对测量带来不便。有兴趣的读者，可以自行做一个接插座，使内部接触簧片得以间接抬高而方便测试 h_{FE}。

3）测试晶体三极管的直流放大倍数 h_{FE} 值时，读取万用表表盘上的第六条数值。

（3）指针式万用表的 h_{FE} 性能测试的注意事项

1）只能使用 R×10 挡位，才能得到比较准确的测试参数。

2）测试前一定要进行欧姆校零。

3）万用表 h_{FE} 挡位，不仅可以简单地测量 PNP、NPN 型小功率三极管的 h_{FE} 值，还能估计测量三极管的 I_{CEO}（穿透电流）值。方法是：三极管的基极不插入 "b" 孔中，只插入三极管的 C、E 两电极，此时测出的就是三极管的 I_{CEO} 值，万用表指针向右偏转越少则说明三极管的 I_{CEO} 越小，三极管性能也越好。

8. 指针式万用表在三极管测量中的注意事项

（1）万用表水平放置在桌上，或小于 45° 角度的斜放在桌上。

（2）视线与表面保持垂直，不要过于偏左或右。以保证读取数值准确。

（3）测量中，不要振动万用表，以防止万用表指针的摆动而影响读取数值。

（4）测量三极管时，要手拿着三极管，以保证方便测量以及有良好的测量手感。

（5）手拿三极管测量时，手不能同时触碰三极管的两引脚。避免人体电阻影响测量结果。

（6）对有轻微氧化的引脚，在测量时要将表笔在引脚上作轻轻刮动，以保证测量效果。

（7）每换一个测量挡位，都要进行校"0"。

（8）当 R×1 挡不能调至零位时，表明万用表内的 1 节电池（1.5 V）电力不足需更换。当 R×10k 不能调至零位时，表明仪表内 9 V 层叠电池电力不足，需更换。

9. 贴片三极管的测量

贴片三极管体积小，使用万用表来测量是很困难的，所以要使用专用测量工具才能对贴片三极管进行测量。

（1）测量仪表。常用的专用贴片元件的测量仪表有 6013B 等。

（2）贴片三极管的测量方法及注意事项。测量未装接的贴片三极管时，左手固定贴片三极管，右手握测试仪进行镊式测量。由于贴片三极管很小，不能直接用手抓着固定，以免引进测量误差。可以左手用牙签按住贴片三极管，使贴片三极管不滑动，然后用右手握测试仪对三极管进行镊式测量。测量值直接在显示屏上读取。

6013B 镊式 SMD 元件测量仪可以对贴片三极管进行简单测量。方法如下：

1）按下 6013B 的"FUNC"按钮，显示屏即刻显示。

2）调节测量挡位。按动"FUNC"按钮，使测量仪位于二极管测量挡位，如图 1-61 所示。

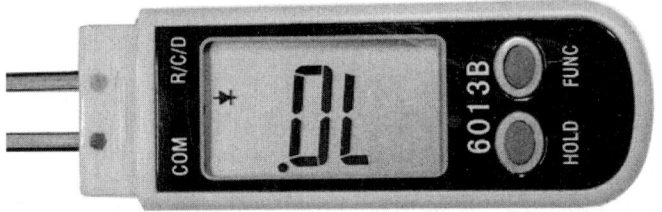

图 1-61　使用测量仪表的二极管挡位测量三极管

测量中，正常的三极管在 B 极与 C 极之间或在 B 极与 E 极之间，会出现两次 0.6 V 左右的正向导通电压值；还会出现两次反向测量数值，为 ∞（DL）。利用三极管的这种特性，可以快速判断贴片三极管的好坏。

测出以上结果后，可以估判该只被测贴片三极管是好的。因为三极管损坏后，其相似两只二极管的正向直流阻值特性，要么两次测量都是很小阻值（击穿损坏），要么两次测量都是很大阻值（开路损坏）；要么是 C 极与 E 极之间的很小阻值（击穿损坏）。

3）测量安装在电路中的贴片三极管时，左手握住电路板，右手握测试仪对被测三极管进行镊式测量。由于专用测量仪器具有较高的输入阻抗，所以，无论是开路测量还是在路测量，都能有较好的测量效果。

4）测量结束后，长按"FUNC"按钮 3 s，关闭测量仪电源。

5）也可以采用普通的万用表进行测量，方法如下：

用一段双面胶贴在纸上，然后将待测的贴片式三极管贴在双面胶上。测试前需将万用表的两根表笔的头部锉尖，然后用牙签按住贴片三极管，再用右手握表笔对三极管进行测量。

第6节 场效应晶体管的识别与检测

场效应晶体管，简称场效应管。其特性和真空三极管相似，是一种电压控制元件，具有输入阻抗高，噪声低，动态范围大，抗干扰、抗辐射能力强等特点，是较理想的电压放大元件和开关元件。

场效应晶体管是由一个反向偏置的 PN 结组成的半导体器件，所以又称为单极型晶体管。它是利用电压所产生的电场强弱来控制导电沟道的宽窄（即电流的大小），实现放大作用的。按结构的不同，场效应管可分为结型场效应管（JFET）和绝缘栅型场效应管（MOSFET）。它们都有 N 型和 P 型两种导电沟道，分别以耗尽型和增强型两种极性相反的方式工作。当栅压为零时有较大漏极电流的工作方式，称为耗尽型；当栅压为零时漏极电压也为零，必须再加一定的栅压后才能产生漏极电流的工作方式，称为增强型。

一、场效应晶体管的分类

1. 结型场效应管

图 1-62 所示为场效应管的电路符号。场效应管有三个电极，分别是：栅极，用"G"表示；源极，用"S"表示；漏极，用"D"表示。场效应管的三个电极与三极管有相似之处，栅极 G 相当于三极管的基极，具有控制能力；源极 S 相当于三极管的发射极，具有提高电流的能力；漏极 D 相当于三极管的集电极，具有做工能力。

图 1-62a 中箭头指向沟道，即为 N 型沟道结型场效应管，图 1-62b 中箭头背离沟道，即为 P 型沟道结型场效应管。

场效应管具有输入阻抗高、导通内阻小的特点。由于输入阻抗高，所以栅极极易击穿，为此通常在栅极至源极之间并联一只几千欧姆的电阻器。

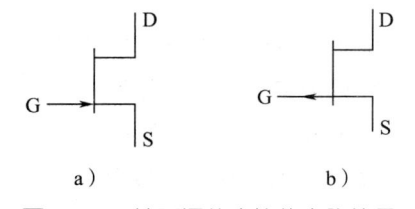

图 1-62 结型场效应管的电路符号

a）N 沟道结型场效应管 b）P 沟道结型场效应管

2. 绝缘栅型场效应管

绝缘栅型场效应晶体管是一种单极型半导体器件，其基本功能是用栅、源极间电压控制漏极电流，具有输入阻抗高、噪声低、热稳定性好、耗电小等优点。绝缘栅型场效应管（又称为 MOS 管）的四种管型及特性见表 1-16。

電子工艺基础（第二版）　　　　　　　　　　中国特色企业新型学徒制培训教材

表 1-16　绝缘栅型场效应管的四种管型及特性

结构	极性	工作方式	工作电压 U_{GS}	工作电压 U_{DS}	符号	转移特性	输出特性
N 沟道	电子导电	增强型	+	+	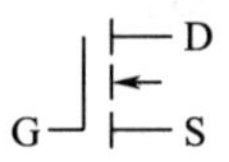	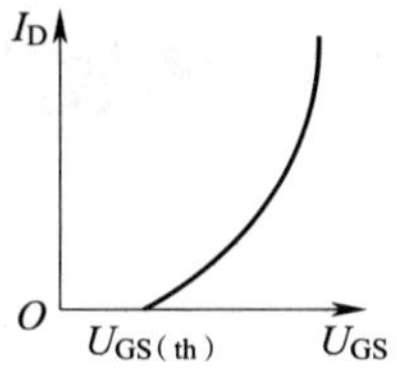	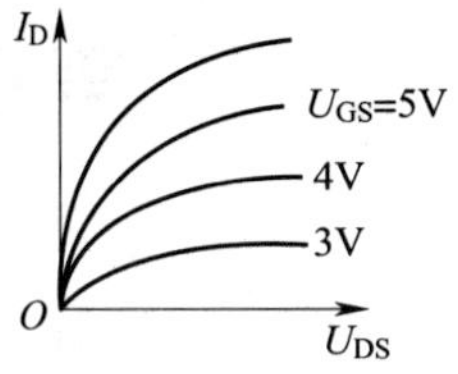 $U_{GS}=5V$ ／ 4V ／ 3V
N 沟道	电子导电	耗尽型	+ 或 −	+	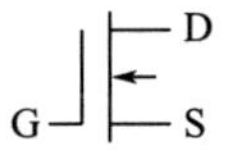	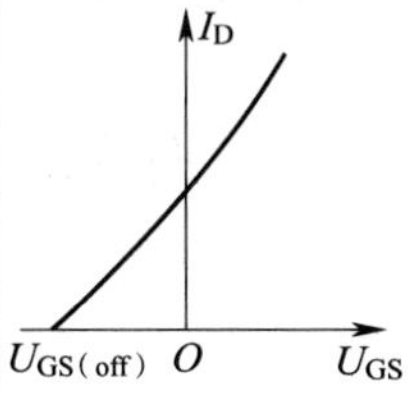	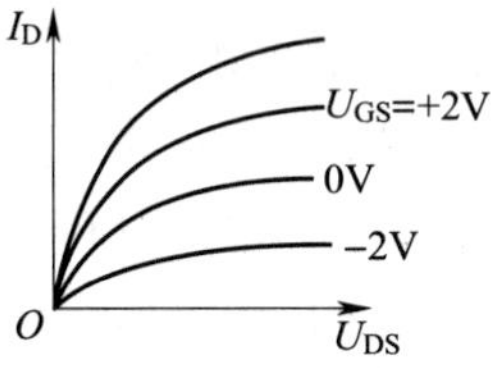 $U_{GS}=+2V$ ／ 0V ／ −2V
P 沟道	空穴导电	增强型	−	−	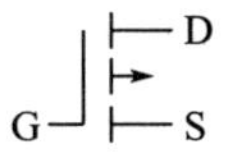	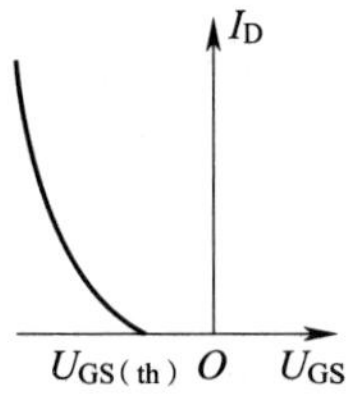	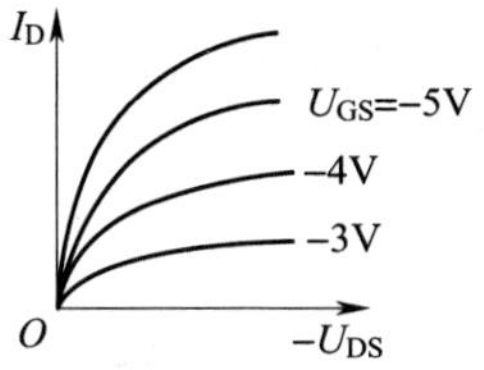 $U_{GS}=-5V$ ／ −4V ／ −3V
P 沟道	空穴导电	耗尽型	+ 或 −	−	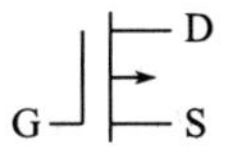	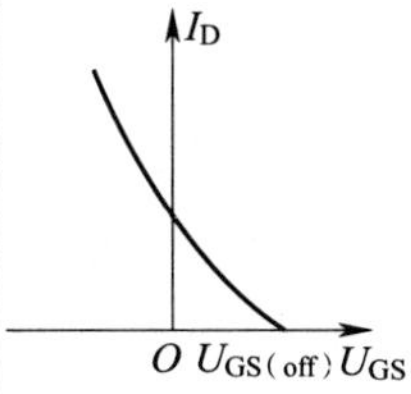	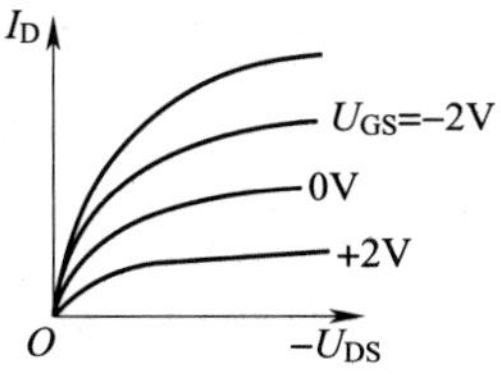 $U_{GS}=-2V$ ／ 0V ／ +2V

二、场效应晶体管的识别

场效应管的实物图如图 1-63 所示。

1. 场效应管的引脚识别

图 1-64 所示为部分场效应管引脚示意。

国产 N 沟道结型场效应管典型产品有 3DJ2、3DJ4、3DJ6、3DJ7，P 沟道管有 CS1 ～ CS4。日制 2SJ 系列为 P 沟道结型场效应管，2SK 系列为 N 沟道结型场效应管。美制 2N5460 ～ 2N5465 属 P 沟道结型场效应管，2N5452 ～ 2N5454、2N5457 ～ 2N5459、2N4220 ～ 2N4222 均属 N 沟道管。

2. 大功率场效应管 V-MOS

大功率场效应管，如图 1-64 右图所示，由于功率比较大，所以外形体积也比较大，其封装形式为 TO-220 或 TOP-3 等。

050

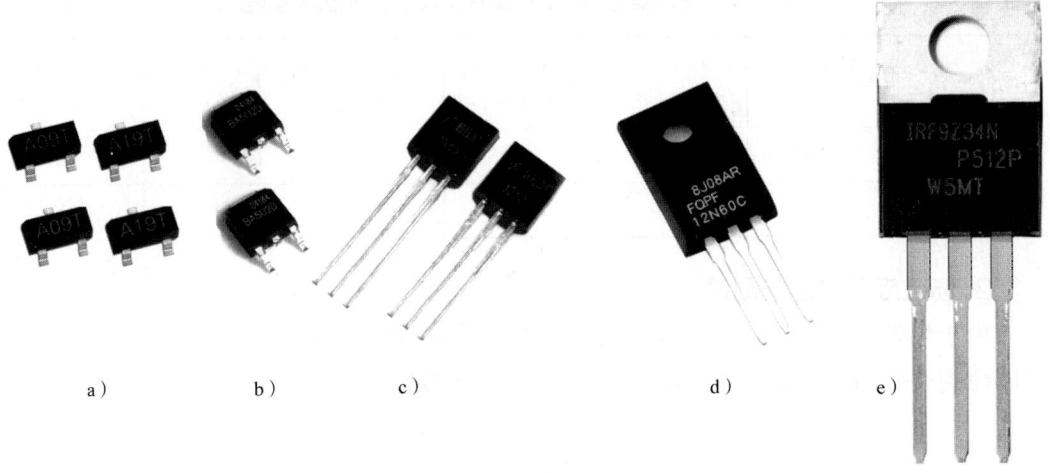

图 1-63　场效应管

a）SOT-23 封装　b）SOT-252 封装　c）TO-92 封装　d）TO-220P 封装　e）TO-220 封装

图 1-64　场效应管引脚示意图

三、场效应管的测试

对于结型场效应管的电极，可用万用表来判别，但是效果不太理想。参考方法如下。

1. 万用表估计测量方法

（1）将万用表拨到 R×1k 挡，首先用黑表笔碰触场效应管的一脚，然后用红表笔依次碰触另外两个脚，然后对调表笔再次测量。若两次测出的阻值都很大，说明均是反向电阻，属于 N 沟道场效应管，黑表笔接的就是栅极；若两次测出的阻值都很小，说明均是正向电阻，属于 P 沟道场效应管，黑表笔接的也是栅极。一般源极与漏极之间的电阻值为几千欧。

（2）场效应管测量选择 MF47 型万用表 R×1k 挡，测量数据见表 1-17。由表可见，无论是 N 型场效应管，还是 P 型场效应管，6 次测量中，只有一次阻值为 20 kΩ 左右。

表1-17 47型万用表测量场效应管数据（参考）

场效应管	G（−）S（+）	G（−）D（+）	S（−）D（+）	G（+）S（−）	G（+）D（−）	S（+）D（−）
N型	20 kΩ	∞	∞	∞	∞	∞
P型	∞	∞	∞	20 kΩ	∞	∞

2. 场效应管的动态测试

由于场效应管的特殊性，所以用万用表测量是估计级别的，如使用动态测试方法，可以得到很好的测试效果。测试电路图如图1-65所示。

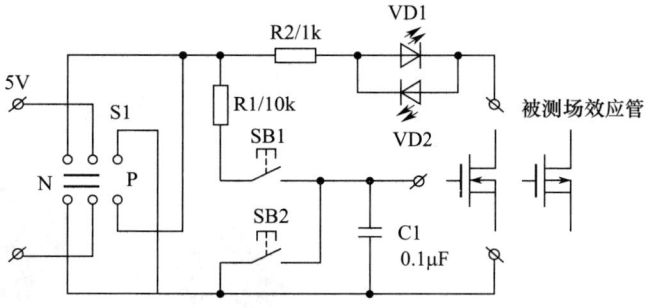

图1-65 场效应管动态测试电路图

（1）测试电路的制作

1）元器件有：2×2拨动开关1个，10 kΩ电阻器1个，1 kΩ电阻器1个，0.1 μF电容器1个，发光二极管2个，轻触按钮2个，接线端子2个，圆孔排插3位。

接线端子用于输入5 V电源，圆孔排插3位用于插被测场效应管，SB1为导通触发按钮，SB2为截止控制按钮，电阻R1为场效应管控制极控制电压提供电阻，电阻R2为发光二极管限流电阻。

2）测试电路所有元器件可以装配在多用电路板上。应急情况下，也可以安装在面包板上。

3）电源可以使用5 V电源，也可以使用3.7 V锂电池。

（2）测试方法

1）接通电源，拨动开关S1的切换方向由被测场效应管的极性所定，如测试N型场效应管，则S1拨置"N"侧。

2）插入被测场效应管，按下SB1，VD1应亮起，按下SB2，VD1应熄灭，符合以上现象的，说明被测场效应管为好。

四、场效应管使用中的注意事项

1. 检测时，为了防止场效应管栅极感应击穿，要求一切测试仪器、工作台、电烙铁、线路本身都必须有良好的接地。

2. 在焊接超高频小功率场效应管时，先焊源极。在焊接入电路之前，场效应管的三个电极应互相进行短接状态，焊接完后才把短接线去掉，这样是为了保证超高频场效应管的安全。

3. 由于场效应管的输入阻抗很高，在测量中，不要带电插拔场效应管，以免瞬间导通电流损坏场效应管。

4. 用图示仪观察场效应管的输出特性时，可在栅极回路中串入一个 $5 \sim 10\ \mathrm{k\Omega}$ 的电阻，以避免出现自激振荡。

5. 用万用表测量时，应尽量避免用表笔首先接触栅极。测量时最好远离交流电源线路。

6. 为了安全使用场效应管，在线路设计中不能超过场效应管的耗散功率、最大漏—源电压和电流等参数的极限值。

7. 各类型场效应管在使用时，都要严格按要求的偏置电路接入栅极回路中。如结型场效应管栅—源—漏之间是 PN 结，N 沟道管栅极不能加正偏压，P 沟道管栅极不能加负偏压。

8. 绝缘栅型场效应管由于输入阻抗极高，所以在运输、储存中必须将引出脚短路，要用金属屏蔽包装，以防止外来感应电动势将栅极击穿。尤其要注意，不能将绝缘栅型场效应管放入塑料盒内，保存时最好放在金属盒内，同时也要注意管子的防潮。

9. 对于功率型场效应管，要有良好的散热条件。因此功率型场效应管在高负荷条件下运用，必须设计足够的散热器，确保壳体温度不超过额定值，使器件长期稳定可靠地工作。

第7节　晶闸管的识别与检测

一、单向晶闸管结构

晶闸管是晶体闸流管的简称，又称为可控硅。可控硅是一种可控的大功率半导体器件，具有体积小、质量轻、耐压高、容量大、效率高、使用维护简单、控制灵敏等特点，目前被广泛地用于整流、逆变、调压、开关四个方面。它的缺点是过载能力差、抗干扰能力差、控制电路比较复杂。

晶闸管的种类很多，部分晶闸管的实物图如图 1-66 所示。

晶闸管分为单向晶闸管和双向晶闸管两大类。图 1-67 所示为单向晶闸管原理示意图及符号。

图 1-68 所示为单向晶闸管的伏安特性曲线。从图 1-68 中可以看出：单向晶闸管的控制极 G 至阴极 K 之间的正向特性和反向特性与二极管基本相似；阴极 K 至阳极 A 之间的正反向特性就是击穿特性。

电子工艺基础（第二版）

中国特色企业新型学徒制培训教材

图 1-66　部分晶闸管的实物图

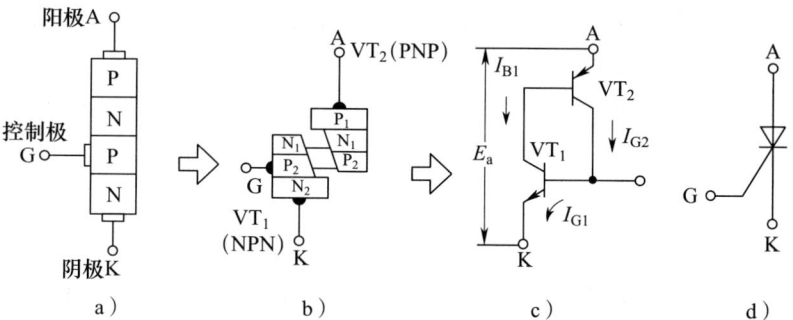

图 1-67　单向晶闸管原理示意图及符号

a）结构示意图　b）、c）原理等效示意图　d）符号

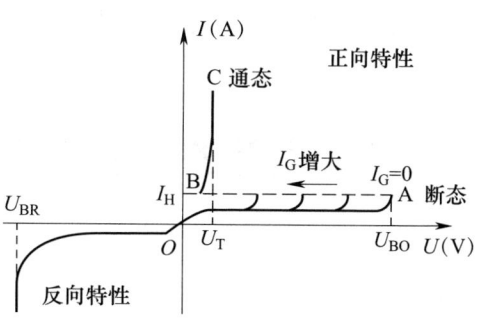

图 1-68　单向晶闸管伏安特性曲线图

二、双向晶闸管结构

双向晶闸管是一个 5 极型的半导体元件，如图 1-69a 所示，双向晶闸管的图形符号如图 1-69b 所示，双向晶闸管的伏安特性曲线如图 1-69c 所示。

双向晶闸管有多种，图 1-70 所示为部分双向晶闸管的实物图。图中从左至右的封装分别为：SOT-89 贴片封装、SOT-252 封装、TO-220 封装、TP-3P 封装以及大功率晶闸管模块。

双向晶闸管有三个电极，分别是控制极 G、阳极 T1（A1）和阳极 T2（A2）。双向晶闸管的引脚功能示意图如图 1-71 所示。

054

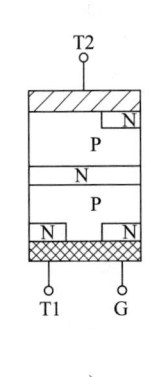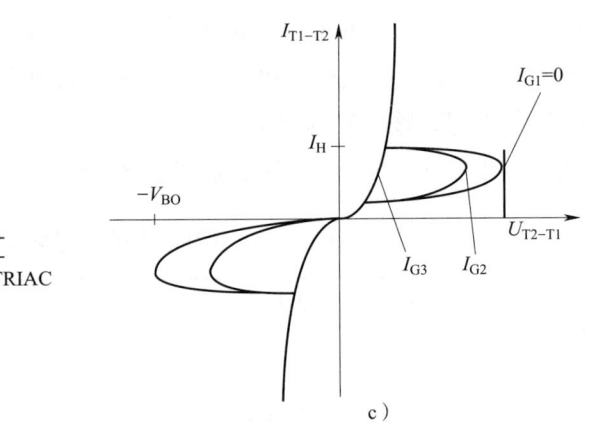

图 1-69　双向晶闸管原理示意图

a）内部结构　b）符号　c）伏安特性曲线

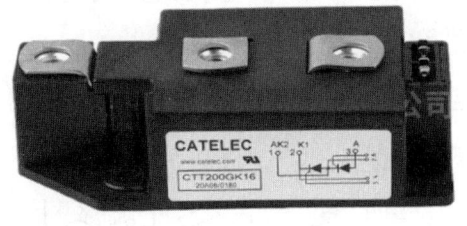

图 1-70　双向晶闸管实物图

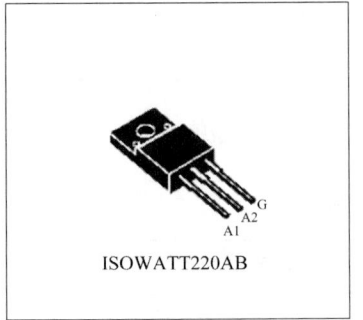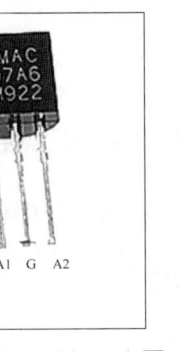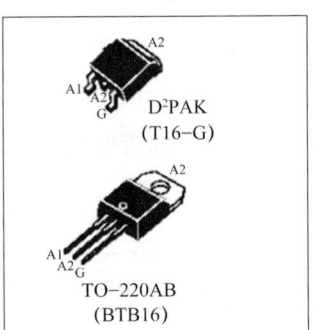

图 1-71　双向晶闸管引脚功能示意图

三、晶闸管的检测

1. 判断单向晶闸管的电极

金属外壳封装的小功率晶闸管的电极从外形上可以判别，一般阳极为外壳，阴极的引线要比控制极引脚粗而长。如果是其他形式的封装，不知电极引脚时，可以用万用表的电阻挡进行检测。方法是将万用表置于 R×1k 挡（或 R×100 挡），将晶闸管其中一引脚假定为控制极，与黑表笔相接。然后用红表笔分别接另外两个引脚，若一次阻值较小（正向导通），另一次阻值较大（反向截止），说明黑表笔接的是控制极。在阻值较小的那次测量中，接红表笔的一端是阴极；在阻值较大的那次测量中，接红表笔的一端是阳极。若两次测出的阻值均很大，说明红黑表笔接的都不是控制极，可重新设定另一引脚为控制极，可以很快判别出晶闸管的三个电极。

2. 单向晶闸管好坏的简易判别

单向晶闸管好坏的简易判断方法见表 1-18，使用 47 型万用表检测。

表 1-18　单向晶闸管好坏的简易判断

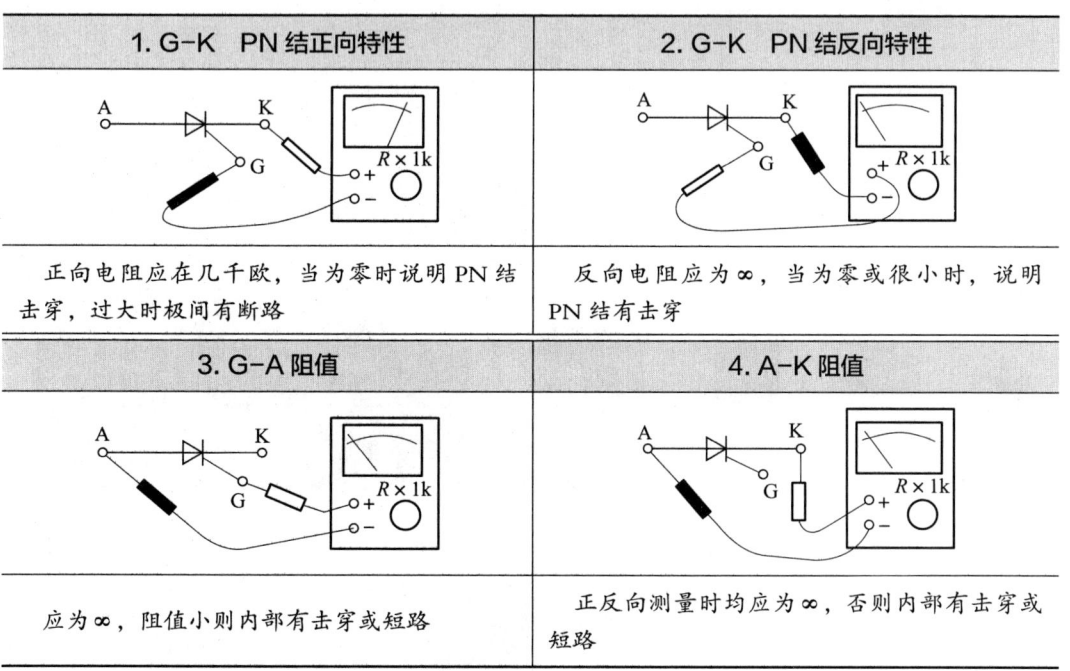

1. G-K PN 结正向特性	2. G-K PN 结反向特性
正向电阻应在几千欧，当为零时说明 PN 结击穿，过大时极间有断路	反向电阻应为 ∞，当为零或很小时，说明 PN 结有击穿
3. G-A 阻值	4. A-K 阻值
应为 ∞，阻值小则内部有击穿或短路	正反向测量时均应为 ∞，否则内部有击穿或短路

双向晶闸管好坏的简易判断方法见表 1-19，使用 47 型万用表检测。

表 1-19　双向晶闸管好坏的简易判断

G-T1 正向特性	G-T2 反向特性
正向电阻约为几十欧姆	反向电阻约为几十欧姆
T1-T2	T2-T1
应为 ∞	应为 ∞

第 8 节　集成电路的使用

一、集成电路的结构

集成电路是在同一块半导体材料上，利用各种不同的加工方法，同时制作出许多极其微小的晶体管等电路元器件，并将它们相互之间按照电路工作原理要求相互连接起来，使之具有特定的电路功能。半导体集成电路是 20 世纪 60 年代开始发展起来的一种新型电子元器件，它具有体积小、质量轻、可靠性高以及成本低等一系列优点，所以发展十分迅速，不仅在军事、航天等方面采用，而且在家用电器中也到处可见。近几年来，随着电子技术的迅猛发展，集成电路已大量进入现代电子技术领域。

半导体集成电路的封装形式有晶体管式的圆管壳封装、扁平封装和双列直插式封装等，如图 1-72 中有 DIP-16 的双列式封装的集成电路、DIP-32 的双列式封装的集成电路、SOP-16 的双列贴片封装的集成电路等。

图 1-72　部分集成电路的实物图

在管壳封装中，半导体芯片被封装在晶体管壳内，有 8 ~ 14 条引线，以适应整个电路中各种电源、输入、输出及与其他外接元件引线连接的需要。

扁平封装中，芯片被封装在扁平的长方形外壳中，引线从外壳的两边或四边引出。引线数目较多的，可达 60 条以上。在电路外部封装上打印有电路的型号、厂标及引脚顺序标记。

双列直插式封装是当前集成电路中最广泛采用的封装形式。它与扁平封装比较，封装牢固，可自动化生产，成本低，且可采用管座插接在印制电路板上。双列直插式电路有 8 引脚、14 引脚、16 引脚、18 引脚、20 引脚、24 引脚、28 引脚和 40 引脚等数种。引脚的数目根据电路芯片引出端功能而定。

二、集成电路的引脚识别

使用集成电路前，必须认真查对、识别集成电路的引脚，确认其电源、地、输入、输出、控制端等引脚，以免因错接而损坏器件。引脚排列的一般规律为：

（1）圆形集成电路，一般为金属外壳，能起到很好的屏蔽效果。识别时，面向引脚正视，从定位片顺时针方向依次为 1、2、3……，见表 1-20。

（2）双列式集成电路一般都为扁平式，而且一般有凹口标记或 1 脚处的圆点标记，识别时标记放置位于下方左侧，由顶部俯视，从标记处逆时针数为 1 ~ n 脚，见表 1-20。

表 1-20　集成电路引脚识别一览表

集成电路 结构形式	引脚标记形式	引脚识别方法
圆形		圆形结构的集成电路形似晶体管，体积较大，外壳用金属封装，引脚有 3、5、8、10 多种。识别时将管底对准自己，从定位片开始顺时针方向读管脚序号
扁平形 平插式		这类结构的集成电路通常以色点作为引脚的参考标记。识别时，从外壳顶端看，将色点置于正面左方位置，靠近色点的引脚即为第 1 脚，然后按逆时针方向读出第 2、3……各脚
扁平形直插式 （塑料封装）		塑料封装的扁平直插式集成电路通常以凹槽作为引脚的参考标记。识别时，从外壳顶端看，将凹槽置于正面左方位置，靠近凹槽左下方第一个脚为第 1 脚，然后按逆时针方向读第 2、3……各脚

续表

集成电路结构形式	引脚标记形式	引脚识别方法
扁平形直插式（陶瓷封装）	引脚 14 13 … 1 2 金属封片标记	这种结构的集成电路通常以凹槽或金属封片作为引脚参考标记。识别方法同上
扁平单列直插式	倒角 AN××× 1 … 7	这种结构的集成电路，通常以倒角或凹槽作为引脚参考标记。识别时将引脚向下置标记于左方，则可从左向右读出各脚。有的集成电路没有任何标记，此时应将印有型号的一面正对着自己，按以上方法读出脚号

三、集成电路的更换

通过检测、判断，若确是集成电路损坏或怀疑它损坏时，需要将其从印制电路板上拆下。通常用专用的吸锡器拆卸，如果没有专用拆卸器具，则可按表1-21所列方法进行拆卸，然后换上新的集成电路。

表1-21　拆卸集成电路的方法序号方法示意图

序号	方法	示意图
1	使用特殊烙铁头，使烙铁头同时接触各引线焊点，这样可同时对各焊点加热，然后可以轻轻地拔下集成电路块	圆形烙铁头　直列式烙铁头
2	使用内热式解焊器将熔化的焊锡吸入收集筒内，这样可以多次把焊点上的焊锡吸净，集成电路就很容易取下来了	焊料收集筒 橡皮球 电烙铁 IC
3	一边用烙铁熔化集成电路脚上的焊点，一边用空心针头套在脚上旋转，可使各引脚与印制电路板脱开	空心针头 烙铁 电路板 IC
4	将一段被松香酒精溶液浸过的金属编织线置于集成电路的焊点上，然后用不带污垢和锡滴的烙铁熔化焊点，锡会被编织线沾去	烙铁 编织线

1. 使用特殊烙铁头，使烙铁头同时接触各引线焊点，这样可同时对各焊点加热，然后可以轻轻地取下集成电路块。

2. 使用内热式解焊器将熔化的焊锡吸入收集筒，这样可以多次把焊点上的锡吸净，集成电路就可以很容易取下来。

3. 一边用烙铁熔化集成电路引脚上的焊点，一边用空心针头套在脚上旋转，可使各脚与印制电路板脱开。

4. 将一段被松香酒精溶液浸过的金属编织线置于集成电路的焊点上，然后用不带污垢和锡滴的烙铁熔化焊点，锡会被编织线沾去。

5. 使用吸锡器，也能比较方便地取下集成电路。

6. 使用热风枪拆装集成电路，是一种较佳的操作方式。

四、集成电路的检测

集成电路种类很多，而且集成电路内部很复杂，所以检测必需使用专业的检测仪器。

通常情况下，可以使用万用表对集成电路的好与坏进行判断。方法如下：

万用表挡位设置 ×1k 挡，先用万用表的黑表笔接集成电路的接地端作为公共端，红表笔接其余各引脚，测出各个引脚与对地引脚之间的直流阻值。然后对调红黑表笔再次测量，又一次测出各引脚与接地引脚之间的直流阻值。这种方法在实际生产和电子设备检修中十分适用。实例测试如图 1-73 和图 1-74 所示，测量直流阻值分别见表 1-22 和表 1-23。

实例：STC15W408AS 单片机实物外形、引脚功能示意图如下。

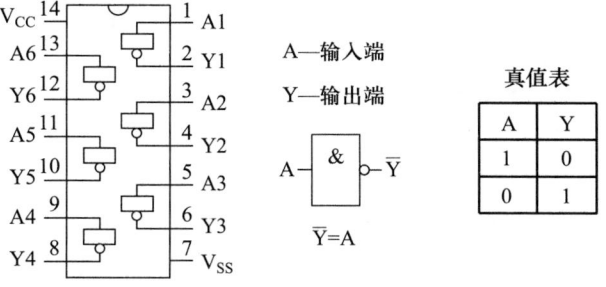

图 1-73　74LS04 集成电路（单输入六与非门）引脚功能及真值表

表 1-22　74LS04 集成电路直流电阻值一览表　　单位：kΩ

公共端 / 引脚	1	2	3	4	5	6	7	8	9	10	11	12	13	14
黑表笔接 7 脚	12	10	12	10	12	10	0	10	12	10	12	10	12	9
红表笔接 7 脚	∞	24	∞	24	∞	24	0	24	∞	24	∞	24	∞	150

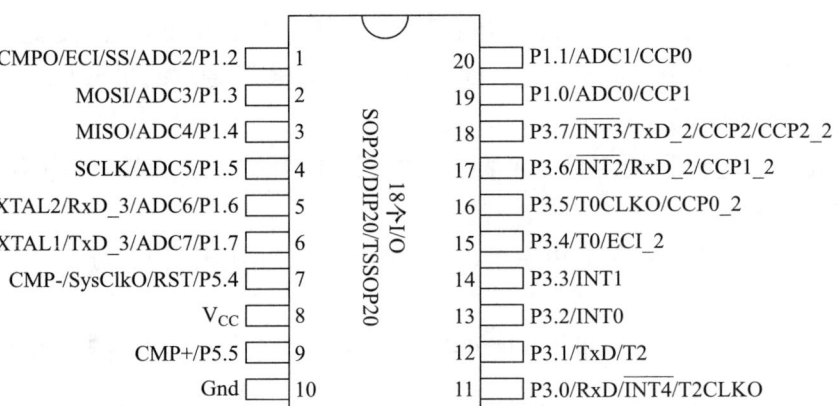

CMPO/ECI/SS/ADC2/P1.2	1		20	P1.1/ADC1/CCP0
MOSI/ADC3/P1.3	2		19	P1.0/ADC0/CCP1
MISO/ADC4/P1.4	3		18	P3.7/$\overline{INT3}$/TxD_2/CCP2/CCP2_2
SCLK/ADC5/P1.5	4		17	P3.6/$\overline{INT2}$/RxD_2/CCP1_2
XTAL2/RxD_3/ADC6/P1.6	5		16	P3.5/T0CLKO/CCP0_2
XTAL1/TxD_3/ADC7/P1.7	6		15	P3.4/T0/ECI_2
CMP-/SysClkO/RST/P5.4	7		14	P3.3/INT1
Vcc	8		13	P3.2/INT0
CMP+/P5.5	9		12	P3.1/TxD/T2
Gnd	10		11	P3.0/RxD/$\overline{INT4}$/T2CLKO

SOP20/DIP20/TSSOP20

图 1-74　STC15W408AS-20 单片机引脚示意图

表 1-23　STC15W408AS-20 单片机直流电阻值一览表

单位：kΩ

公共端 / 引脚	1	2	3	4	5	6	7	8	9	10
黑表笔接 10 脚	6.5	6.5	6.5	6.5	6.5	6.5	6.5	6.5	6.5	0
公共端 / 引脚	11	12	13	14	15	16	17	18	19	20
黑表笔接 10 脚	6.5	6.5	6.5	6.5	6.5	6.5	6.5	6.5	6.5	6.5
公共端 / 引脚	1	2	3	4	5	6	7	8	9	10
红表笔接 10 脚	35	35	35	35	35	35	35	35	35	0
公共端 / 引脚	11	12	13	14	15	16	17	18	19	20
红表笔接 10 脚	35	35	35	35	35	35	35	35	35	35

第 9 节 电感器的识别与检测

一、概述

电感器是能够把电能转化为磁能的元件。如果电感器在没有电流通过的状态下，电路接通时它将试图阻碍电流流过；如果电感器在有电流通过的状态下，电路断开时它将试图维持电流不变。

在电路图中电感器用字母 L 来表示。电感器的种类很多，可分别用作调谐、耦合、滤波、阻流等。

鉴别电感器性能的指标有电感量、线圈的 Q 值（品质因数）、分布电容、标称电流等参数。

为了增大电感器的电感量、Q 值并缩小其外形体积，通常在电感器的线圈中加入软磁性材料的磁芯或铁芯，这种插入了磁芯或铁芯的电感器叫作磁芯线圈或铁芯线圈，而没有加磁芯或铁芯的电感器叫作空心线圈，它们的实物图如图 1-75 所示。线圈的结构及其在电路图中的图形符号如图 1-76 所示。

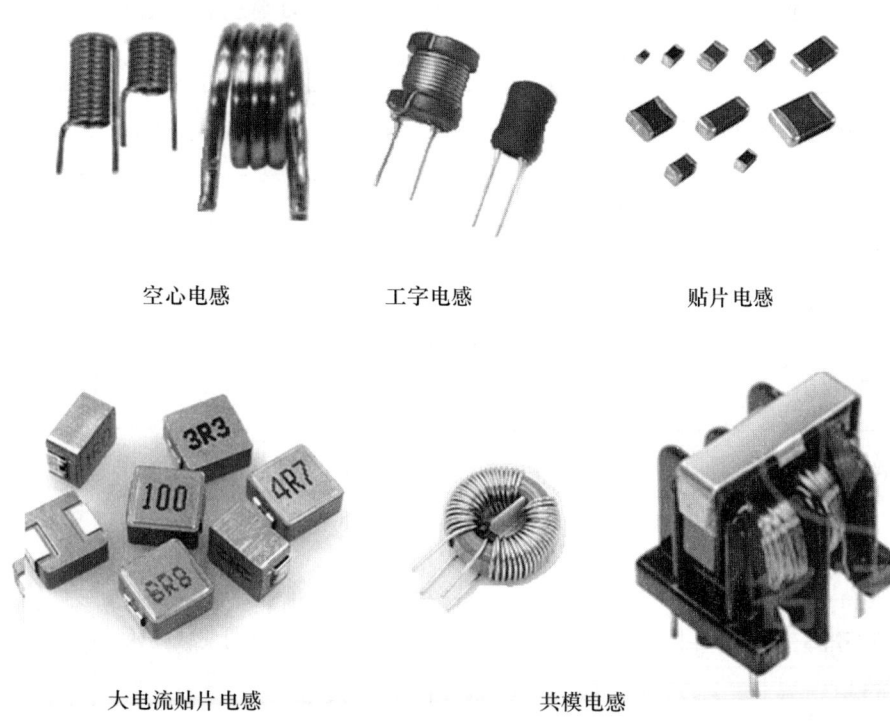

空心电感　　　　　　工字电感　　　　　　贴片电感

大电流贴片电感　　　　　　共模电感

图 1-75　电感线圈实物图

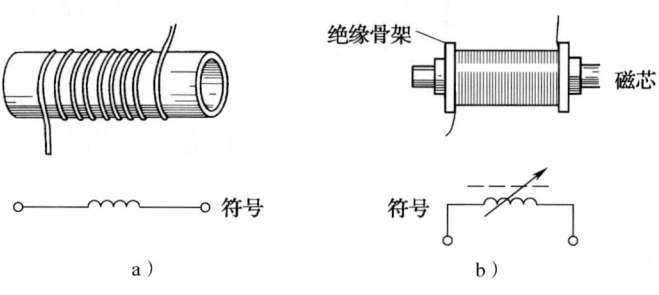

图 1-76 线圈的结构和图形符号

a）空心电感线圈　b）可调磁芯电感线圈

二、电感器的分类和型号

1. 电感器的分类

根据电感器的电感量是否可调，电感器分为固定电感器、可变电感器和微调电感器。

（1）固定电感器。具有固定不变的电感量的电感器称为固定电感器。

（2）可变电感器。可变电感器的电感量可利用磁芯在线圈内移动而在较大的范围内调节。它与固定电容器配合应用于谐振电路中起调谐作用。例如，收音机用的磁性天线，磁芯可以在线圈中移动，磁芯在线圈的正中位置时电感量最大，磁芯移出线圈外时电感量最小。

（3）微调电感器。微调电感器是可以在较小范围内调节的电感器。微调的目的在于满足整机调试的需要和补偿电感器生产中的分散性，一次调好后一般不再变动。

按磁芯结构的不同，微调电感器有多种形式，如螺纹磁芯微调电感器、罐形磁芯微调电感器等。除此之外，还有一些小型电感器，如色码电感器、平面电感器和集成电感器，可满足电子设备小型化的需要。

2. 电感器的型号

电感线圈的型号目前尚无统一的命名方法，常用汉语拼音和阿拉伯数字共同表示。

第一部分——主称，用字母表示（如 L 为线圈，ZL 为扼流圈）。

第二部分——特征，用字母表示（如 G 为高频）。

第三部分——类型，用字母表示（如 X 为小型），也有用数字表示的。

第四部分——区别代号，用字母 A、B、C……表示。

3. 电感器的选用

绝大多数电子元器件，如电阻器、电容器、扬声器等，都是生产部门根据规定的标准和系列进行生产。而电感线圈只有一部分如阻流圈、低频阻流圈、振荡线圈和 LC 固定电感线圈等是按规定的标准生产出来的产品，绝大多数电感线圈是非标准件，往往要根据实际需要自行制作。电感线圈的应用极为广泛，如 LC 滤波电路、调谐放大电路、振荡电路、均衡电路、去耦电路等都会用到电感线圈。

第 1 章 常用电子元器件识别与检测

中国特色企业新型学徒制培训教材

在选电感器时，首先应明确其使用频率范围。铁芯线圈只能用于低频，一般铁氧体线圈、空心线圈可用于高频。其次要弄清线圈的电感量。

线圈是磁感应元件，它对周围的电感性元件有影响。安装时一定要注意电感性元件之间的相互位置，一般应使相互靠近的电感线圈的轴线互相垂直，必要时可在电感性元件上加屏蔽罩。

三、电感器的检测

取一个调压器 TA、被测电感器 Lx 和一个电位器 RP，按图 1-77 所示进行接线，便构成了一个电感量测试电路。

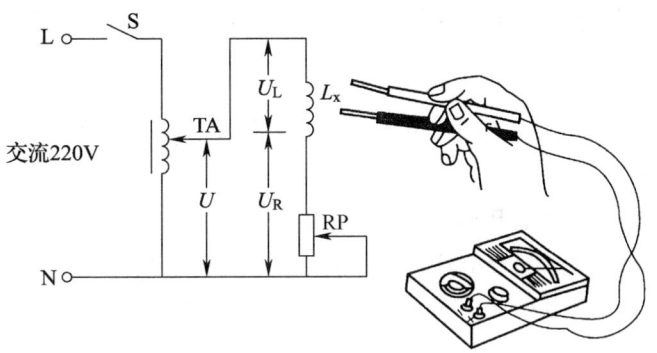

图 1-77　用万用表测电感量

调节电位器 RP 使其阻值为 3 140 Ω，闭合开关 S，调节调压器 TA，使 U_R=10 V，通过下式便可计算出被测电感器的电感量。

$$L_x = \frac{RP}{100\pi} \cdot \frac{U_L}{U_R} = \frac{3\,140}{100 \times 3.14} \times \frac{U_L}{10}$$

这就是说，在上述条件下，L_x 上的压降数值就是电感量数值。如果万用表测出 U_L 单位为 V，则电感量的单位就是 H。由于 H 单位很大，而一般电感器的电感量很小，为测试方便，一般宜选用数字式万用表的 mV 挡。

对电感量的测量也可采用估测的方法。一般用于高频的电感器，圈数较少，有的只有几圈，其电感量一般只有几微亨；用于低频的电感器，圈数较多，其电感量可达数千微亨；而用于中频段的电感器，电感量为几百微亨。了解这些，对于用万用表所测得的结果具有一定的参考价值。

使用电感专用测试仪（见图 1-78），可以方便地获得正确的测量结果。图中左侧的测量仪可测量多种电子元件，测量电感时，只要将被测电感器夹在插座相应插孔中，屏幕上就会显示出被测电感器的电感量和直流电阻值等参数。图中右侧的测量仪可以测量 1 pF ~ 1 mF 的电容，以及 1 μH ~ 100 H 的电感。

在家用电器维修中，如果怀疑某个电感器有问题，通常用简单的测试方法判断其好坏，如图 1-79 所示。

图 1-78 电感器专用测试仪

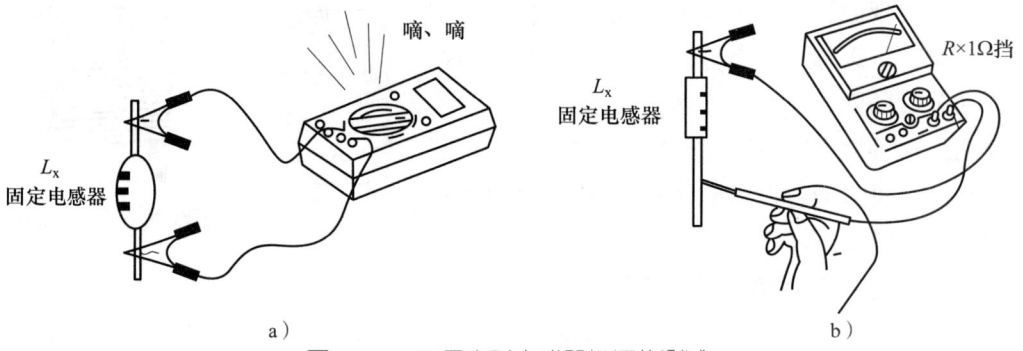

图 1-79 万用表对电感器好坏的测试

图 1-79a 所示为通断测试，可通过数字式万用表来进行。先将数字式万用表的量程开关拨至"通断蜂鸣"符号处，用红、黑表笔接触电感器两端，如果阻值较小，表内蜂鸣器则会鸣叫，表明该电感器可以正常使用。

图 1-79b 所示为用普通万用表测试电感器。当怀疑电感器在印制电路板上开路或短路时，可采用万用表的 R×1 挡，在停电的状态下，测试电感器 L_x 两端的阻值。一般高频电感器的直流内阻在零点几欧姆到几欧姆之间，低频电感器的内阻在几百欧姆至几千欧姆之间，中频电感器的内阻在几欧姆到几十欧姆之间。测试时要注意，有的电感器圈数少或线径粗，直流电阻很小，即使用 R×1 挡进行测试，阻值也可能为零，这属于正常现象（可用数字式万用表测量）；如果阻值很大或为无穷大时，表明该电感器已经开路。

四、电感器使用和装配时的注意事项

1. 线圈的装配位置应合理

线圈的装配位置与其他各种元器件的相对位置要符合设计的规定，否则将会影响整机的正常工作。例如，简单的半导体收音机中的高频阻流圈与磁性天线的位置要安排合理，天线线圈与振荡线圈应相互垂直，这就避免了相互耦合和自激振荡的影响。

2. 线圈在装配时应进行外观检查

使用前，应检查线圈的结构是否牢固，线匝是否有松动和松脱现象，引线接点有无松动，磁芯旋转是否灵活，有无滑扣等。这些方面都检查合格后，再进行安装。

3. 线圈在使用过程的调整方法

有些线圈在使用过程中需要进行调整，调整的方法：将单层线圈进行移开（疏松）或靠近（紧密）的方法进行调整，也可以采用拆下几圈或增加几圈绕线的方式进行调整。

在微调时，移动线圈与线圈之间的位置就可以改变电感量。实践证明，这种调节方法可以实现微调 ±2% ~ ±3%的电感量。应用在短波和超短波回路中的线圈，常留出半圈作为微调，移开或折转这半圈使电感量发生变化，实现微调，如图1-80所示。多层分段线圈的微调，可以移动一个分段的相对距离来实现，可移动分段的圈数应为总圈数的20% ~ 30%。实践证明，这种微调范围可达10% ~ 15%。具有磁芯的线圈，可以通过调节磁芯在线圈管中的位置，实现线圈电感量的微调。

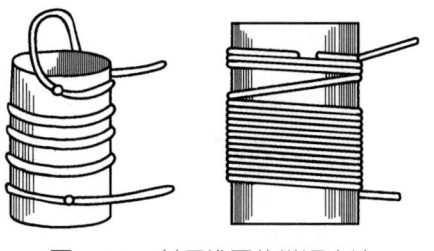

图1-80 单层线圈的微调方法

4. 使用中注意保持原有电感量

线圈在使用中，不要随便改变线圈的形状、大小和线圈间的距离，否则会影响线圈的电感量。尤其是频率越高，这种影响越大。所以，目前在电视机中采用的高频线圈，一般用高频蜡或其他介质材料对线圈进行密封固定。另外，应注意在维修中不要随意改变或调整原线圈的位置，以免导致失谐故障。

5. 可调线圈的安装应便于调整

可调线圈应安装在易于调节的位置，以便于调整线圈的电感量，达到最佳的工作状态。

第10节 变 压 器

一、变压器的结构

不同类型的变压器，尽管因使用场合、工作要求不同，其外形、体积和质量有很大差别，但是它们的基本结构都是由铁芯和绕组组成的。变压器的结构和表示符号如图1-81所示。

变压器按铁芯的结构不同，又可分为心式和壳式两种，如图1-82和图1-83所示。

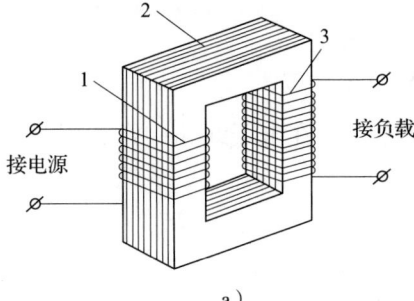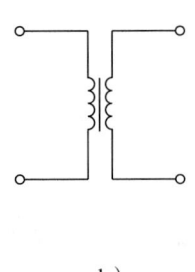

a) b)

图 1-81 变压器的结构和符号

a) 变压器的结构 b) 变压器的符号

1——一次绕组 2——闭合铁芯 3——二次绕组

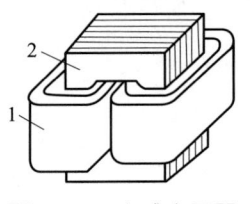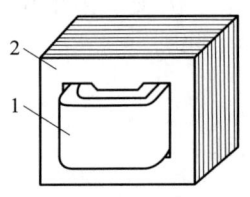

图 1-82 心式变压器   图 1-83 壳式变压器

1——绕组 2——铁芯   1——绕组 2——铁芯

二、变压器的作用

变压器是具有变换电压、变换电流和变换阻抗作用的电气设备，在电力系统及电子仪器仪表中应用非常广泛。

1. 变换电压

经理论推导可知，变压器一、二次电压之比等于一、二次绕组的匝数之比。即：

$$\frac{U_1}{U_2} = \frac{N_1}{N_2} = K$$

式中 K 称为变压器的变比。当 $K>1$ 时，变压器起降压作用；反之，若 $K<1$，变压器起升压作用。

2. 变换电流

变压器一、二次绕组的电流 I_1 与 I_2 之比等于变压器一、二次绕组匝数比的倒数。即：

$$\frac{I_1}{I_2} = \frac{N_2}{N_1} = \frac{1}{K}$$

比较以上两式可知，变压器的电压之比与电流之比互为倒数。这是由于变压器输送的功率是符合能量守恒定律的，其高压绕组电流小，低压绕组电流大。

3. 变换阻抗

在变压器二次绕组连接的负载阻抗 Z_L 变化时，Z_L 对一次绕组电流 I_1 的影响可以用一个接于一次绕组的等效阻抗 Z'_L 来代替。即：

$$Z'_L = \left(\frac{N_1}{N_2}\right)^2 Z_L$$

由于变压器具有这种阻抗变换的作用，故在电子线路中常利用变压器达到阻抗匹配的目的。

三、变压器的主要技术数据

为了安全、正确地使用变压器，必须了解变压器标牌上规定的电气技术数据。变压器标牌上的主要技术数据有以下几种。

（1）额定容量。额定容量 S_N 是指变压器二次侧输出的额定视在功率，以 V·A（伏安）或 kV·A（千伏安）为单位。额定容量和二次额定电压 U_{2N}、额定电流 I_{2N} 的关系，对于单相变压器为：

$$S_N = U_{2N}I_{2N}$$

对于三相变压器为：

$$S_N = \sqrt{3}U_{2N}I_{2N}$$

必须指出，变压器二次侧输出的功率 P_2 并不等于额定容量 S_N，因为 P_2 还与功率因数有关。

（2）额定电压。额定电压 U_N 是根据变压器的绝缘强度和允许温升而规定的长时间运行时所能承受的工作电压，以 V 或 kV 为单位。一次电压额定值 U_{1N} 是指变压器一次侧应加的电压值。U_{2N} 是二次侧的额定电压，它是指变压器空载时，一次绕组加上额定电压 U_{1N} 时二次侧的端电压。在三相变压器中，一次和二次额定电压都是指线电压。

（3）额定电流。额定电流 I_{1N}、I_{2N} 是指变压器在正常运行时允许通过的最大电流，它是根据变压器允许温升而规定的电流值，以 A 或 kA 为单位。在三相变压器中额定电流是指线电流。

（4）额定频率。我国规定为 50 Hz。

（5）额定温升。变压器在额定运行情况下，内部的温度允许超出规定的环境温度（+40 ℃）的数值。对于使用 A 级绝缘材料的变压器，允许温升为 65 ℃。

（6）相数。单相或三相。

此外，还有其他一些技术数据，如铁芯质量、总质量、冷却条件等。

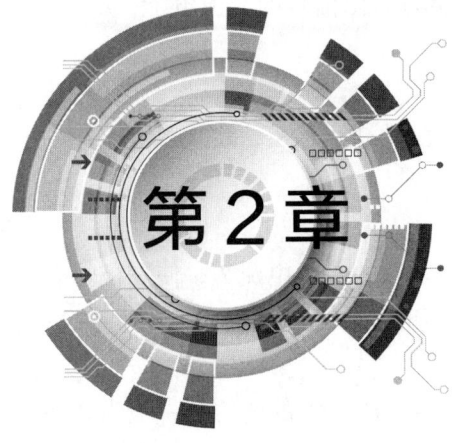

第2章

电子电路

第1节 基本放大电路

一、单管放大电路的组成

由三极管构成的共发射极放大电路如图 2-1 所示。输入信号由基极和发射极之间输入，输出信号由集电极和发射极之间输出，发射极是电路的公共端，故称为共发射极放大电路。电路中各个元件的作用如下。

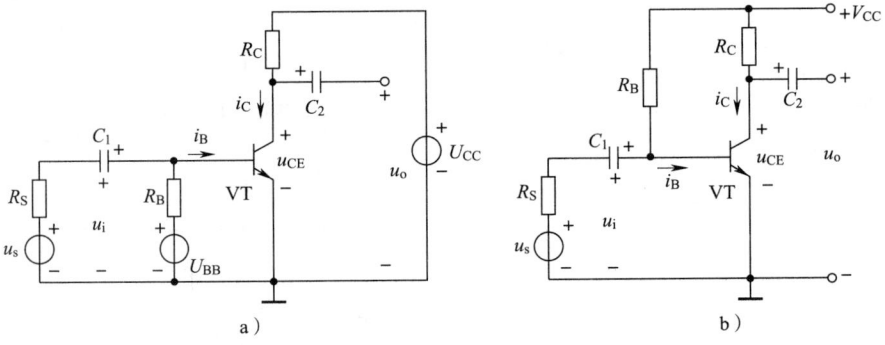

图 2-1 单管共发射极放大电路

a）双电源电路 b）单电源电路

1. 三极管 VT

VT 为电流放大元件，是放大电路的核心。

2. 集电极电源 U_{CC}

U_{CC} 为集电结提供反向偏置电压，保证三极管工作在放大状态。同时，U_{CC} 又是放大电路的能量来源，以便放大电路将直流电能转换为输出信号的交流电能。U_{CC} 一般为几伏到十几伏。

3. 集电极负载电阻 R_C

R_C 的主要作用是将集电极电流的变化转换为电压的变化输出，实现放大电路的电压放大作用。

4. 电源 U_{BB} 和偏置电阻 R_B

它们的作用是使发射结正向偏置，并提供大小适当的基极电流 I_B，使三极管有一个合适的工作点。R_B 的数值一般为几十千欧到几百千欧。

5. 耦合电容 C_1 和 C_2

C_1、C_2 的作用在于传输交流信号而隔断直流信号。C_1、C_2 的电容值一般为几微法到几十微法，通常采用极性电容。

图 2-1a 所示为采用两个电源供电，既不经济，又不方便。实际使用中，用电源 U_{CC} 代替 U_{BB}，只要 R_B 选取合适的数值，仍可保证三极管有合适的工作点。另外，电路中的 U_{CC} 通常用电位 V_{CC} 表示，电路可改画成如图 2-1b 所示的形式。在此电路中，R_B 一经确定，电流 I_B 就是一个固定值，所以将这种电路称为固定偏置电路。

二、放大电路的分析

1. 放大电路的直流通路和交流通路

（1）应根据直流通路分析放大电路的静态。确定直流通路的方法是将放大电路中的交流信号源视为零，电容看作开路，电感看作短路，然后画出其等效电路。以单管共射放大电路为例，其直流通路如图 2-2a 所示。

（2）应依据交流通路分析放大电路的动态。确定交流通路的方法是将放大电路中的直流电源视为零，电容视为短路，然后作出其等效电路，如图 2-2b 所示。

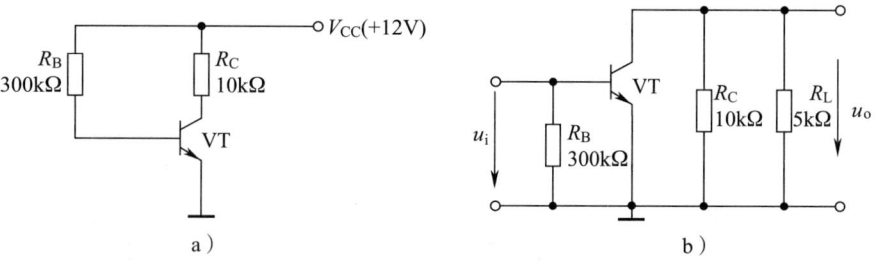

图 2-2　放大电路

a）直流通路　b）交流通路

2. 放大电路的静态分析

静态分析的主要方法是估算法和图解法。估算法是利用放大电路的直流通路计算各静态值。根据如图 2-2a 所示的直流通路，可求出各静态值。

基极电流：

$$I_B = \frac{V_{CC} - U_{BE}}{R_B}$$

式中 U_{BE} 是三极管基、射极间电压，硅管约为 0.7 V。

当 $V_{CC} \gg U_{BE}$ 时，上式可近似为：

$$I_B = V_{CC}/R_B$$

集电极电流：

$$I_C = \beta I_B$$

集、射极间电压：

$$U_{CE} = V_{CC} - I_C R_C$$

由上可见，放大电路的静态工作点既与三极管的特性有关，又与放大电路的结构有关。通常用调节偏置电阻 R_B 的办法调节各静态值，使放大电路获得一个合适的静态工作点。

3. 放大电路的动态分析

三极管的输入端可用 r_{be} 来等效代替。常温下低频小功率三极管的输入电阻可用下式计算：

$$r_{be} = 300 + (1 + \beta)\frac{26\ mV}{I_E}$$

式中，I_E 为静态工作点的发射极电流，单位为 mA。r_{be} 的数值一般为几百欧到几千欧。

三极管的输出端可用一个等效的受控电流源 $\beta \Delta I_B$ 来表示。

因此，工作在交流小信号条件下的三极管，其动态特性可用图 2-3 所示的小信号等效电路来表示。当输入信号为正弦量时，电路中的所有电流、电压均可用相量表示。

将图 2-3 所示放大电路交流通路中的三极管用小信号等效电路代替，便得到放大电路的小信号等效电路，如图 2-4 所示。可用线性电路的分析方法分析其动态指标。

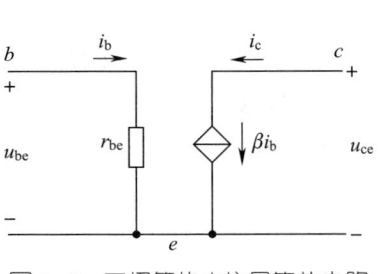

图 2-3　三极管的小信号等效电路

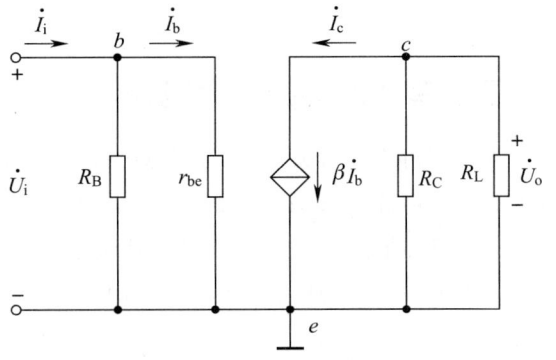

图 2-4　放大电路的小信号等效电路

电子工艺基础（第二版）　　　　　　　　　　　　　　　　　　　中国特色企业新型学徒制培训教材

（1）放大电路的电压放大倍数 A_u。电压放大倍数是衡量放大电路对输入信号放大能力的主要指标，用 A_u 表示：

$$A_u = \frac{\dot{U}_o}{\dot{U}_i} = \frac{-\beta \dot{I}_b R'_L}{\dot{I}_b r_{be}} = -\beta \frac{R'_L}{r_{be}}$$

其中负载电阻：

$$R'_L = （R_C // R_L）$$

式中负号表示输出电压 $\dot{U}_o$ 与输入电压 $\dot{U}_i$ 相位相反。

若放大电路输出端开路（未接 R_L 时），则：

$$A_u = -\beta \frac{R_C}{r_{be}}$$

可见输出端开路时的电压放大倍数大于输出端接有负载时的电压放大倍数。

（2）放大电路的输入电阻 r_i。放大电路的输入电阻等于输入电压与输入电流之比。由图 2-4 可知：

$$r_i = \frac{\dot{U}_i}{\dot{I}_i} = R_B // r_{be}$$

一般情况下，$R_B \gg r_{be}$，所以：

$$r_i \approx r_{be}$$

即 r_i 在数值上接近 r_{be}，但 r_i、r_{be} 的概念是有区别的，r_{be} 是三极管的输入电阻，r_i 则为放大电路的输入电阻。通常要求放大电路的输入电阻要足够大，以减小放大电路对信号电压的衰减。

（3）放大电路的输出电阻 r_o。放大电路对负载而言，相当于一个电压源，其内阻定义为放大电路的输出电阻。在已知电路结构的条件下，可用求有源二端网络等效电阻的方法计算放大电路的输出电阻，也可用实验测量的方法求出。

图 2-4 所示电路，其输出电阻为：

$$r_o = R_C$$

对于一个放大电路来说，通常要求输出电阻 r_o 越小越好，以便能够带动较大的负载。

三、有负反馈的放大电路

为稳定静态工作点，须对偏置电路加以改进。图 2-5a 所示为常用的、能使工作点稳定的放大电路，在放大电路中增加了电压负反馈。其工作原理如下：

图 2-5b 所示为放大电路的直流通路。R_{B1}、R_{B2} 构成偏置电路，若 R_{B1}、R_{B2} 取值适当，使得 $I_2 \gg I_B$，则 $I_1 \approx I_2$，基极电位：

$$V_B = \frac{R_{B2}}{R_{B1} + R_{B2}} \cdot V_{CC}$$

072

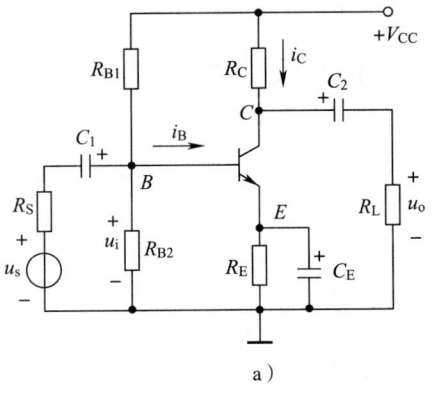
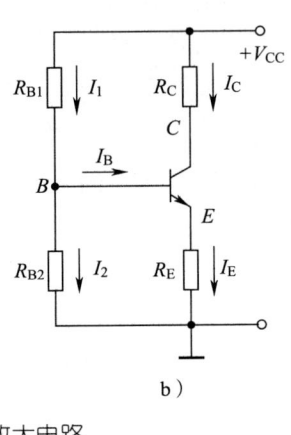

a)　　　　　　　　　　b)

图 2-5　工作点稳定的放大电路

a）原理图　b）直流通路

V_B 仅由 R_{B1}、R_{B2} 对 V_{CC} 的分压所决定，而与三极管的参数无关，不受温度影响。

接入射极电阻 R_E 后，三极管基射极间电压：

$$U_{BE}=V_B-V_E=V_B-I_E R_E$$

当 R_E 一定，且 $V_B \gg U_{BE}$ 时，则：

$$I_C \approx I_E = \frac{V_B - U_{BE}}{R_E} \approx \frac{V_B}{R_E}$$

可认为 I_C 不受温度影响。

在上述分析中，为使静态工作点稳定，必须满足 $I_2 \gg I_B$ 和 $V_B \gg U_{BE}$ 的条件。一般可选取 $I_2=$（5 ~ 10）I_B，$V_B=$（5 ~ 10）U_{BE}。

四、射极输出器

射极输出器的电路如图 2-6 所示。三极管的集电极接在电源 V_{CC} 上，发射极接有负载电阻 R_L，输出电压 u_o 由发射极取出，故称为射极输出器。

射极输出器的输入电阻高，可用作多级放大器的输入级，以减轻信号源的负担，提高放大器的输入电压。射极输出器的输出电阻低，可用作多级放大器的输出级，以减小负载变化对输出电压的影响。射极输出器也常用作中间隔离级。

五、多级放大电路

在工程实际中，被放大的信号往往是非常微弱的，单级放大电路一般不能得到所需要的放大倍数，须将多个单级放大电路逐级连接，组成多级放大电路。对多级放大器的级间耦合有下列要求：

（1）尽量不影响前后级原有的工作状态，尽量减小前后级放大器之间的相互影响。

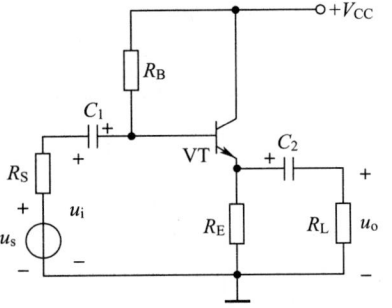

图 2-6　射极输出器的电路

（2）尽量减小信号在耦合电路上的损失。

（3）不能引起信号失真。

常用的耦合方式有阻容耦合、直接耦合和变压器耦合三种。

1. 阻容耦合

图2-7所示电路是典型的两级阻容耦合放大电路，级间通过耦合电容 C_2 和偏置电阻 R_{B21}、R_{B22} 实现连接。

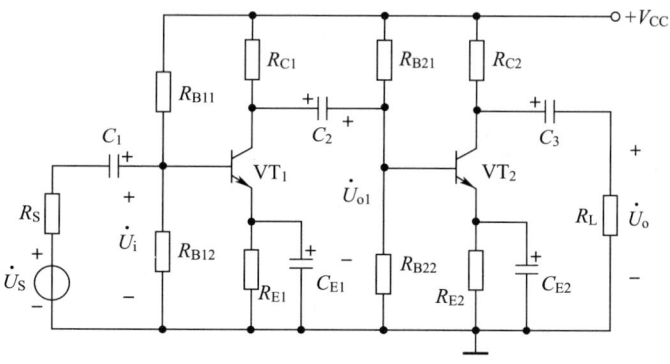

图2-7　阻容耦合放大电路

阻容耦合方式的优点是：各级静态工作点互不影响；在传输过程中，交流信号损失小，放大倍数高；体积小、成本低等。因此，阻容耦合在多级放大电路中得到了广泛的应用。但阻容耦合方式也存在以下缺点：它不能用来放大变化缓慢的信号或直流信号；阻容耦合放大电路无法集成，因为在集成电路的制造工艺中，制造大电容是非常困难的。

2. 直接耦合

把前一级放大电路的输出端直接接到后一级的输入端，就是直接耦合方式，如图2-8所示。直接耦合放大电路的优点是：既能放大交流信号，又能放大变化缓慢的信号或直流信号；因为没有耦合电容，有利于电路的集成。直接耦合的缺点是，静态工作点相互影响，存在着零点漂移等。

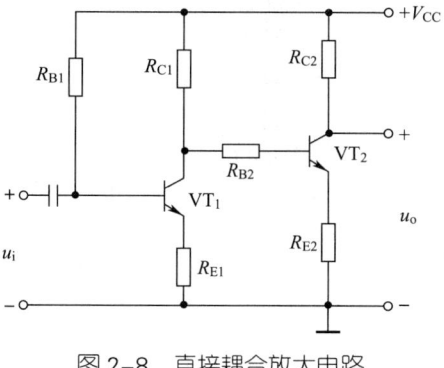

图2-8　直接耦合放大电路

六、功率放大电路

功率放大电路与电压放大电路在工作原理上并无本质区别，只是任务各有侧重。电压放大电路的目的是放大信号的电压，而功率放大电路的任务是向负载提供足够大的功率，驱动执行机构动作。因此，功率放大电路不仅要有较高的输出电压，而且要有较大的输出电流，三极管通常工作在接近于极限状态；同时要求功率放大电路非线性失真尽可能小，效率要高。功率放大电路根据工作状态的不同，分为甲类、乙类和甲乙类三种工作状态。

互补对称电路通过容量较大的电容器与负载耦合时，称为无输出变压器电路，简称 OTL 电路。如果互补对称电路直接与负载相连，就成为无输出电容电路，简称 OCL 电路。两种电路的基本原理相同。图 2-9 所示为 OTL 电路的原理图，它由两个特性相近的三极管 VT_1（NPN 型）、VT_2（PNP 型）组成。

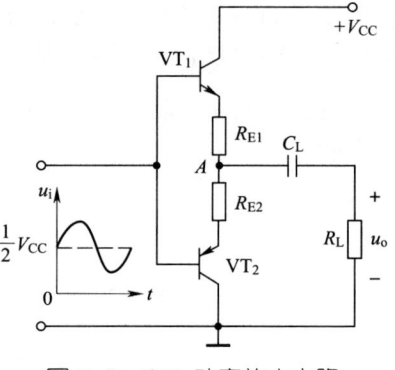

图 2-9　OTL 功率放大电路

第 2 节　集成运算放大器

一、集成运算放大器的组成

集成运算放大器的类型很多，电路各不相同，但在电路结构上通常分为输入级、中间放大级、输出级三个部分。

输入级通常采用双端输入的差分放大电路，目的在于有效地减小零点漂移，抑制干扰信号，提高输入电阻。中间放大级由多级电压放大电路组成，以获得很高的电压放大倍数。输出级通常采用互补对称的共集电极电路，减小输出电阻，提高电路的带负载能力。

集成运算放大器的图形符号如图 2-10 所示。图中"▷"表示放大器，A_o 表示电压放大倍数（如果是理想运算放大器，用 ∞ 取代）。左侧有两个输入端，标"－"号的一端为反相输入端，当信号由此端与地之间输入时，输出信号与输入信号相位相反，该输入方式称为反相输入。标"＋"号的一端为同相输入端，当信号由此端与地之间输入时，输出信号与输入信号相位相同，该输入方式称为同相输入。若信号从两输入端之间输入或两输入端都有信号输入，则为差分输入。图中电源、公共端等未画出。

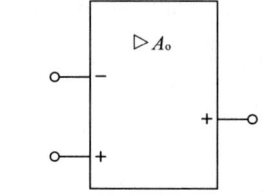

图 2-10　集成运算放大器的图形符号

二、反相输入比例运算电路

所谓比例运算，就是输出电压 u_o 与输入电压 u_i 之间具有线性比例关系，即 $u_o=ku_i$。当比例系数 k>1 时，即为放大电路。

如图 2-11 所示为反相输入比例运算电路。图中，输入信号 u_i 经过外接电阻 R_1 接到集成运算放大器的反相端，反馈电阻 R_F 接在输出端和反相输入端之间，构成电压并联负反馈的反向放大，使集成运算放大器工作在线性区；同相端接平衡电阻 R_2，主要是使同相端与反相端外接电阻相等，即 $R_2=R_1//R_F$，以保证运算放大器处于平衡对称的工作状态，从而消除输入偏置电流及温漂的影响。

图 2-11a 可等效为图 2-11b，根据两条重要结论 $i_+=i_- \approx 0$，$u_-=u_+$ 得出：

$$A_{uf} = \frac{u_o}{u_i} = -\frac{R_F}{R_1}$$

即输出电压与输入电压成比例关系，且相位相反。

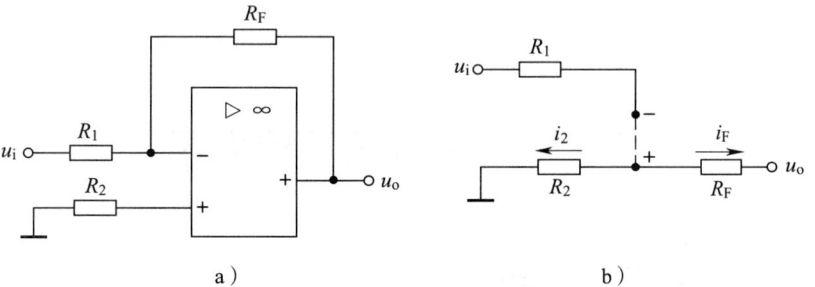

图 2-11 反相输入比例运算电路

a）电路图 b）等效电路图

反相输入比例运算电路由于是电压负反馈，因而工作稳定，输出电阻小，有较强的带负载能力。

三、同相输入比例运算电路

在图 2-12a 中，输入信号 u_i 经过外接电阻 R_1 接到集成运算放大器的同相端，反馈电阻 R_F 接到反相端，构成电压串联负反馈的正向放大。

根据 $u_+ \approx u_-$，$i_+ \approx i_- \approx 0$，则同相输入比例运算电路可等效为图 2-12b 所示。

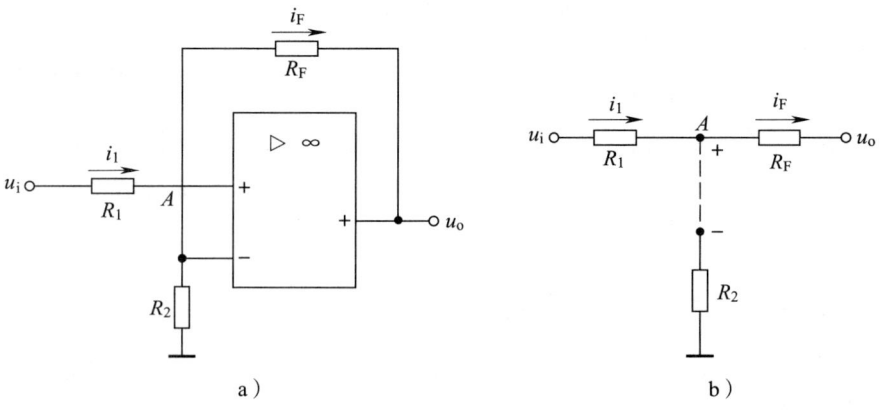

图 2-12 同相输入比例运算电路

a）电路图 b）等效电路图

由图 2-12 可得：

$$A_{uf} = \frac{u_o}{u_i} = 1 + \frac{R_F}{R_1}$$

即 u_o 与 u_i 为同相比例运算关系。

同相输入比例运算电路属于串联电压负反馈，具有工作稳定、输入电阻高、输出电阻低、带负载能力强等特点。基于这一点，电压跟随器得到广泛应用。

四、信号叠加运算电路

如果在反相输入端增加若干输入电路，则构成反相输入端的输入信号叠加运算电路，如图 2-13 所示。

图中 A 点为虚地，则：

$$i_F = i_1 + i_2$$
$$u_o = -i_F R_F = -(i_1 + i_2)R_F$$
$$= -\left(\frac{R_F}{R_1}u_{i1} + \frac{R_F}{R_2}u_{i2}\right)$$

当 $R_1 = R_2 = R_F$ 时：

$$u_o = -(u_{i1} + u_{i2})$$

输出为两个输入信号之和的负值。此运算可推广到多个信号。

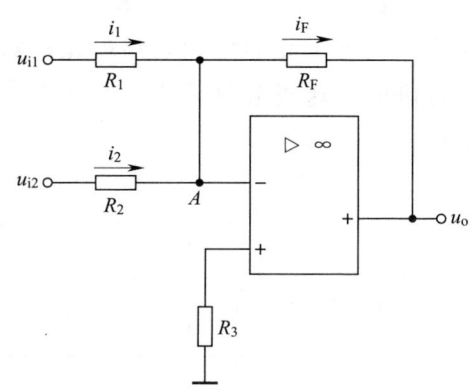

图 2-13 信号叠加运算电路

五、减法运算电路

如果在两个输入端都有信号输入，则为差动输入。差动输入在测量和控制系统中应用较多。其运算电路如图 2-14 所示。

由叠加原理可以得到输出电压与输入电压的关系如下：

u_{i1} 单独作用时，为反相输入比例运算：

$$u_{o1} = -\frac{R_F}{R_1}u_{i1}$$

u_{i2} 单独作用时，为同相输入比例运算：

$$u_{o2} = \left(1 + \frac{R_F}{R_1}\right) \times \frac{R_3}{R_2 + R_3}u_{i2}$$

u_{i1}、u_{i2} 共同作用时：

$$u_o = u_{o1} + u_{o2}$$
$$= -\left(\frac{R_F}{R_1}u_{i1} - \frac{R_1 + R_F}{R_1} \times \frac{R_3}{R_2 + R_3}u_{i2}\right)$$

当 $R_1 = R_2 = R_3 = R_F$ 时：

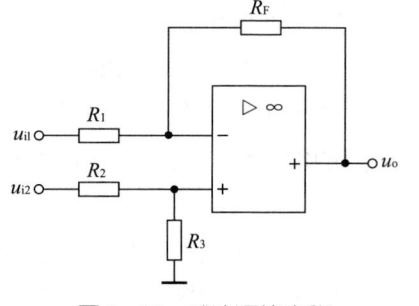

图 2-14 减法运算电路

$$u_o = -(u_{i1} - u_{i2})$$

输出等于两个输入信号之差。

第3节 整流、滤波电路

在电子设备中都设有电源电路，它的作用就是为电子设备中各种电子元器件（如电阻、电容、电感、晶体管、集成电路、电动机、继电器等）提供电源。然而，在许多场合下元器件和电路单元都需要由直流电源甚至是稳定度较高的直流电源进行供电，这些电源又被称为直流稳压电源。直流稳压电源的功能组成如图 2-15 所示。

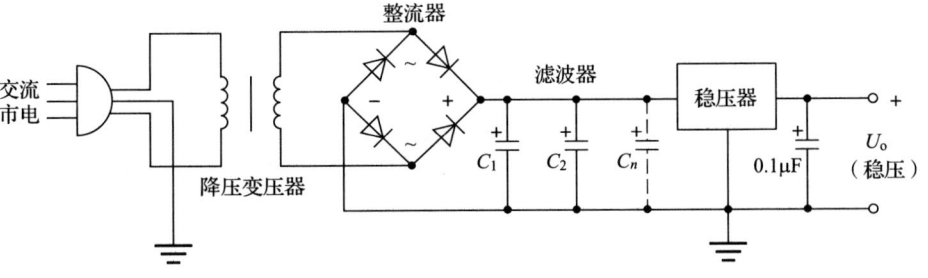

图 2-15 直流稳压电源的功能组成

（1）电源变压器。在电力系统中，为减小线路上的功率损耗，实现远距离输电，而将电源电压 220 V（或 380 V）送入输电电网。而各种电子设备所需要直流电压的幅值却各不相同，因此，在使用电子设备时就需首先用降压变压器将电网电压降到所需要的交流电压值，然后将降压后的二次电压整流、滤波和稳压，最后得到所需要的电压幅值。

（2）整流电路。整流电路的作用是利用具有单向导电性能的整流元件，将正负交替的正弦交流电压转换成单方向的脉动直流电压。但是，这种单方向的脉动直流电压往往包含着很大的脉动成分，与理想的直流电压还差得很远。

（3）滤波电路。整流电路可以将交流电压转换成直流电压，但是这种直流电压的脉动较大。在某些应用中，如电镀、蓄电池充电等场合中可以直接使用脉动直流电源，但在绝大多数情况下，电子设备需要使用平稳的直流电源。滤波电路可以利用电容或电感的能量储存功能，在极大程度上将这种脉动去除，使输出电压成为比较平滑的直流电压。

（4）稳压电路。虽然经过变压、整流及滤波后，交流电压变成了直流电压，并基本去除了其中的脉动成分。但是，当电网电压、交流电源发生波动，或负载发生变化时，直流电压也将受到影响，稳压性能较差。稳压电路能够将不稳定或不可控的整流电压变换成为稳定且可调的直流电压。

本节将重点介绍整流电路和滤波电路的基本电路结构、工作原理、性能指标及分析方法等。

一、整流电路

整流电路的功能就是将正负交替的正弦交流电压变换成为单方向的脉动直流电压。根据半导体二极管的单向导电性可以组成整流电路。

整流电路按输出波形，可以分为半波整流和全波整流两种；按组成的器件，可分为不可控、半控、全控三种；按电路结构，可分为桥式整流电路和半波整流电路；按交流输入相数，分为单相电路和多相电路。常见的整流电路有单相半波整流电路、单相全波整流电路和单相桥式整流电路等。常见整流电路的电路图、波形图及参数见表 2-1。

表 2-1　常见整流电路的电路图、波形图及参数

类型	电路图	波形图	整流电压平均值	每管电流平均值	每管承受最高反压
单相半波			$0.45\,U$	I_o	$1.414\,U$
单相全波			$0.9\,U$	$I_o/2$	$2.828\,U$
单相桥式			$0.9\,U$	$I_o/2$	$1.414\,U$
三相半波			$1.17\,U$	$I_o/3$	$2.449\,U$

续表

类型	电路图	波形图	整流电压平均值	每管电流平均值	每管承受最高反压
三相桥式			$2.34U$	$I_o/3$	$2.449U$

1. 单相半波整流电路

图 2-16 所示是一种最简单的单相半波整流电路。它由变压器 Tr、整流二极管 VD 和负载电阻 R_L 组成。变压器把电网电压 u_1（220 V 或 380 V）变换为所需要的交变电压 u_2，VD 再把交变电压变换为脉动直流电压。

输出电压 u_o 是一个方向和大小都随时间变化的正弦波电压，它的波形如图 2-17 所示。在 $0 \sim \pi$ 时间内，u_2 为正半周，即变压器二次侧上端为正、下端为负，此时二极管 VD 承受正向电压而导通，u_2 加在负载电阻 R_L 上；在 $\pi \sim 2\pi$ 时间内，u_2 为负半周，变压器二次侧下端为正、上端为负，这时二极管 VD 承受反向电压不导通，R_L 上无电压；在 $2\pi \sim 3\pi$ 时间内，重复 $0 \sim \pi$ 时间的过程；而在 $3\pi \sim 4\pi$ 时间内，又重复 $\pi \sim 2\pi$ 时间的过程。这样反复下去，u_2 的负半周就被"削"掉了，只有正半周在 R_L 上获得了一个单一方向的电压，从而达到整流的目的。但是，负载电压 u_o 以及负载电流的大小还随时间而变化。因此，通常称它为脉动直流。

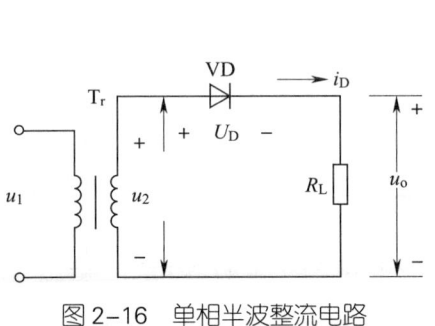

图 2-16　单相半波整流电路

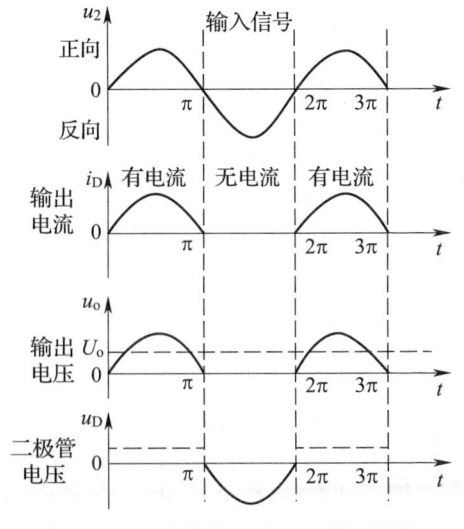

图 2-17　单相半波整流电路波形图

这种只对半周交流电压进行整流的方法，叫半波整流。半波整流只利用了交流电中一半电压进行整流后变成直流，不难看出，半波整流"牺牲"了一半交流电压。所以，对于全波的交流电压而言，半波整流的工作效率只有全电压的 1/2，即负载上的直流电压为：

$$U_o=0.45U_2$$

综上所述，由于二极管的单向导电作用，变压器二次交流电压变换成为负载两端的单向脉动电压，达到了整流的目的。因为这种电路只在交流电压的半个周期内才有电流流过负载，所以称为单相半波整流电路。

半波整流电路的优点是结构简单，使用的元件少。但是也有明显的缺点：输出波形脉动大；直流成分比较低；电源变压器有半个周期不导电，电流利用率低；电源变压器电流含有直流成分，容易饱和。所以半波整流电路只能用在高电压、输出电流较小、要求不高的场合，而在一般电子装置中很少采用。

2. 单相全波整流电路

如果把半波整流电路的结构做一些调整，可以得到一种能充分利用交流电能的全波整流电路。图 2-18 所示为单相全波整流电路，波形如图 2-19 所示。

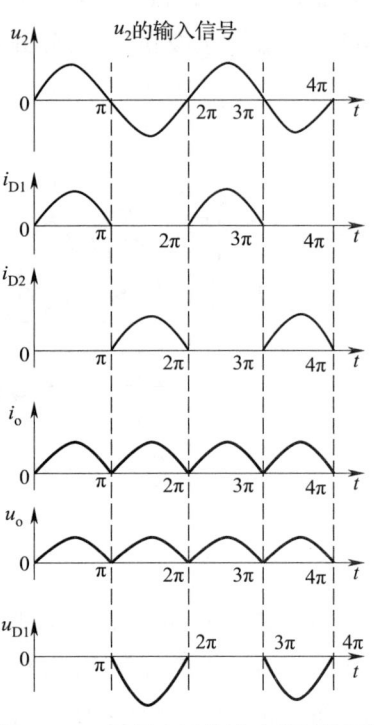

图 2-19 单相全波整流电路波形图

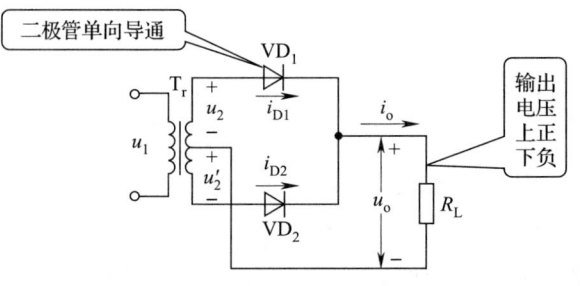

图 2-18 单相全波整流电路

单相全波整流电路可以看作由两个单相半波整流电路组合而成。变压器二次绕组中间需要引出一个抽头，把二次绕组分成两个对称的绕组，从而引出大小相等但极性相反的两个电压 u_2 和 u'_2，构成 u_2、VD_1、R_L 与 u'_2、VD_2、R_L 两个通电回路。

全波整流电路的工作原理可用图 2-19 所示的波形图说明。在 $0 \sim \pi$ 时间内，u_2 对 VD_1 为正向电压，VD_1 导通，在 R_L 上得到上正下负的电压；u'_2 对 VD_2 为反向电压，VD_2 不导通。在 $\pi \sim 2\pi$ 时间内，u'_2 对 VD_2 为正向电压，VD_2 导通，在 R_L 上得到的仍然是上正下负的电压；u_2 对 VD_1 为反向电压，VD_1 不导通。如此反复，由于两个整流元件 VD_1、VD_2 轮流导电，结果在正、负两个半周作用期间负载电阻 R_L 上都有同一方向的电流通过，因此称为全波整流，全波整流不仅利用了正半周，还巧妙地利用了负半周，从而大大地提高了整流效率，即负载上的直流电压：

$$U_o = 0.9U_2$$

比半波整流时大一倍。

这种全波整流电路需要变压器有一个使上下两端对称的二次中心抽头，这给制作上带来很多的麻烦。另外，这种电路中，每个整流二极管承受的最大反向电压是变压器二次电压最大值的两倍，因此需用能承受较高电压的二极管。

3. 单相桥式整流电路

桥式整流电路是使用最多的一种整流电路。桥式整流电路是在全波整流的基础上增加了两个二极管连接成"桥"式结构，便具有全波整流电路的优点，而同时在一定程度上克服了全波整流电路的缺点。图 2-20 所示为单相桥式整流电路，波形如图 2-21 所示。

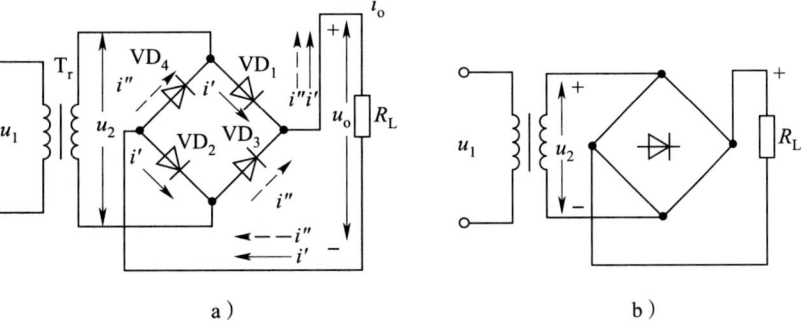

图 2-20　单相桥式整流电路

a）常用表示法　b）简化表示法

桥式整流电路的工作原理如下：u_2 为正半周时，对 VD_1、VD_2 加正向电压，VD_1、VD_2 导通，对 VD_3、VD_4 加反向电压，VD_3、VD_4 截止，电路构成 u_2、VD_1、R_L 和 VD_2、u_2 的通电回路，在 R_L 上形成上正下负的半波整流电压；u_2 为负半周时，对 VD_3、VD_4 加正向电压，VD_3、VD_4 导通，对 VD_1、VD_2 加反向电压，VD_1、VD_2 截止，电路构成 u_2、VD_3、R_L 和 VD_4、u_2

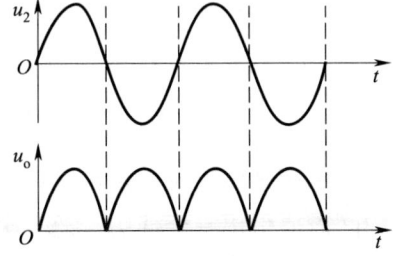

图 2-21　单相桥式整流电路波形

的通电回路，同样在 R_L 上形成上正下负的另外的半波整流电压。如此重复下去，结果在 R_L 上便得到全波整流电压。其波形图和全波整流波形图是一样的。负载上的直流电压和全波整流电路输出直流电压一样，为：

$$U_o=0.9U_2$$

从表 2-1 中不难看出，桥式电路中每个二极管承受的反向电压等于变压器二次电压的最大值，比全波整流电路小一半。

4. 桥堆构成的整流电路

整流桥堆是把四个整流二极管接成桥式整流电路形式，再用环氧树脂或绝缘塑料封装而成为一个独立的元器件，也称为整流器，在电路图中用字母"U"表示，其外形如图 2-22a 所示。在它的外壳上标有型号、额定电流、工作电压以及输入（～）和输出（+、-）等极性符号，使用起来十分方便。

要判定整流桥堆的好坏，可将数字万用表转换开关拨到二极管挡，按图 2-22b 所示，顺序测量 a、b、c、d 之间二极管各正向压降和反向压降，再将测量所得数据与表 2-2 进行对照。

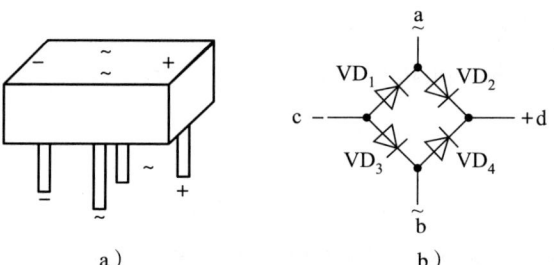

图 2-22　整流桥堆
a）外形　b）测量顺序

表 2-2　测量整流桥堆的正、反向压降

测量端	二极管正向压降 /V	二极管反向压降
a、c	0.521	
d、a	0.539	显示溢出符号"1"
b、c	0.526	
d、b	0.526	

整流桥堆构成的桥式整流电路与四个二极管构成的整流电路工作原理相同，整流效率也相同，不过稳定性能和一致性能方面，整流桥堆要比四个二极管组成的整流电路好很多，而且在相同整流电流、相同工作电压的情况下，有体积小、安装方便等优点。

如图 2-23 所示是桥堆构成的桥式整流电路，图中实线、虚线箭头分别表示 u_2 正、

负半周时流过 R_L 的电流的方向。电路中的 ZL 是桥堆，它的内电路为四个接成桥式电路的整流二极管，如图 2-24 所示。

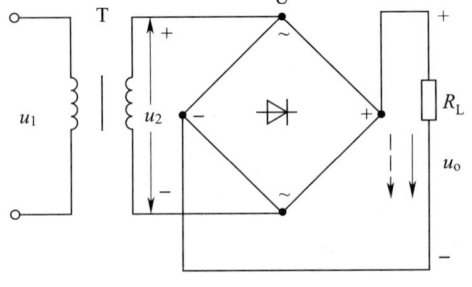

图 2-23　桥堆构成的桥式整流电路

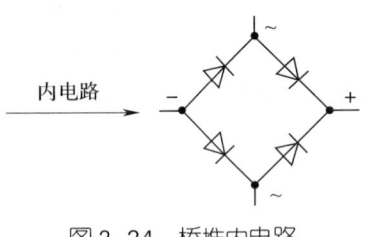

图 2-24　桥堆内电路

在掌握了分立元器件的桥式整流电路工作原理之后，只需要围绕桥堆 ZL 的四个端子进行电路分析即可。

（1）找出两个交流电压输入端子"～"与电源变压器二次绕组相连的电路，这两个端子没有正负极性。

（2）正极性端"+"输出正极性直流电压。

（3）负极性端"-"输出负极性直流电压，在电路中必须接地。

二、滤波电路

整流电路虽然能把交流电转换为直流电，但是所得到的输出电压是单相脉动电压，存在着很大的脉动成分，无法满足生产和生活中的绝大部分控制设备和电子产品的工作需要。因此，大部分电子电路都需要增加滤波电路，以减少输出电压中的脉动成分。换句话说，滤波电路的作用就是把整流器输出电压中的脉动成分尽可能地减小，将其改造成接近恒稳的直流电。

滤波电路一般由电抗元件组成，如在负载电阻两端并联电容器，或给负载串联电感器，以及由电容、电感组合而成各种复式滤波电路。常用的滤波电路包括电容滤波电路、电感滤波电路、复式滤波电路和有源滤波电路等。

1. 电容滤波电路

电容滤波电路就是利用电容的基本特性进行滤波的电路。电容器是一个储存电能的仓库。在电路中，当有电压加到电容器两端的时候，便对电容器充电，把电能储存在电容器中；当外加电压失去（或降低）之后，电容器将把储存的电能再放出来。充电的时候，电容器两端的电压逐渐升高，直到接近充电电压；放电的时候，电容器两端的电压逐渐降低，直到为零。电容器的容量越大，负载电阻值越大，充电和放电所需要的时间越长。电容器两端电压不能突变的特性，正好可以用来承担滤波的任务。

半波整流电容滤波电路如图 2-25 所示。其滤波原理如下。电容 C 并联于负载 R_L

两端，$u_o=u_C$。在没有并入电容之前，整流二极管在 u_2 的正半周导通，负半周截止，输出电压 u_o 的波形参考图 2–17。并入电容 C 之后，设在 $\omega t=0$ 时接通电源，则当 u_2 由零逐渐增大时，二极管 VD 导通，电流向电容充电，充电电压 $u_C=u_o$，极性为上正下负。如忽略二极管的内阻，则 u_C 可充到接近 u_2 的峰值。在 u_2 达到最大值以后开始下降，此时电容器上的电压 u_C 也将由于放电而逐渐下降。当 $u_2<u_C$ 时，VD 因反偏而截止，于是 C 以一定的时间常数通过 R_L 按指数规律放电，u_C 下降，直到下一个正半周，当 $u_2>u_C$ 时，VD 又导通。如此下去，电路就这样周期性地重复上述过程。

输出电压 u_o 是靠电容 C 上所充的电压通过 R_L 放电来维持的。由于一般 R_L 的值远远大于电源内阻与二极管 VD 正向电阻的串联值，因此电容的放电时间常数大于充电时间常数，在放电期间 u_o 的下降不大，故而输出电压的波形（见图 2–26）比以前平滑得多。

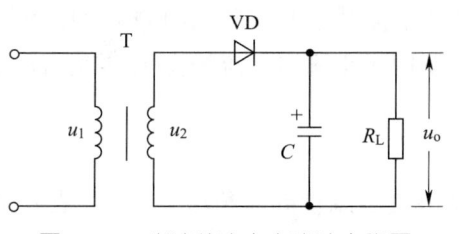
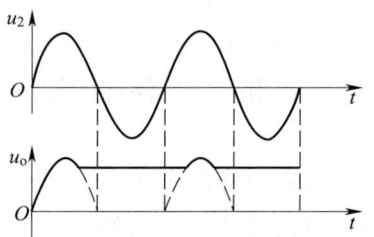

图 2–25　半波整流电容滤波电路图　　　　图 2–26　半波整流电容滤波电路的波形

单相桥式整流电容滤波电路如图 2–27 所示。桥式或全波整流电容滤波的原理与半波整流电容滤波基本相同，滤波波形如图 2–28 所示。

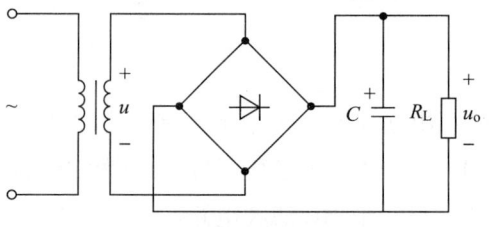
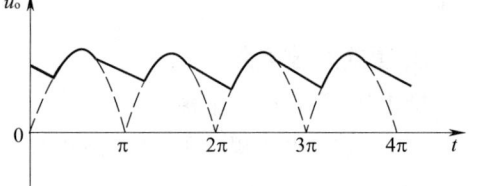

图 2–27　单相桥式整流电容滤波电路　　　图 2–28　桥式或全波整流电容滤波的滤波波形

电容滤波的特点如下。

（1）加了电容滤波之后，由于电容的储能作用，输出电压的直流成分提高了，而脉动成分降低了，不但使输出电压的平均值增大，而且使其变得比较平滑了。

（2）电容的放电时间常数（$\tau=R_LC$）越大，放电越慢，输出电压越高，脉动成分也越少，即滤波效果越好。

（3）电容滤波电路中整流二极管的导电时间缩短了，即导通角小于 180°，流过整流二极管的是一个很大的冲击电流，对管子的寿命不利，选择时必须留有较大余量。

（4）电容滤波电路的外特性（指 u_o 与 R_L 上电流之间的关系）和脉动特性（指脉

动系数 S 与 R_L 上电流之间的关系）比较差，电容滤波一般适用于负载电流变化不大的场合。

（5）电容滤波电路结构简单、使用方便、应用较广。

2. 电感滤波电路

在整流电路输出端和负载电阻 R_L 之间串入一个电感器 L，就组成了电感滤波电路。电感滤波电路一般不适用于半波整流电路中。图 2-29 所示是一个典型的桥式整流电感滤波电路。

电感滤波电路的工作原理是利用电感的储能作用减小输出电压的纹波，从而得到比较平滑的直流电。当电感中通过变化的电流时，电感两端便会产生反电动势来阻碍电流的变化：当流过电感的电流增大时，反电动势就会阻碍其增大，并且将一部分电能转变为磁场能储存在电感线圈内；当流过电感线圈的电流减小时，反电动势又会阻碍其减小，并释放出电感中所储存的能量，从而大幅度地减小输出电流的变化，达到滤波的目的。

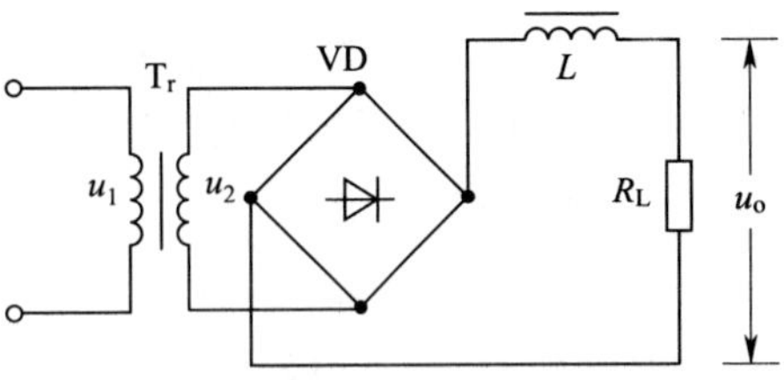

图 2-29　桥式整流电感滤波电路

电感滤波的特点如下。

（1）整流管的导通角较大（电感的反电动势使整流管导通角增大），峰值电流很小，输出特性比较平坦。

（2）由于铁芯的存在，电路笨重、体积大，易引起电磁干扰，一般只适用于低电压、大电流场合。

为了进一步减小负载电压中的纹波，电感后面可再接一电容而构成"Γ"形滤波电路。

3. 复式滤波电路

把电容接在负载并联支路，把电感或电阻接在串联支路，可以组成复式滤波电路，达到更佳的滤波效果。复式滤波电路主要有"Γ"形滤波电路和"Π"形滤波电路，"Π"形滤波电路中又有"Π"形 LC 滤波电路和"Π"形 RC 滤波电路。

（1）"Γ"形滤波电路。"Γ"形滤波电路其实就是将电容滤波和电感滤波结合起来的滤波电路，如图 2-30 所示。

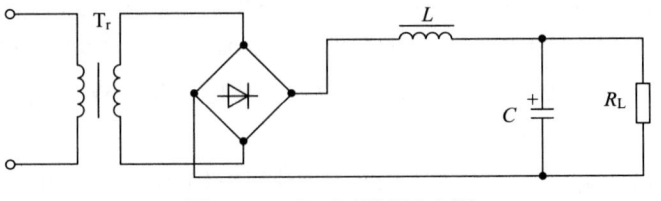

图 2-30　"Γ"形滤波电路

"Γ"形滤波电路的主要特点如下。

1）兼有电容滤波电路和电感滤波电路的特点，对一般的负载电流均有较好的滤波特性。

2）适用于输出电压比较稳定而负载电流变化较大的场合。

（2）"Π"形 LC 滤波电路。图 2-31 所示是由电感与电容组成的"Π"形 LC 滤波电路，它其实就是电容滤波电路再加上一级"Γ"形滤波电路。

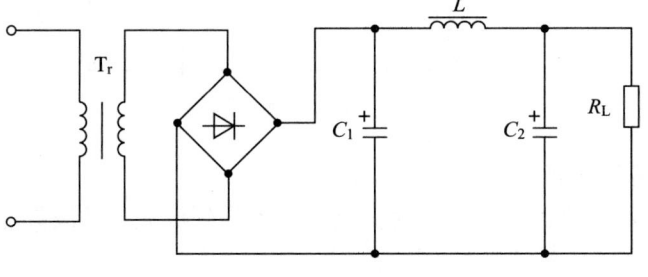

图 2-31　"Π"形 LC 滤波电路

"Π"形 LC 滤波电路的主要特点如下。

1）由电感与电容组成的 LC 滤波器，其滤波效能很高，几乎没有直流电压损失。

2）适用于负载电流较大、要求纹波很小的场合。

3）由于电感体积和质量大（高频时可减小），比较笨重，成本也较高。

（3）"Π"形 RC 滤波电路。图 2-32 所示是由电阻与电容组成的"Π"形 RC 滤波电路，它其实就是将"Π"形 LC 滤波电路中笨重的电感换成了电阻。

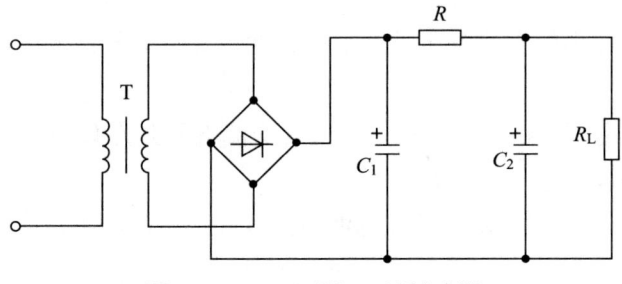

图 2-32　"Π"形 RC 滤波电路

"Π"形 RC 滤波电路的主要特点如下。

1）结构简单。

2）能兼起降压、限流作用，滤波效能也较高。

3）由于电阻 R 上的功率损耗较大，只适用于对滤波特性要求较高而负载电流较小的设备。

（4）RC 有源滤波电路。为了提高滤波效果，在 RC 电路中增加有源器件——晶体管，就可以形成 RC 有源滤波电路，它可以解决"Π"形 RC 滤波电路中交、直流分量对 R 的要求相互矛盾的问题。有源滤波电路又称电子滤波器，因为在滤波电路中采用了有源晶体器件而得名。

常见的 RC 有源滤波电路如图 2-33 所示。

电子工艺基础（第二版）　　　　　　　　　　　　　中国特色企业新型学徒制培训教材

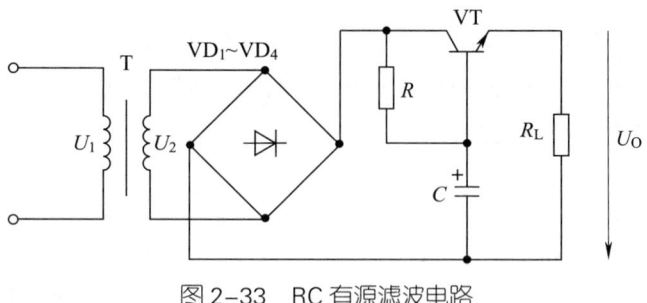

图 2-33　RC 有源滤波电路

该电路的主要特点如下。

1）由于三极管的放大作用，发射极上的电容得到放大，滤波效能比单纯的电容滤波电路要好得多。

2）由于负载 R_L 接于晶体管的发射极，故 R_L 上的直流输出电压基本上同 R_C 无源滤波输出的直流电压相等。

这种滤波电路滤波特性较好，广泛地用于一些小型电子设备中。

第 4 节　直流稳压电路

经整流滤波后输出的直流电压虽然平滑程度较好，但其稳定性比较差，其原因主要有以下三个方面。

（1）由于输入电压（市电）不稳定（通常交流电网允许有 ±10% 的波动）而导致整流滤波电路输出直流电压不稳定。

（2）当负载 R_L 变化时，由于整流滤波电路存在一定的内阻，使得输出直流电压发生变化。

（3）环境温度发生变化引起电路元件（特别是半导体器件）参数发生变化，导致输出电压发生变化。

因此，经整流滤波后的直流电压，必须采取一定的稳压措施，才能适合电子设备的需要。

常用的稳压电路有限流电阻与稳压二极管组成的分流型稳压电路、具有电流放大（三极管电流放大）的串联型稳压电路，以及集成稳压电路。

一、分流型稳压电路

1. 分流型稳压电路的组成及特征

分流型稳压电路，实际上就是利用稳压二极管的稳压电流这一特性设计的稳压电路。分流型稳压电路主要由硅稳压管与电阻组成，如图 2-34 所示。

088

图 2-34 中，稳压管 VD_W 是利用二极管的反向击穿特性制成的半导体器件，其伏安特性如图 2-35 所示。

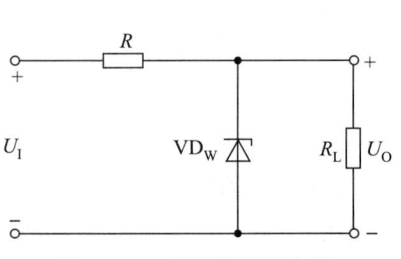

图 2-34　分流型稳压电路

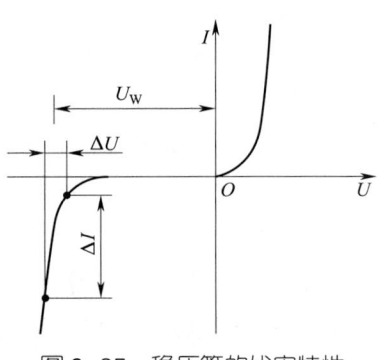

图 2-35　稳压管的伏安特性

从图 2-35 中可以看出，稳压管的正向特性与一般二极管相同，而反向特性却不同。当反向电压逐渐增大时，起初电流很小，当电压增大到某一数值时，即使电压有很小的增加，电流也会改变很多，此时，稳压管进入击穿状态，只要 PN 结的温度不超过允许值，稳压管就仍能够正常工作，这就是稳压管的基本特性。

电路中的电阻 R 又称为限流电阻，在本电路中必不可少，它的主要作用如下。

（1）限制稳压管反向击穿后的电流，防止电流过大烧毁稳压管。

（2）当电网电压发生波动而引起输入电压 U_I（整流滤波后的电压）发生变化时，可以通过调节 R 上的电压来保持输出电压不变。

2. 分流型稳压电路的工作原理

分流型稳压电路的稳压原理如下：当 U_I 增大时，输出电压 U_O 有升高的趋势，稳压管 VD_W 中的电流增大，使电路中总电流也增大，导致限流电阻 R 上的压降增大，U_I 增加的部分其实降落在 R 上，使得输出电压 U_O 基本保持不变；反之，当 U_I 减小时，输出电压 U_O 有减小的趋势，稳压管 VD_W 中的电流减小，使电路中总电流也减小，导致限流电阻 R 上的压降降低，U_I 减小的部分降落在 R 上，使得输出电压 U_O 基本保持不变。

而当 U_I 不变而负载 R_L 发生变化时，由于 R_L 变化造成其上电流的变化，输出电压 U_O 会随之变化，从而引起稳压管 VD_W 中电流的剧烈变化，而使电路中总电流保持不变，则限流电阻 R 上的压降不会改变，稳定了输出电压 U_O。

综上所述，在分流型稳压电路中，稳压管起到了电流控制的作用，从而调节了限流电阻 R 上的压降，最终使得输出电压 U_O 基本保持不变。

3. 分流型稳压电路的主要特点

（1）结构简单，元器件较少。

（2）当电网电压和负载电流的变化过大时，电路不能适应。

（3）输出电压 U_O 不能调节。

（4）稳压范围只在稳压二极管的最大稳压电流以内，仅适用于负载电流小、电压固定不变及负载变化不大的场合。

二、串联调整型稳压电路

1. 串联型稳压电路

串联型稳压电路的稳压原理可用如图 2-36 所示电路来说明。图中可变电阻 R 与负载 R_L 相串联。若 R_L 不变，当输入电压 U_I 增大（或减小）时，增大（或减小）R 值使输入电压 U_I 的变化全部降落在电阻 R 上，从而保持输出电压 U_O 基本不变。同理，若 U_I 不变，当负载电流 I_O 变化时，也相应地调整 R 的值，以保持 R 上的压降不变，使输出电压 U_O 也基本不变。

在实际的稳压电路中，依靠手动调节 R 的值以达到稳压的目的是不现实的。于是通常使用晶体三极管来代替可变电阻 R，利用负反馈的原理，以输出电压的变化量控制三极管集、射极间的电阻值，以维持输出电压基本不变。

晶体管调压电路如图 2-37 所示。

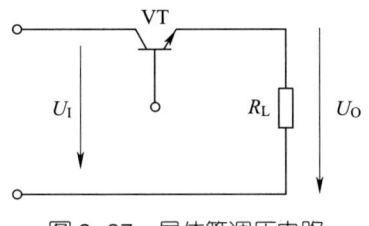

图 2-36　串联型稳压电路的稳压原理　　　图 2-37　晶体管调压电路

电路中，三极管 VT 起电压调整作用，故称调整管。因它与负载 R_L 是串联连接的，故称串联型稳压电路。

图 2-38 所示是一种常见的单管串联型稳压电路。

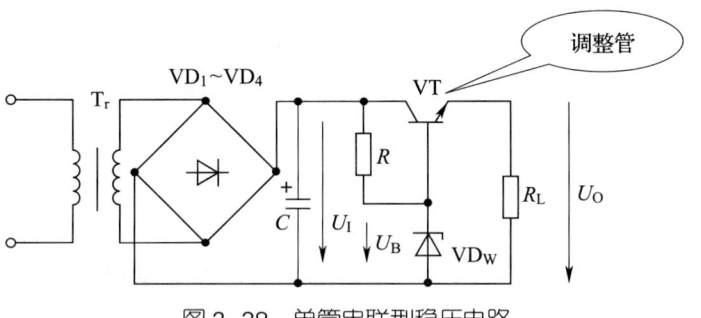

图 2-38　单管串联型稳压电路

图中，VT 为调整管，VD_W 为稳压二极管。

该电路的稳压原理如下：当输入电压 U_I 增加或负载电流 I_L 减小，使输出电压 U_O 增大时，则三极管的 U_{BE} 减小，从而使 I_B、I_C 都减小，U_{CE} 增加（相当于 R_{CE} 增大），结果使 U_O 基本不变。这一稳压过程可表示为：

$$U_I \uparrow（或 I_L \downarrow）\rightarrow U_O \uparrow \rightarrow U_{BE} \downarrow \rightarrow I_B \downarrow \rightarrow I_C \downarrow \rightarrow U_{CE} \uparrow \rightarrow U_O \downarrow$$

同理，当 U_I 减小或 I_L 增大，使 U_O 减小时，通过与上述相反的稳压过程，也可维持 U_O 基本不变。

从放大电路的角度看，该稳压电路是一射极输出器（R_L 接于 VT 的发射极），其输出电压 U_O 是跟随输入（三极管基极）电压 U_B 变化的，因 U_B 是一稳定值，故 U_O 也是稳定的，基本上不受 U_I 与 I_L 变化的影响。

图 2-39 所示是 PNP 型三极管串联型稳压电路。

上述稳压电路，由于直接用输出电压的微小变化量去控制调整管，其控制作用较小，所以稳压效果不好。如果在电路中增加一级直流放大电路，把输出电压的微小变化加以放大，再去控制调整管，其稳压性能便可大大提高，这就是带放大环节的串联型稳压电路。

图 2-40 所示是带有放大环节的串联型稳压电路的原理框图。

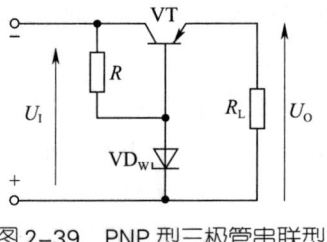

图 2-39　PNP 型三极管串联型
　　　　　稳压电路

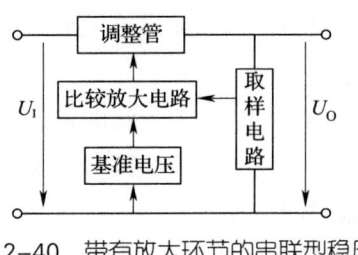

图 2-40　带有放大环节的串联型稳压
　　　　　电路的原理框图

带有放大环节的串联型稳压电路通常由调整管、取样电路、比较放大电路和基准电压四部分组成。它的基本工作原理是：当输出电压变化时，由取样电路取出变化量中的一部分送到比较放大电路，将其与基准电压进行比较，并对两者的差值进行放大，去控制调整管的基极电压，最后使输出电压向原变化趋势的反方向变化，从而达到稳定输出电压的目的。

图 2-41 所示是一种典型的带有放大环节的串联型稳压电路。

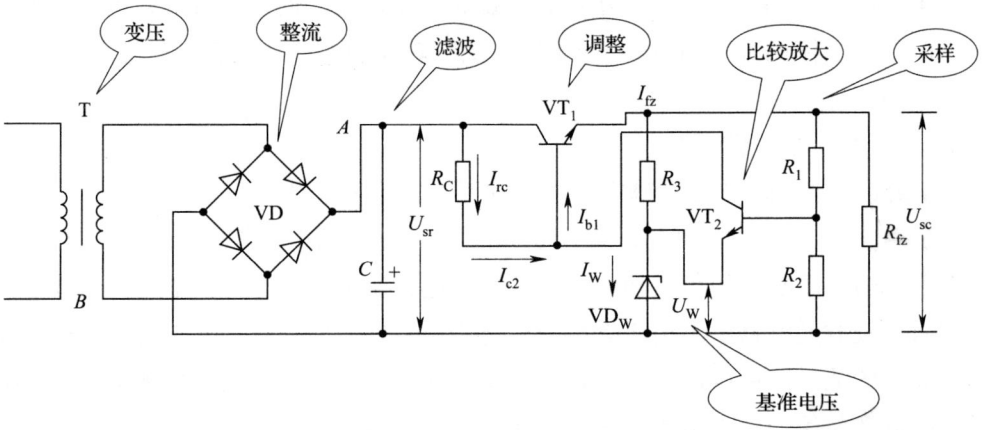

图 2-41　带有放大环节的串联型稳压电路

图 2-41 中，VT_1 是调整管，VT_2 是比较放大管，VD_W 是稳压管。VD_W 和 R_3 组成稳压电路，提供基准电压。输出电压变化量 ΔU_{sc} 的一部分与基准电压 U_W 比较，两者的差值经 VT_2 放大后送到了 VT_1 的基极。R_C 是 VT_2 的集电极电阻，又是 VT_1 的上偏置电阻。R_1、R_2 是 VT_2 的上、下偏置电阻，组成分压电路，把 ΔU_{sc} 的另一部分作为输出电压的取样，送给 VT_2 的基极，因此这一部分电压又叫取样电压。

从电路中可以看出，当输出电压 U_{sc} 下降时，通过 R_1、R_2 组成的分压电路的作用，VT_2 的基极电位也下降。由于基准电压 U_W 使 VT_2 的发射极电位保持不变，于是 VT_2 集电极电流减小，U_{c2} 增高，即 VT_1 的基极电位增高，集电极电流增加，管压降减小，从而导致输出电压 U_{sc} 保持基本稳定。VT_2 的放大倍数越大，调整作用就越强，输出电压就越稳定。

同样道理，如果输出电压 U_{sc} 增高，该电路又会通过反馈作用使 U_{sc} 减小，保持输出电压基本不变。

图 2-41 中 R_C 是放大级的负载电阻，又相当于调整管的偏置电阻。R_C 增大，放大倍数增大，有利于提高稳压器指标；但 R_C 过大，会使 VT_2 和 VT_1 上电流太小，限制了负载电流和调整范围。

U_W 选择范围比较宽，只要不使 VT_2 饱和（即 U_W 比 U_{sc} 低 2 V 以下）即可。U_W 取得大，取样电压可大些，有利于提高稳压性能。

输入电压 U_{sr} 应大于输出电压 U_{sc} 3 ~ 8 V。U_{sr} 过小，VT_1 容易饱和而起不到调整作用；U_{sr} 过大，则增加管子耗损，并浪费功率。整流纹波小的，U_{sr} 可取低些；纹波大的，U_{sr} 应取高些。

VT_1 的 β 值要尽量大，为此可以使用复合管。VT_1 的功耗也要足够大。

VT_2 也要选用 β 值大的管子，以增强对调整管的控制作用，使输出更稳定。在 U_{sc} 较大的稳压电路中，还应注意 VT_2 所能承受的反向电压。

分压电阻（R_1 和 R_2）要适当小些，以提高电路性能。通常取流过分压电阻的电流大于 VT_2 基极电流的 5 ~ 10 倍。分压比取决于输出电压 U_{sc} 和基准电压 U_W，分压比要选得大些，一般选 0.5 ~ 0.8。

2. 改进型串联稳压电路

以下介绍三种用于满足特殊需要的改进型串联稳压电路。

（1）用复合管作调整管的稳压电源电路。在稳压电源中，负载电流要流过调整管，输出大电流的电源必须使用大功率的调整管，这就要求有足够大的电流供给调整管的基极，而比较放大电路供不出所需的大电流；另外，调整管需要有较高的电流放大倍数才能有效地提高稳压性能，但是大功率调整管一般电流放大倍数都不高。解决这些矛盾的方法是给原有的调整管配上一个或几个"助手"，即组成复合管。用复合管作为调整管的稳压电源电路如图 2-42 所示。

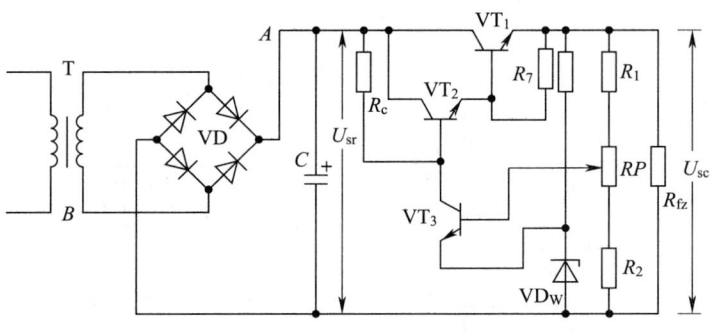

图 2-42 用复合管作为调整管的稳压电源电路

用复合管作为调整管时，VT_2 的反向电流将被放大，尤其是采用大功率锗管时，反向截止电流比较大，并随温度升高呈指数增加，很容易造成高温空载时稳压电源的失控，使输出电压 U_{sc} 增大。误差信号 ΔU_{sc} 经放大加到 VT_2 的基极，可能迫使 VT_2 截止。为了使调整管在不同温度下都工作在放大区，常在 VT_1 的基极和电源的正极或负极之间加电阻 R_7。在温度或负载变化不大或 VT_1、VT_2 全用硅管时，可不加这个电阻。

（2）输出电压可调的稳压电源电路。从上面电路可以看出，输出电压与基准电压之间的关系是由分压电路来"调配"的。在基准电压一定的情况下，改变分压比，就可以在一定范围内改变输出电压。图 2-42 中，在 R_1 与 R_2 之间接一个电位器 RP，便可以实现输出电压在一定范围内连续可调。

（3）带有保护电路的稳压电源电路。稳压电路要采取短路保护措施才能保证安全可靠地工作。普通熔丝熔断较慢，用加熔断器的办法达不到保护作用，因而必须加装保护电路。

保护电路的作用是保护调整管在电路短路或电流增大时不被烧毁。其基本原理是：当输出电流超过某一值时，使调整管处于反向偏置状态而截止，自动切断电路电流。

保护电路的形式很多，主要包括二极管保护电路和三极管保护电路。

图 2-43 所示为二极管保护电路，由二极管 VD 和电阻 R_0 组成。正常工作时，虽然二极管两端的电压上低下高，但仍处于反向截止状态。负载电流增大到一定数值时，二极管导通。由于 $U_{VD}=U_{BE1}+R_0 \times I_E$，而二极管的导通电压 U_{VD} 是一定的，则 U_{BE1} 被迫减小，从而使 I_E 限制到一定值，达到保护调整管的目的。在使用时，二极管要选用 U_{VD} 值大的。

图 2-44 所示为三极管保护电路，由三极管 VT_2 和分压电阻 R_4、R_5 组成。电路正常工作时，通过 R_4 与 R_5 的分压作用，使得 VT_2 的基极电位比发射极电位低，发射极承受反向电压，于是 VT_2 处于截止状态（相当于开路），对稳压电路没有影响；当电路短路时，输出电压为零，VT_2 的发射极相当于接地，则 VT_2 处于饱和导通状态（VT_2 集电极与发射极相当于短路），从而使调整管 VT_1 基极和发射极接近于短路而处于截止状态，起到切断电路电流的作用，从而达到保护的目的。

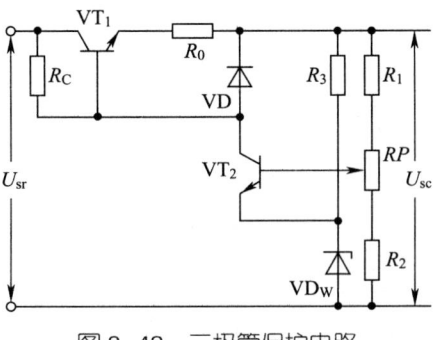

图 2-43　二极管保护电路

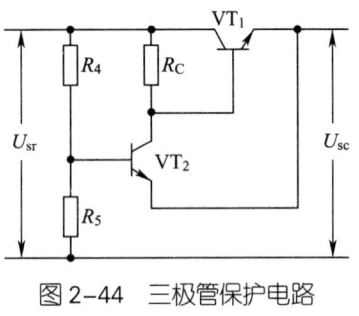

图 2-44　三极管保护电路

三、集成稳压电路

1. 三端集成稳压电路

为了简化稳压电路的设计，市场上有现成的集成稳压电路出售。所谓集成稳压电路，其实就是将串联型稳压电路中的调整管、稳压管和取样放大管等主要部分制作在一块芯片上的电路。它具有线路连接简单、使用方便、体积小、可靠性高等特点。

目前使用较多的是三端式的集成稳压电路（三端集成稳压器）。所谓三端集成稳压器，就是有三个端口，如国产的 W7800 系列（输出电压为正电压）及 W7900 系列（输出电压为负电压）的输入、输出及公共（地）端（见图 2-45、图 2-46），美国通用半导体公司的 LM317、LM337 系列的输入、输出及调整端（见图 2-47、图 2-48）。

三端集成稳压器主要分为固定电压式和可调电压式两种。W7800 系列及 W7900 系列三端集成稳压器属于固定电压式，LM317 系列、LM337 系列三端集成稳压器属于可调电压式。其中，LM317 系列的输出电流为 1 A，最大输出电流为 1.5 A，输出电压在 1.25 ～ 37 V 间连续可调；LM337 系列的输出电流与 LM317 的输出电流相同，输出电压在 –1.25 V ～ –37 V 间连续可调。

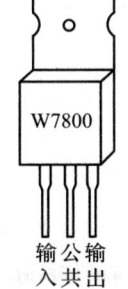

图 2-45　W7800 系列三端集成稳压器

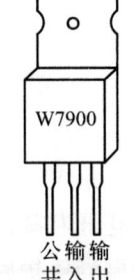

图 2-46　W7900 系列三端集成稳压器

094

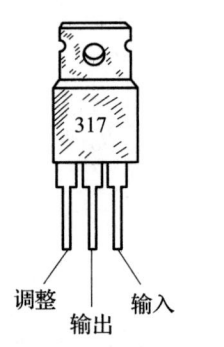

图2-47 LM317系列三端集成稳压器

图2-48 LM337系列三端集成稳压器

2. 采用集成稳压器的稳压电路

两种集成稳压器的应用电路如下。

（1）固定电压输出集成稳压电路。固定正、负电压输出集成稳压电路分别如图2-49和图2-50所示。图中，C_i为输入滤波电容，C_o为输出滤波电容。

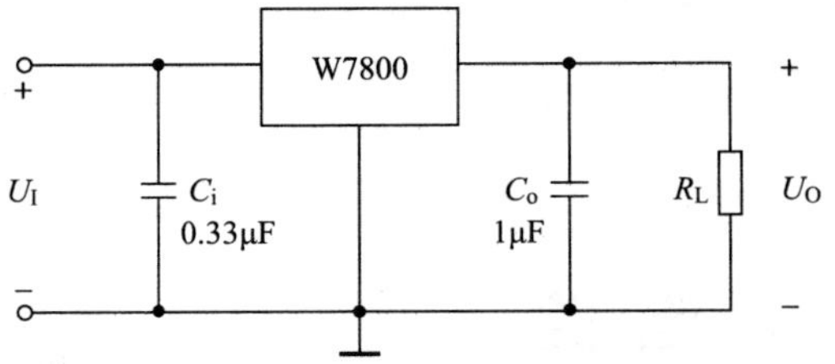

图2-49 固定正电压输出集成稳压电路

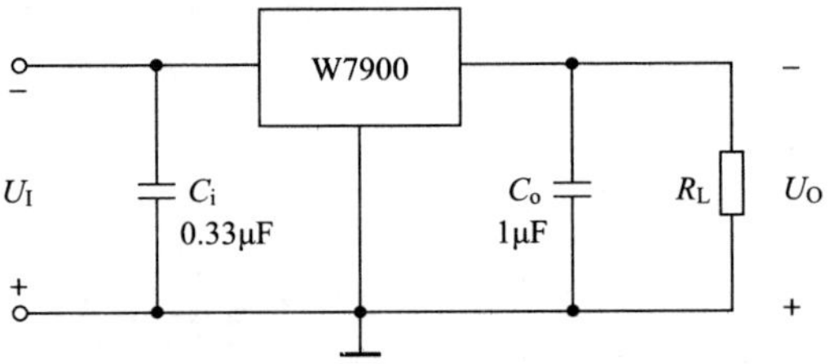

图2-50 固定负电压输出集成稳压电路

（2）对称电压输出集成稳压电路。对称电压输出集成稳压电路如图2-51所示，主要用于需要正、负电源的设备。

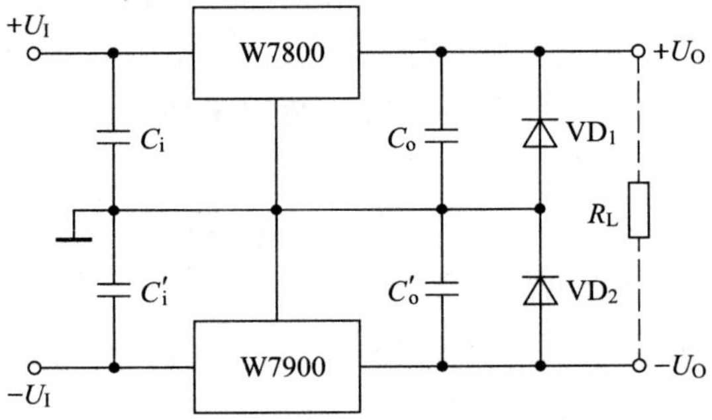

图2-51 对称电压输出集成稳压电路

3. 提高输出电压和输出电流的电路

（1）提高输出电压集成稳压电路。提高输出电压的集成稳压电路如图2-52所示，主要用于固定输出电压不能满足要求的场合。

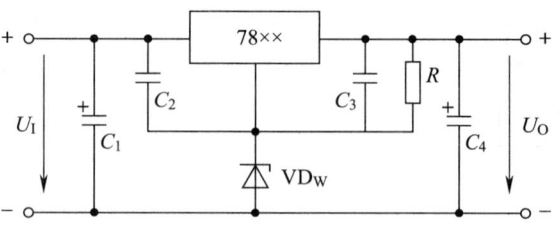

图2-52 提高输出电压集成稳压电路

（2）扩流集成稳压电路。扩流集成稳压电路如图2-53所示，主要用于需要扩大输出电流的情况。

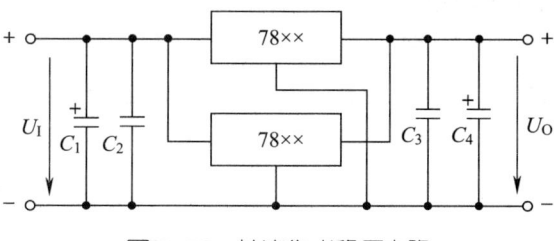

图2-53 扩流集成稳压电路

第5节 数 字 电 路

与电路所采用的信号形式相对应，将传送、变换、处理模拟信号的电子电路叫作模拟电路，将传送、变换、处理数字信号的电子电路叫作数字电路。如各种放大电路就是典型的模拟电路，数字表、数字钟的定时电路就是典型的数字电路。数字电子技术正以前所未有的速度在各个领域取代模拟电子技术，并迅速渗入人们的日常生活。数字手表、数字相机、数字电视、数字影碟机、数字通信等都应用了数字化技术。

作为数字电子技术的结晶，数字电路在数字通信和电子计算机中扮演着举足轻重的角色。数字通信中的编码器、译码器，计算机中的运算器、控制器、寄存器，都采用了数字电路。即使是像调制解调器这类过去通常用模拟技术实现的器件，如今也越来越多地采用数字技术来实现。由于电子技术的发展，数字电路已实现了集成化，且可分为TTL和CMOS两种类型，其中CMOS数字集成电路具有功耗低、输入阻抗高、工作电压范围宽、抗干扰能力强和温度稳定性好等特点，在数字电路中应用最为广泛。

一、逻辑门电路

1. 与逻辑和与门

当决定某种结果的所有条件都具备时结果才会发生，这种因果关系称为与逻辑。与逻辑可用逻辑代数中的与运算表示，即：

$$F=A \cdot B$$

式中"·"为与运算符号，在逻辑式中也可省略。

如果把结果发生或条件具备用逻辑 1 表示，结果不发生或条件不具备用逻辑 0 表示，与运算的运算规则为：

$$0 \cdot 0=0; \ 0 \cdot 1=0; \ 1 \cdot 0=0; \ 1 \cdot 1=1$$

由于运算规则与普通代数的乘法相似，与运算又称逻辑乘。图 2-54 所示为与逻辑的逻辑符号，也是与门的逻辑符号。

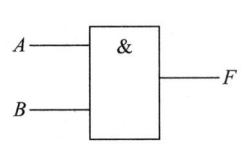

图 2-54　与逻辑符号

2. 或逻辑和或门

当决定某一结果的各个条件中，只要具备一个条件，结果就发生，这种逻辑关系称为或逻辑。或逻辑可用逻辑代数中的或运算表示，即：

$$F=A+B$$

式中"+"为或运算符号。

同样，用 1 和 0 表示或逻辑中的结果和条件，或运算的运算规则为：

$$0+0=0; \ 0+1=1; \ 1+0=1; \ 1+1=1$$

或运算又称为逻辑加。图 2-55 所示为或逻辑的逻辑符号，也是或门的逻辑符号。

3. 非逻辑和非门

结果和条件处于相反状态的因果关系称为非逻辑。实现非逻辑的电路称为非门电路。非逻辑可用逻辑代数中的非运算表示，其表达式为：

$$F=\bar{A}$$

式中"—"为非运算符号，读作"A 非"。非运算规则为：

$$\bar{0}=1; \ \bar{1}=0$$

图 2-56 所示是非逻辑的逻辑符号，也是非门的逻辑符号。

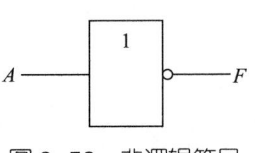

图 2-55　或逻辑符号　　　　图 2-56　非逻辑符号

4. 逻辑图

用规定的逻辑符号连接构成的图称为逻辑图，也称为逻辑电路图。逻辑图通常是根据逻辑表达式画出的。如式 $F=\overline{A}\,\overline{B}C+\overline{A}B\overline{C}+A\overline{B}\,\overline{C}+ABC$ 所对应的逻辑图如图 2-57 所示。

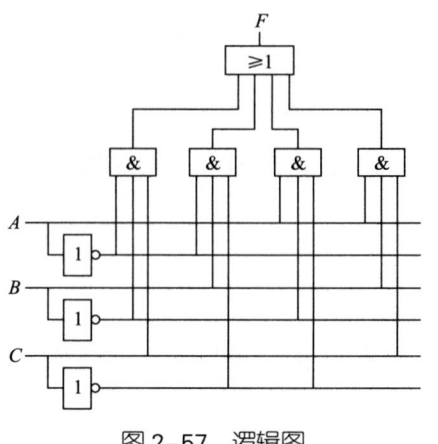

图 2-57 逻辑图

5. TTL 与非门电路

图 2-58 所示为集成 TTL 与非门电路及其逻辑符号。VT_1 为多发射极晶体管，它和 R_1 构成电路的输入级，实现与逻辑功能。VT_2 和 R_2、R_3 组成中间级，其作用是从 VT_2 的集电极和发射极同时输出两个相位相反的信号，分别驱动 VT_3 和 VT_5 管。VT_3、VT_4、VT_5 和 R_4、R_5 组成输出级，直接驱动负载，以提高电路带负载的能力。

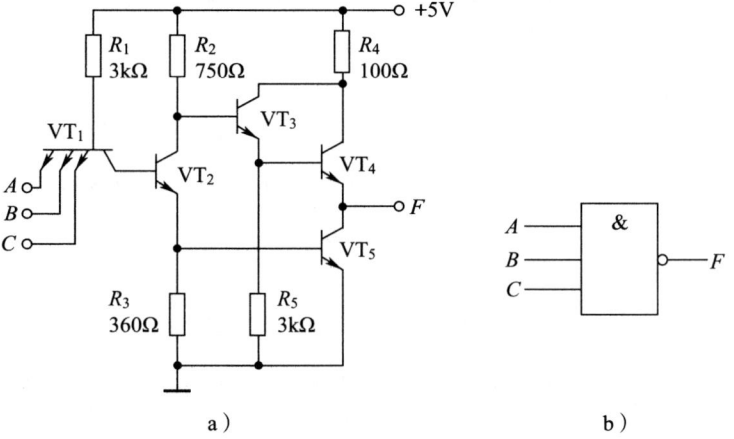

a)   b)

图 2-58 TTL 与非门电路及其逻辑符号

a）TTL 与非门电路 b）逻辑符号

图 2-59 所示是常用的二输入四与非门 74LS00 的管脚排列图，其内部各与非门相互独立，可以单独使用。

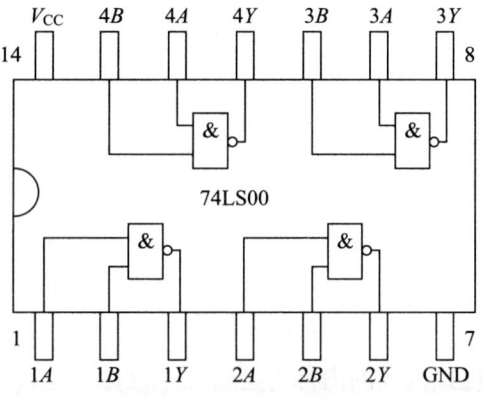

图 2-59 74LS00 管脚图

6. 异或门与同或门

异或逻辑，其表达式为：

$$F=\overline{A}B+A\overline{B}=A\oplus B$$

实现异或逻辑功能的电路，称为异或门电路，用图 2-60 所示的逻辑符号表示。

将异或逻辑取反得 $F=\overline{A\oplus B}=AB+\overline{A}\,\overline{B}$，称作同或逻辑。实现同或逻辑的电路称为同或门电路，其逻辑符号如图 2-61 所示。

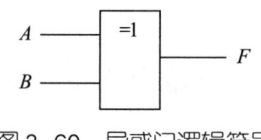

图 2-60　异或门逻辑符号

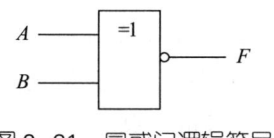

图 2-61　同或门逻辑符号

图 2-62 所示是集成四异或门 74LS136 的管脚排列图。图 2-63 所示是集成四异或（同或）门 74LS135 的管脚排列图，当 C 为低电平 0 时，Y 与 A、B 间为异或逻辑关系；当 C 为高电平 1 时，Y 与 A、B 间为同或逻辑关系。

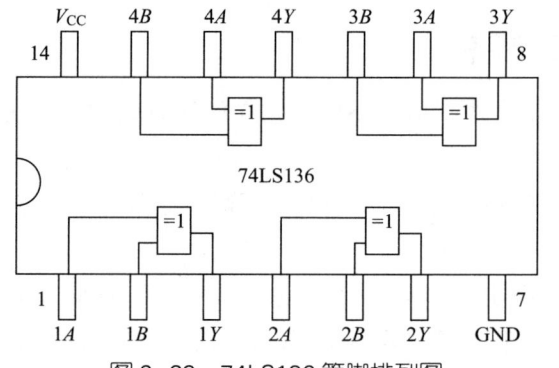

图 2-62　74LS136 管脚排列图

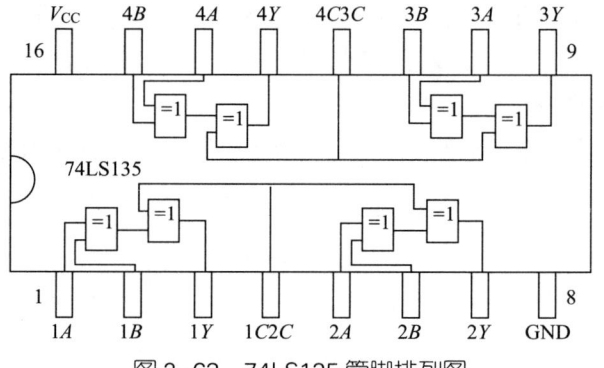

图 2-63　74LS135 管脚排列图

二、组合逻辑电路的分析与设计

1. 组合逻辑电路的分析

组合逻辑电路的分析就是对给定的逻辑电路，通过分析确定其逻辑功能，或者检查电路设计是否合理，验证其逻辑功能是否正确。

组合逻辑电路分析的一般步骤是：

（1）由已知的逻辑图，逐级写出逻辑函数表达式。

（2）化简和变换逻辑函数表达式。

（3）由化简后的逻辑表达式列出真值表。（真值表是表征逻辑事件输入和输出之间全部可能状态的表格。通常以 1 表示真，0 表示假。）

（4）根据真值表确定电路的逻辑功能。

2. 组合逻辑电路的设计

组合逻辑电路的设计就是根据给定的逻辑要求，画出能够实现逻辑功能的最简单的逻辑电路。设计的步骤如下：

（1）根据给定的逻辑要求列出真值表。

（2）根据真值表写出输出逻辑函数的与或表达式。

（3）化简或变换逻辑表达式。

（4）根据化简后的逻辑表达式画出逻辑电路图。

三、时序逻辑电路

时序逻辑电路与组合逻辑电路不同，它在任何时刻的输出状态，不仅与该时刻输入信号的状态有关，而且还与输入信号作用前的输出状态有关。时序逻辑电路由门电路和具有记忆功能的触发器组成。常用的时序逻辑电路有寄存器、计数器等。

1. 触发器

触发器是由门电路构成的单元电路，它可以接收、存储并输出二进制信息 0 和 1。触发器按其输出端的工作状态可分为双稳态触发器、单稳态触发器和无稳态触发器。双稳态触发器具有两个稳定状态，在触发信号作用下，两个稳定状态可以相互转换，也称翻转。当触发信号消失后，电路将建立的稳定状态保存下来。根据触发器电路结构的不同，可分为基本 R-S 触发器、同步触发器、主从触发器等。

2. 主从 J-K 触发器

主从 J-K 触发器的逻辑电路如图 2-64 所示，它由两个同步 R-S 触发器组成。

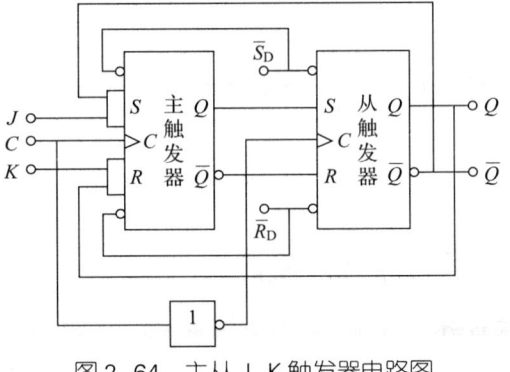

图 2-64　主从 J-K 触发器电路图

J-K 触发器的逻辑状态表见表 2-3。

表 2-3　J-K 触发器状态表

J	K	Q^n	Q^{n+1}	功能
0 0	0 0	0 1	$\left.\begin{array}{c}0\\1\end{array}\right\} Q^n$	记忆
0 0	1 1	0 1	$\left.\begin{array}{c}0\\0\end{array}\right\} 0$	复0
1 1	0 0	0 1	$\left.\begin{array}{c}1\\1\end{array}\right\} 1$	置1
1 1	1 1	0 1	$\left.\begin{array}{c}1\\0\end{array}\right\} \overline{Q^n}$	计数

由状态表可写出 J-K 触发器的特性方程为：

$$Q^{n+1} = J\,\overline{Q^n} + \overline{K}Q^n$$

前面分析的主从型 J-K 触发器，其输出状态的变化是在 $CP=0$ 时完成的，这类触发器为低电平触发。如果改变电路结构，将主触发器用低电平触发，从触发器用高电平触发，则触发器输出状态的变化是在 $CP=1$ 时完成的，这类触发器为高电平触发。它们的逻辑符号如图 2-65 所示。

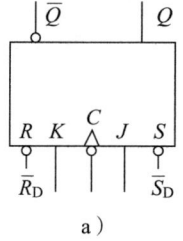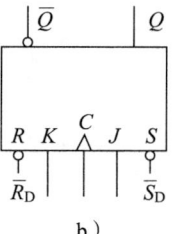

图 2-65　主从型 J-K 触发器的逻辑符号

a）低电平触发　b）高电平触发

3. D 触发器

将 J-K 触发器 J 端通过一个非门与 K 端相连，输入端用 D 表示，就构成了 D 触发器，其电路如图 2-66 所示。

与 J-K 触发器一样，D 触发器也有下降沿翻转和上升沿翻转两类，即低电平触发和高电平触发，其逻辑符号如图 2-67 所示。

当输入端 $D=1$ 时，即 $J=1$，$K=0$，在 CP 脉冲的下降沿 Q 端置 1；当 $D=0$ 时，即 $J=0$，$K=1$，在 CP 脉冲的下降沿 Q 端复 0。其逻辑状态见表 2-4。

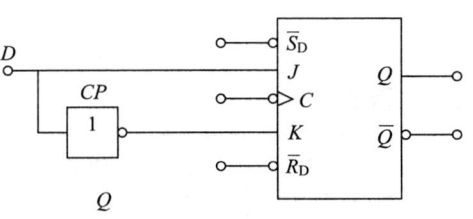

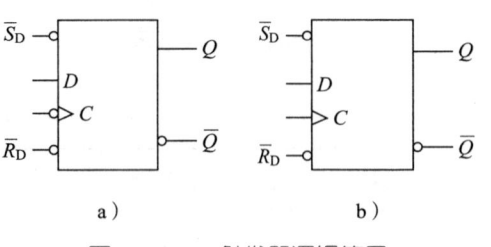

图 2-66　主从型 D 触发器

图 2-67　D 触发器逻辑符号
a）低电平触发　b）高电平触发

表 2-4　D 触发器状态

D	Q^n	Q^{n-1}
0	0	0
0	1	0
1	0	1
1	1	1

由状态表可写出 D 触发器的特性方程为：

$$Q^{n+1}=D$$

第3章

元器件装配

第1节 装配工具

电子设备装配工具多为便携式工具，常用的主要有镊子、剪刀、斜口钳、剥线钳、压线钳和电烙铁等。

一、镊子

在电子专业的整机装配中，镊子是一个常用工具。通常为一把镊子和一把防静电镊子。镊子选用304医用镊子，其刚性好，耐用，可以选用长度为125 mm的型号。防静电镊子主要为焊接贴片元件时准备，可以选用长度为140 mm的型号。镊子如图3-1所示。

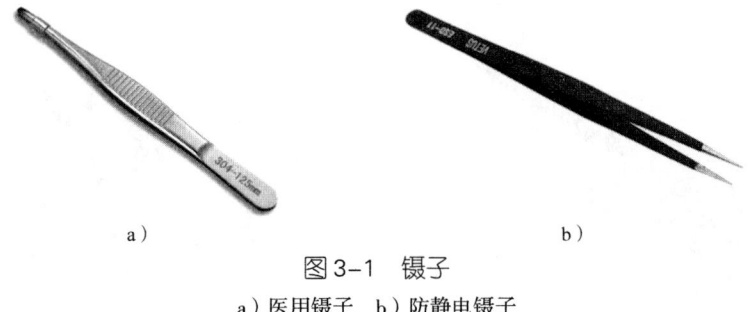

a) b)

图3-1 镊子

a）医用镊子 b）防静电镊子

二、剪刀

在电子装配中，剪刀是常用的工具，在导线的剪切中起到不可替代的作用，比斜口钳更加方便、轻巧、灵活，只是使用的是一种剪刀口比较短，而握把比较长的一种比较特殊的剪刀，也称为"指甲剪"，实物如图3-2所示。

130 mm长　90 mm宽
40 mm剪刀头长

图 3-2　剪刀（指甲剪）

三、压线钳

为了方便整机生产和维修，常会使用各种接插件，而要使用接插件就要用到接线钳对接线端子与连接线连接。在使用压线钳时，首先要根据接线端子的不同规格选择合适的钳口位置，然后将接线端子放入钳口中，再将连接线插入接线端子中，最后对压线钳握把施压，直至压线成功。

接线端子有铜质的和铝质的，而且，大小、类型有多种，所以压线钳也有多种，如图 3-3 所示是一种 2.54 mm 的压线钳。

四、斜口钳

斜口钳的头部"扁斜"，因此又称作扁嘴钳，其外形如图 3-4 所示。斜口钳用于剪断较粗的金属丝、线材、导线及电缆等，适合在工作位置狭窄和有斜度的空间操作，剪切 0.5 ~ 1 mm 的元器件引脚更为合适。通常选用 125 mm 型号的斜口钳，斜口钳有绝缘套手柄，可耐压 500 V 左右的电压。

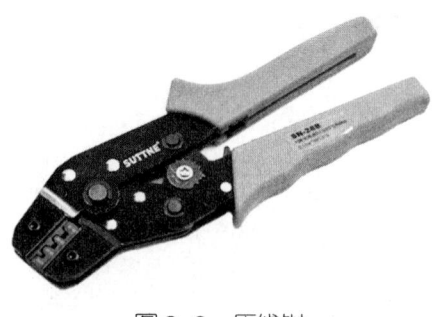

图 3-3　压线钳

图 3-4　斜口钳

五、剥线钳

剥线钳是用来剥落小直径导线绝缘层的专用工具，其外形如图 3-5 所示。剥线钳的钳口上设有几个不同尺寸的刃口，以剥落 0.5 ~ 5 mm 直径导线的绝缘层。其柄部是绝缘的，耐压为 500 V。

使用剥线钳时，将待剥导线的线端放入合适的刃口中，然后用力握紧钳柄，导线的绝缘层即被剥落并自动弹出。在使用剥线钳时，选择的刃口直径必须大于导线线芯直径，不允许用小刃口剥大直径的导线，以免切伤线芯；不允许将剥线钳当钢丝钳使用，以免损坏刃口。带电操作时，要先检查柄部绝缘是否良好，以防触电。

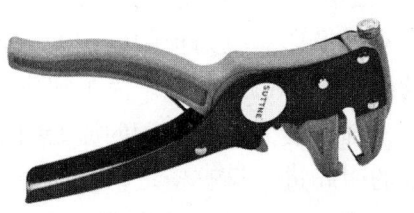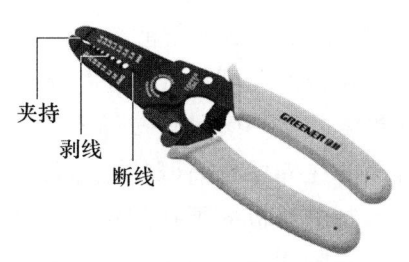

夹持

剥线

断线

图 3-5　剥线钳示意图

六、电烙铁

电烙铁是整机装配中的主要工具。电烙铁的种类很多，主要分为外热式和内热式两大类（见图 3-6a）。外热式电烙铁的烙铁头安装在烙铁芯内，即烙铁芯包在烙铁头的外面，热效率较低；内热式电烙铁的烙铁头是包在烙铁芯的外面，即烙铁芯在烙铁头的里面，所以热效率比较高。

电烙铁由烙铁头、烙铁芯、烙铁身和手柄等部分组成。烙铁芯接通电源后产生热量对烙铁头加热，使烙铁头可焊接多种元器件。

为了提高焊接效果，使用一个控制电路，对烙铁芯进行恒流和调压控制，使烙铁头的热量根据焊接需要自由调节，如 936 型恒温电烙铁（见图 3-6b）。

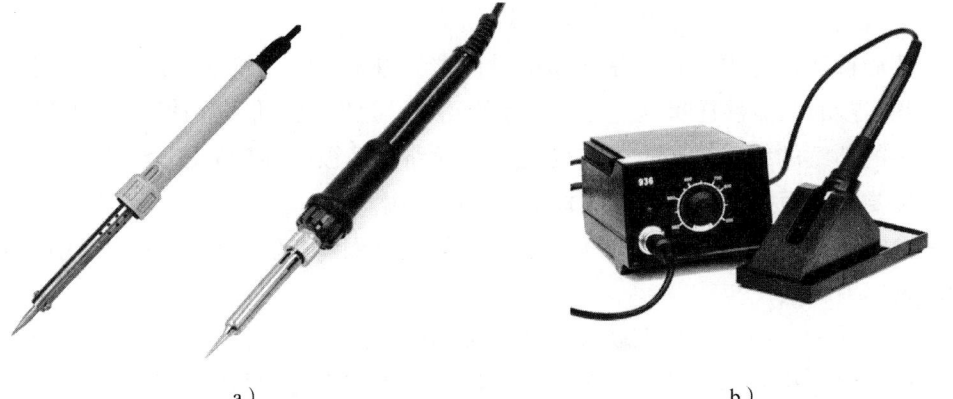

a）　　　　　　　　　　　　　　　　b）

图 3-6　电烙铁

a）外热式和内热式　b）恒温式

电子工艺基础（第二版）　　　　　　　　　　　　　　　　中国特色企业新型学徒制培训教材

第2节　元器件的引脚成形

一、元器件的引脚成形目的

元器件的引脚成形技能是电子装配工的基本技能。元器件的引脚间距大小各异，而印制电路板的元器件孔距是根据整机体积大小以及印制电路板的体积大小而设定的。如果将元器件引脚直接插入印制电路板的焊孔中会带来困难。为了解决这个问题，必须要在插件之前调整元器件引脚的间距，即改变元器件引脚的原始间距，使之符合印制电路板的焊孔间距。这种将元器件的引脚进行调整使之符合插件要求的过程就叫引脚成形，而多、快、好的引脚成形技术就是引脚成形技能。现在，元器件的引脚成形可以采用机器进行加工，其一致性好、速度快。本节主要是介绍元器件的手工成形技能。

对元器件引脚成形不仅是为了使其符合装配要求，同时也是为了使装配后电路板更加美观、坚固，有利于提高整机的性能和质量。

二、元器件的引脚成形方法

元器件引脚成形方法中除了对元器件引脚成形，还包括相关连接线的成形技能。由于连接线的装接是元器件装配中的第一项内容，所以将连接线成形方法放在首位介绍。

1. 连接线的成形与安装

在设计印制电路板时，由于电路图比较复杂，而不能把某根线路连贯设计时，就要借助一根或几根很短的金属线将两根线路进行连接，使之成为通路。这种场合下的金属线也叫"短接线"，或称为"短路线"。

安装短接线，是因为在印制电路板设计中，由于电路比较复杂，而又不能把许多应该相互连接的元器件连贯地连接在一条线路上，这时就要借助一根或多根"短接线"将一连串的断续的线路进行连接，使之成为通路，使被相连接的多个元器件之间符合电气连接要求。短接线在多用电路板上也可以使用。

短接线通常使用直径为 0.35 ～ 0.45 mm 的镀银铜丝，镀银铜丝也可使用焊接后剪下的电阻器引脚来代替。

短接线在安装前需要根据两焊盘（孔）间的距离对其进行成形操作，从而使短接线安装后与电路板表面保持平整效果。短接线的成形也可以与安装合二为一，具体方法如下：

（1）取一根长度合适的镀银铜丝，左手拇指和食指捏住连接线一端，将其插入印

106

制电路板的某焊孔中（见图 3-7），镀银铜丝插入印制电路板中的长度由左手控制。

（2）用左手食指将镀银铜丝向自己的身体内侧方向压折弯 45°（见图 3-8），注意压折处要紧贴印制电路板。

（3）用镊子将镀银铜丝在其与两焊孔间距相仿的位置弯折 90°，弯折处在自己身体的内侧方向（见图 3-9）。

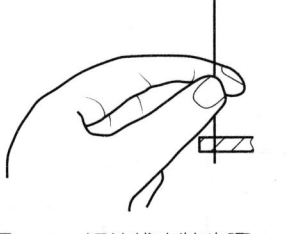 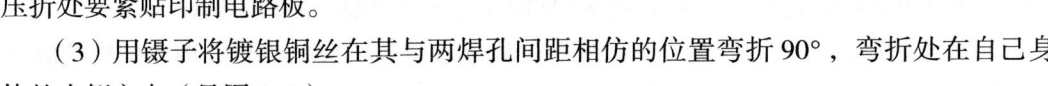 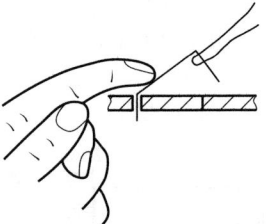

图 3-7　短接线安装步骤 1　　　图 3-8　短接线安装步骤 2　　　图 3-9　短接线安装步骤 3

（4）右手用镊子夹住镀银铜丝，将其插入焊孔中（见图 3-10）。

（5）用右手食指和镊子同时将镀银铜丝压入焊孔中，再用镊子根部的平面将镀镀银铜丝压平，使镀银铜丝紧贴电路板（见图 3-11），这样一根短接线就安装成功了。

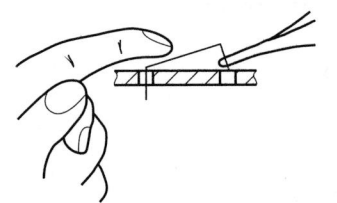 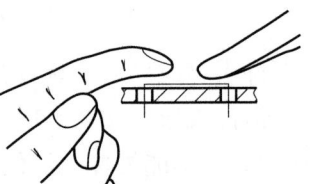

图 3-10　短接线安装步骤 4　　　　　　图 3-11　短接线安装步骤 5

短接线在焊接前，应用安装压板将多根短接线同时压住，然后用夹子将安装压板与印制电路板夹紧，再将电路板翻过来（焊接面向上）放置，最后对短接线进行逐一焊接。使用安装压板的辅助焊接方法，可以提高焊接质量和焊接效率。

对焊接的短接线要进行焊接质量检查，并对过长的短接线的引脚进行剪切处理，以防引脚间发生短路。

现在很多企业把短接线的间距要求进行了规范化和标准化，所以这些企业就能实现用机器设备对短接线进行统一成形，从而使短接线的引脚间距统一以及短接线成形后的形状统一，保证了短接线在电路板装配中的质量要求和美观度。

2. 元器件引脚的成形

（1）元器件引脚成形种类。元器件的原始安装形式分为立式安装元件和卧式安装元件两种。为了适应印制电路板的安装需要，将元器件的引脚进行成形，以改变元器件的原始安装形式，这种技能叫元器件引脚成形技能。

将元器件引脚进行成形后，形成立式和卧式两种外形。这两种后期安装形式，是通过将原始的立式元器件或是卧式元器件进行成形后而产生的。如对原始的立式元器件进行立式安装，则无须进行引脚的成形，因为原始的立式元器件具有立式安装功能。如需要将立式元件进行卧式安装，则必须将其进行引脚成形（见图3-12）。

如对原始的卧式元器件进行卧式安装，则无须进行引脚的成形，因为原始的卧式元器件具有卧式安装功能。如需要将卧式元件进行立式安装，则必须对其进行引脚成形（见图3-12）。

其他外形的元器件的成形可参照图3-12所示进行。

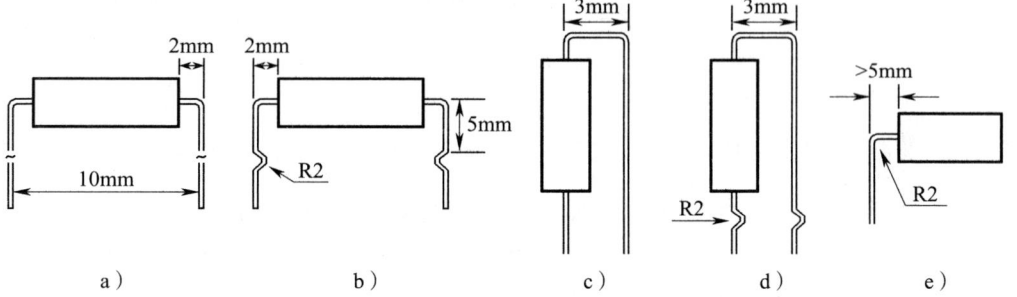

图3-12　元器件引脚成形示意图

a）卧式元件的普通卧式成形　b）卧式元件的架空卧式成形　c）立式元件的普通立式成形
d）立式元件的架空立式成形　e）立式元件的卧式成形

对元器件引脚成形的工具有金属镊子、尖嘴钳等。

（2）元器件成形的注意事项

1）成形时，不能损坏元器件。

2）成形时，不能碰掉元器件上的标志，如字符、色环等。

3）成形时，不能损伤元器件引脚上的焊接涂层，如涂银层、涂锡层、涂金层等。

（3）元器件成形要求。元器件引脚的延伸部分尽量与元器件本体的中轴平行。安装在焊孔中的元器件引脚应尽量与板面垂直，以使元器件得到足够的压力释放要求。

1）引脚弯曲长度要求。引脚弯曲处与引脚根部间的距离 H 应大于 0.8 mm 为合格，如小于 0.8 mm 为不合格（见图3-13）。

2）元器件弯曲弧度要求。元器件成形时的弯曲弧度，根据元器件引脚的直径而定（见图3-14及表3-1）。

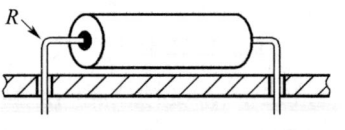

图3-13　引脚弯曲长度示意图　　　　图3-14　引脚弯曲弧度示意图

表 3-1　元器件引脚内侧的弯曲弧度要求　　　　单位：mm

元器件引脚的直径或厚度	引脚内侧的弯曲半径 R
<0.8	1.0× 直径（厚度）
0.8 ～ 1.2	1.5× 直径（厚度）
>1.2	2.0× 直径（厚度）

（4）安装压板式焊接方法。压板式辅助焊接方法是一种操作性十分好的焊接方法。

首先将电阻器及类似于电阻器尺寸的元件（如二极管等）插在电路板上，用安装压板对合在电路板上，然后用大夹子将安装压板与印制电路板压紧，再将印制电路板翻过来（焊接面朝上）放置，最后对电阻器等进行焊接了。

安装压板的制作方法：取 1.2 ～ 1.5 mm 厚的环氧电路板或纸质电路板作为基板，然后在基板上铺上 1 cm 厚的海绵，再包上棉质布材，一块自制的安装压板就制作成功了。安装配板实物（海绵一面）如图 3-15 所示。

图 3-15　安装压板实物（海绵一面）

安装压板有海绵的一面，装配中用于压住二极管、电阻器等低矮的元件之用；安装压板没有海绵的一面，用于按压引脚比较高的元件，如三极管、电解电容器等。

第 3 节　元器件的装配

电子元器件的装配是电子专业中的一项基本技能。

一、元器件的插装

插装就是把各种元器件根据印制电路板的装配要求插到指定的位置、指定的焊孔中。稳、准、快、好的插装方法就是插装技能。

二、元器件插装的基本动作要领

1. 取元器件

用单手或双手同时从元件盒中取出元器件，切记不能拿错或拿后又丢掉。

2. 插元器件

将元器件迅速、准确地插入指定的焊孔中，并应根据元器件的成形特点，确定其插入的高度（连接线和卧式安装的电阻器应紧贴印制电路板，使元器件成形处紧靠印制电路板；发热元器件应远离电路板一定距离，从而使发热元器件架空）。

三、元器件插装要求

取件稳，插件准，速度快，无损坏（不损坏元器件）；准中求快，快而不乱。

四、元器件插装的注意事项

（1）不能将元器件插错。

（2）插装时不能用力过大，以免损坏元器件。

（3）插装时不能碰掉元器件上的标识，如字符、色环等。

（4）不能把元器件的引脚压弯，以免影响下道工序（焊接工序）的质量。

五、元器件插装技能的练习方法

1. 装黄豆训练法

取一只容器，上盖上装一根直径为 10 mm、长为 30 mm 的塑料管。训练时，用手将黄豆从塑料管中放入容器中。

训练要求及评价：左、右手同时进行取放，每分钟放入 40 粒为及格；每分钟放入 50 粒为良好；每分钟放入 60 粒为优秀。

2. 模拟插装训练法

取一块多用电路板，并将其架空 40 mm。架空的方法：用四根长 40 mm 的螺钉固定在多用电路板的四个角上。或者用 40 mm 左右高的元件盒的盒盖作为多用电路板的底托。将电阻器成形成卧式形状，其引脚间距为 10 mm。训练时，将电阻器一一插入多用电路板上。

训练要求及评价：左、右手同时插元件，每分钟插入 40 个电阻，每个电阻紧贴电路板，无损坏、损伤电阻器为及格；每分钟插入 50 个电阻，每个电阻紧贴电路板，无损坏、损伤电阻器为良好；每分钟插入 60 个电阻，每个电阻紧贴电路板，无损坏、损伤电阻器为优秀。

3. 仿真插装训练法

取一块多用电路板，并将其架空 40 mm。取 10 种阻值的电阻器 60 只。

训练要求及评价：60 只电阻分成六排插入，每排 10 只电阻 10 种阻值，并规定 10 种阻值的安排顺序，左、右手同时插入。每分钟插入 40 个电阻，每个电阻紧贴电路板，无损坏、损伤电阻器，阻值排放符合要求为及格；每分钟插入 50 个电阻，每个电阻紧贴电路板，无损坏、损伤电阻器，阻值排放符合要求为良好；每分钟插入 60 个电阻，每个电阻紧贴电路板，无损坏、损伤电阻器，阻值排放符合要求为优秀。

六、元器件插装技术要求

1. 卧式元器件的卧式插装标准

元器件的两端应与印制电路板平行，以使元器件获得支撑强度。元器件的底部与印制电路板之间的距离 D 为 0.1 ~ 1.5 mm 判为正确（见图 3-16）；如元器件插装与电路板不平行，如图 3-17 所示，D 为 1.6 ~ 4 mm，但仍有一定的支撑力度，判为可接受插装。

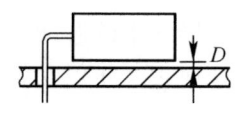
图 3-16　正确卧式插装

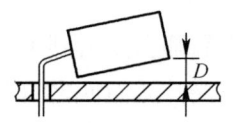
图 3-17　可接受卧式插装

如果元器件的底部与印制电路板之间的距离大于 4 mm，已经没有支撑力度，判为不接受插装，如图 3-18 所示。

2. 立式元器件的立式插装标准

立式元器件插装时，其引脚的金属部分与印制电路板之间的高度 D 应在 1.5 ~ 4 mm 为合格（可接受），如图 3-19 左图所示。低于 1.5 mm 或高于 4 mm 均为不合格（不可接受），更不能将引脚的端部插入焊孔中而造成虚焊，如图 3-19 右图所示。

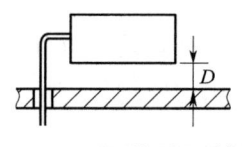
图 3-18　不可接受卧式插装

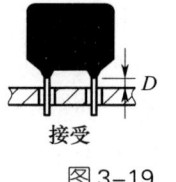
接受　　　不可接受
图 3-19　立式插装

3. 立式元器件的卧式插装标准

立式元器件进行卧式安装时，元器件应尽量靠近印制电路板，以使元器件安装稳固。图 3-20 中 D 在 0.1 ~ 1.5 mm 范围判为正确。

图 3-21 所示的元器件只有一端贴近印制电路板，尚有一定的支撑强度，为可接受。

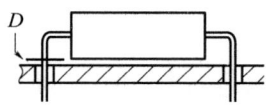
图 3-20　正确的立式元器件卧式插装

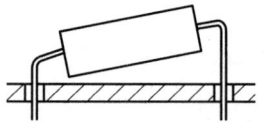
图 3-21　可接受立式元器件卧式插装

图 3-22a 所示的元件本体远离印制电路板 4 mm 以上，为不接受。

图 3-22b 所示元件引脚不符合压力释放要求，为不可接受。

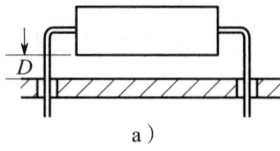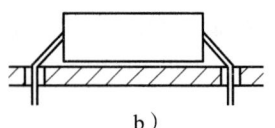

图 3-22　不可接受的立式元器件卧式插装
a）D>4 mm　b）引脚成形不正确

第 4 节　绝缘导线的加工

每个电子产品都会使用到绝缘导线，以便通过绝缘导线中的芯线，将电路中的某些元器件进行连接，从而使之符合电子产品电路的设计要求。所以，对绝缘导线的加工方法，是一项电子专业的基础技能。

一、绝缘导线的加工工具

1. 剥线钳

剥线钳是导线加工的专业工具。每个剥线钳都有几个剥口，可以适应粗细不同的几种导线的加工需要。

使用时，应根据被加工导线中芯线的粗细，合理选择剥口。如果剥口选择偏小，则剥线时就会损伤芯线；如剥口选择偏大，则无法剥离导线绝缘层。

2. 剪刀

剪刀是导线剪裁的必备工具。剪刀除具有对导线的剪裁功能以外，还能对导线进行剥头。使用剪刀对导线进行剪裁时，剪切要果断，用力要均匀。由于剪刀的刀刃硬度有限，所以不适合剪切较粗的导线。使用剪刀对导线进行剥头时，应选用刀刃的中、后部进行剪切，这样能较好地控制剪刀的合力，提高剥头效率。剪刀剥头中，刀刃只能切入导线的绝缘层，而不能伤及芯线或切断芯线。

3. 尖嘴钳

尖嘴钳上有一个切口，能用来进行导线加工。由于尖嘴钳的切口不太锋利，所以比较适合对单根粗芯线的导线进行加工，而不太适合加工细导线或多芯导线。

4. 斜口钳

斜口钳上有一个切口，也可以用来对导线进行剪裁和剥头，但不太适合细导线的剪裁和剥头。

二、绝缘导线加工的步骤及方法

1. 剪裁

根据连接线的长度要求，将导线剪裁成适当的长度。剪裁时，要将导线拉直再剪，以免造成线材浪费。

2. 剥头

将绝缘导线去掉一段绝缘层而露出芯线的过程叫剥头。剥头时，要根据安装要求选择合适的剥除长度。剥头过长会造成线材浪费，而剥头过短又不能使用。

3. 捻头

将剥头后剥出的多股松散的芯线进行捻合的过程叫捻头。捻头时，应用拇指和食指对其顺时针或逆时针方向进行捻合，并使捻合后的芯线与导线平行，以方便安装。捻头时，应注意不能损伤芯线。

4. 涂锡（搪锡）

将捻合后的芯线用焊锡丝或松香加焊锡进行上锡处理叫涂锡。芯线涂锡后，可以提高芯线的强度，更好地适应安装要求，减少焊接时间，保护焊盘焊点。

三、绝缘导线加工的技术要求

（1）不能损伤或剥断芯线。
（2）芯线捻合要又紧又直。
（3）芯线镀锡后，表面要光滑、无毛刺、无污物。
（4）不能烫伤绝缘导线的绝缘层。

第5节 线 扎 加 工

一、线把扎制

由于电子设备整机线路有的很复杂，电路连接所用的导线较多，如果不进行整理，则显得十分混乱，既不美观，也不便于查找。为此，在电子设备整机装配工作中，常用线绳或线扎搭扣等把导线扎制成各种不同形状的线扎（或称线把、线束）。通常线扎图采用1∶1的比例绘制，以便在图样上直接排线。线扎拐弯处的半径应比线束直径大两倍以上。导线的长短应合适，排列要整齐美观。线扎分支线到焊点应有10～30 mm的长度余量，不要拉得过紧，以免在焊接、振动时将焊片或导线拉断。导线走线要尽量短，并注意避开电场的影响。输入、输出的导线尽量不排在一个线扎内，以防引起自激；如果必须排在一起，则应使用屏蔽导线。射频电缆不排在线扎内。电子管两根灯丝线应拧成绳状之后再排线，以减少交流噪声干扰。靠近高温热源的线束容易影响电路正常工作，应有隔热措施，如加石棉板、石棉绳等隔热材料。

在排列线扎的导线时，应按工艺文件中导线加工表的排列顺序进行。导线较多时，排线不易平稳，可先用废铜线或其他废金属线临时绑扎在线束主要点位置上，然后再用线绳从主干线束绑扎起，继而绑分支线束，并随时拆除临时绑线。导线较少的小线扎，也可按图样从一端随排随绑，不必排完导线再绑扎。绑线在线束上要松紧适当，过紧易破坏导线绝缘，过松线束不挺直。

每两线扣之间的距离可以这样掌握：线束直径在 10 mm 以下的为 15 ~ 22 mm，线束直径在 10 ~ 30 mm 的为 20 ~ 40 mm，线束直径在 30 mm 以上的为 40 ~ 60 mm。绑线扣应放在线束下面。

绑扎线束的材料有棉线、亚麻线、尼龙线、尼龙丝等。棉线、亚麻线、尼龙线可在温度不高的石蜡或地蜡中浸一下，以增强线的涩性，使线扣不易松脱。

二、线束绑扎方法

1. 线绳绑扎

图 3-23a 所示是起始线扣的结法，先绕一圈拉紧，再绕第二圈，第二圈与第一圈靠紧。图 3-23b、c 所示是中间线扣的结法，其中，图 3-23b 所示为绕两圈后结扣，图 3-23c 所示是绕一圈后结扣。终端线扣如图 3-23d 所示，先绕一个像图 3-23b 所示那样的中间线扣，再绕一圈固定扣。起始线扣与终端线扣绑扎完毕应涂上清漆，以防止松脱。

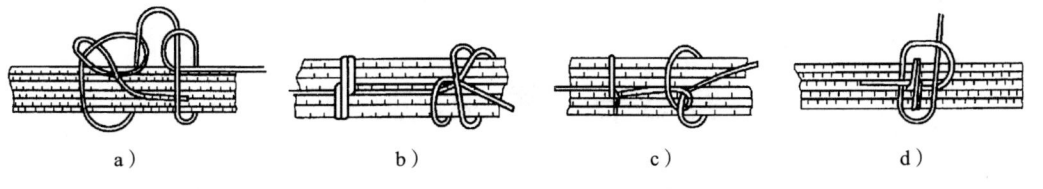

a)　　　　　　b)　　　　　　c)　　　　　　d)

图 3-23　线束线扣绑扎示意图

线束较粗、带分支线线束的绑扎方法如图 3-24 所示。在分支拐弯处应多绕几圈线绳，以便加固。

2. 黏合剂结扎

导线较少时，可用黏合剂（四氯化呋喃）黏合成线束，如图 3-25 所示。黏合完不要马上移动线束，要经过 2 ~ 3 min 待黏合剂凝固后再移动。

3. 线扎搭扣绑扎

线扎搭扣有许多式样，如图 3-26 所示。用线扎搭扣绑扎导线时，可用专用工具拉紧，但不要拉得过紧，过紧会破坏搭扣锁。在适当拉紧后剪去多余长度即完成一个线扣的绑扎，如图 3-27 所示。

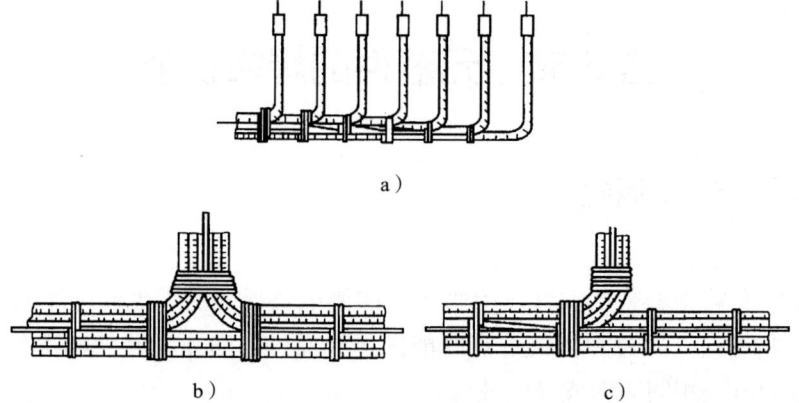

a)

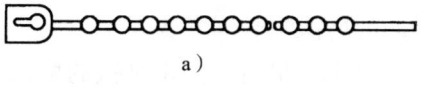

b)

c)

图 3-24　线束较粗、带分支线线束的绑扎方法

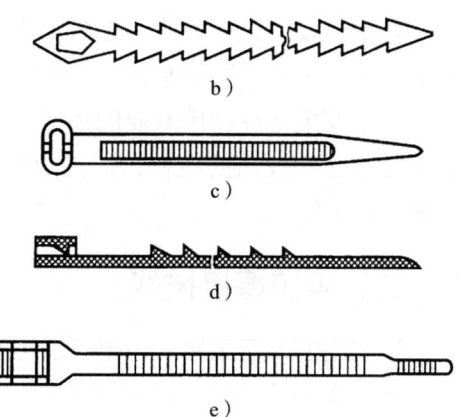

a)

b)

c)

d)

e)

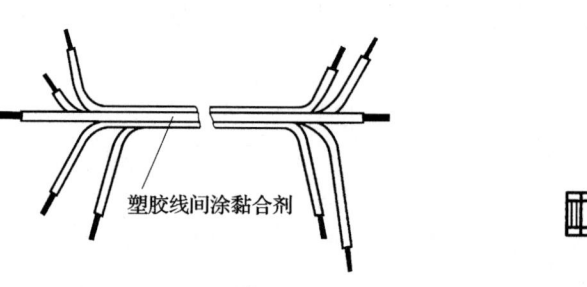

塑胶线间涂黏合剂

图 3-25　导线黏合示意图

图 3-26　线扎搭扣式样

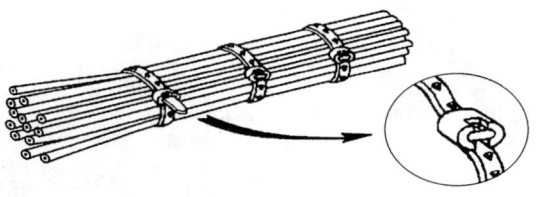

图 3-27　线扎搭扣绑扎示意图

第6节　元器件的焊接技能

一、焊接与焊接种类

1.焊接

用专用工具将元器件的引线（引脚）与印制电路板上的焊盘通过焊锡将它们相连接的过程，叫焊接。经过焊接的焊点既能固定元器件（防止元器件松动），又能使元器件与焊盘的电位相同而形成导电效应。

2.焊接种类

焊接分手工焊接和机器焊接两种。

手工焊接又叫人工焊接，是一种最普通的焊接方法。手工焊接的焊接工具是烙铁。用电加热的烙铁叫电烙铁；用炉火加热的烙铁叫火烙铁；如用气体燃烧后而达到加热目的的烙铁叫气体烙铁。

手工焊接时，利用烙铁的烙铁头的热能对元器件、焊盘及焊锡同时加热，使焊锡形成流动的液态状，并使液态状的焊锡迅速包围元器件的引线并沾满整个焊盘；待焊锡冷却后，使元器件及焊盘在焊锡的作用下形成一个圆形固体状。

机器焊接是一种用专业的焊接工具、焊接方法而形成的焊接形式。机器焊接需要专业的设备和较高的投资，但其焊接质量好，焊接速度快，便于大批量生产等优点，而被企业所使用。

二、手工焊接技能

1.常用的焊接工具——电烙铁

电烙铁是手工焊接的专用工具。普通电烙铁主要适合于手工焊接，如图 3-28 左图所示，如需焊接贴片元件，使用热风枪等焊接工具较适合，而且焊接多引脚的集成电路会更加方便，如图 3-28 右图所示为一种二合一焊接工具（热风枪和电烙铁）。

图 3-28　元器件焊接工具

2. 烙铁的作用

对焊料（焊锡）加热，并使其形成流动的液态状，使液态状的焊锡迅速包围元器件的引线并沾满整个焊盘。

3. 使用电烙铁的注意事项

（1）使用前检查电烙铁的绝缘性能和完好程度。检查时用万用表 $R \times 1k$ 挡，分别测量烙铁头与电源插头两个插片间的直流电阻值，应为无穷大；检查烙铁芯的直流电阻值，20W 烙铁芯为 $2k\Omega$ 左右，35W 烙铁芯为 $1.3k\Omega$ 左右。

（2）检查电烙铁电源线、插头有无破损或损坏。如有应及时更换。

（3）对烙铁头进行上锡，以提高焊接质量。如果烙铁头无法镀锡或烙铁头已氧化，可用锉刀修整。注意长寿命烙铁头不能用锉刀修整。

（4）平时或是烙铁加热后，不能拿它玩耍，以防烫伤及触电。

4. 电烙铁的检修技能

以内热式电烙铁为例，介绍检修技能。

（1）用螺钉旋具拧下烙铁柄上部的电源线锁定塑料螺钉，轻轻拧下电烙铁绝缘手柄。

（2）拧松两只铜接线柱上的螺母，取下已损坏的烙铁芯。

（3）装上经万用表测量合格的烙铁芯，装上电源连接线，拧紧两只铜接线柱上的螺母。

（4）用万用表测量两只接线柱，以判断烙铁芯装上后是否完好，并判断电源线不短路。同时，还要测量电烙铁的绝缘性能：将万用表置 $R \times 10k$ 挡，一只表笔触紧烙铁头，另一只表笔分别接两只接线柱，万用表阻值应为 ∞。

（5）拧上电烙铁绝缘手柄，拧好电源线锁定螺钉。

（6）用万用表再次检测电烙铁的绝缘性能和烙铁芯的直流电阻值。

5. 电烙铁的焊接方法

将电烙铁搁在烙铁架上，然后将电烙铁电源插头插入 220V 交流电源插座。待烙铁头温度升高到可以熔化焊锡后即可使用。左手拿焊锡，右手握烙铁（握烙铁的姿势一般与握笔姿势相仿），具体焊接步骤如下：

（1）将烙铁头与电路板成 45°（见图 3-29），对元器件引脚、印制电路板焊盘同时加热。

（2）将焊锡也对准烙铁头使其熔化，至液态锡流动而包围引脚、沾满焊盘后，迅速停止加锡。

（3）将烙铁头呈 45° 迅速撤离焊点。

（4）继续保持不移动元器件或电路板，以防元器件引脚在焊锡未完全凝固之前，在焊点中造成松动而形成虚焊。

（5）为了使焊点能迅速凝固，可对着焊点吹气，待焊点的焊锡凝固后，焊接即完成。

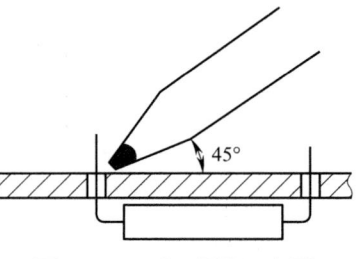

图 3-29　手工焊接示意图

三、焊接技术要求

1. 焊点外形要求

（1）焊点光滑、无毛刺。

（2）焊点的大小适中，一致性好（见图3-30）。如果元器件较大，可适当增大焊点，则在撤离烙铁时的烙铁角度小一些；如需要焊点小一些，则在撤离烙铁时的烙铁角度应大一些。

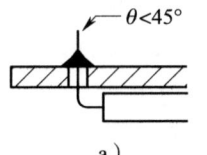 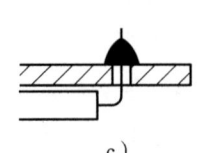

图 3-30　焊接质量示意图

a）焊点好　b）焊点较好　c）焊点差

（3）焊接中不能把元器件引脚压弯，应使元器件引脚在焊锡中保持与焊盘垂直，以方便元器件在检修中能进行顺利拆焊。

2. 手工焊接的实用标准

（1）焊点表层总体光滑，与焊接零件有良好润湿。部件的轮廓容易分辨。焊接部件的焊点有顺畅连接边缘，表面形状呈凹状，如图3-31所示。

（2）可接受焊点。必须是当焊锡与待焊表面形成一个小于或等于45°的连接角时，能明确表现出浸润和黏附，如图3-32所示。

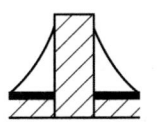

图 3-31　焊点形状

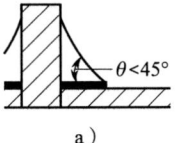 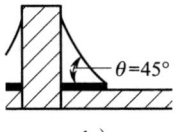

图 3-32　可接受焊点

a）接受焊点　b）可接受焊点

（3）不接受焊点——焊锡量过多，使焊锡蔓延出焊盘，或使焊锡蔓延至阻焊层，如图3-33所示。

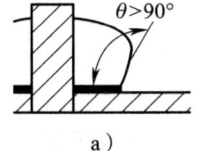 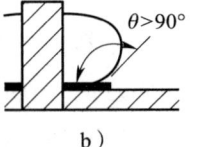

图 3-33　不接受焊点

a）焊锡过多　b）未填满横盘

手工焊接从外形判断时，其形状标准如图 3-31 所示。焊点的坡度小于 45° 为接受（合格）（见图 3-32a）；焊点坡度等于 45° 为可接受（见图 3-32b）；焊点坡度大于 45°（焊点大）为不接受（见图 3-33a）；焊点坡度大于 45°，且焊锡未焊满焊盘底部为不接受（见图 3-33b）。

3. 焊接的技术要求

（1）焊点无空洞区域或表面瑕疵。

（2）引脚和焊盘润湿良好。

（3）引脚形状可辨识。

（4）引脚周围 100% 有焊锡覆盖。

（5）焊锡覆盖引脚，在焊盘或导线上有薄而顺畅的边缘。

（6）焊锡不能接触元件引脚弯曲处或元件本体。

四、元器件引脚的剪切要求

元器件引脚剪切后，其露出焊点的高度 D 为 0.5 ~ 1 mm，高度低于 0.5 mm 或高于 1 mm 为不接受，如图 3-34 所示。

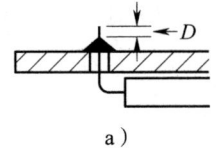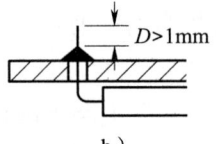

图 3-34　引脚高度示意图

a）接受　b）不接受

五、焊接技能练习方法

1. 焊接注意事项

印制电路板是用某种黏合剂把铜箔压粘在绝缘板上而制成。绝缘板的材料有环氧玻璃布板和酚醛绝缘纸板。

在用电烙铁对环氧玻璃布绝缘板的印制电路板进行焊接时，其焊接的允许温度通常为 140 ℃ 左右，而 20 W 内热式电烙铁的烙铁头温度一般为 230 ℃ 左右，远高于印制电路板的允许温度；而且铜箔的膨胀系数与绝缘板的膨胀系数也不同。当焊接温度过高、时间过长都会引起印制线路（铜箔）的剥落，即铜箔与绝缘板之间脱胶现象，严重的还会引起印制电路板气泡和变形。所以，在对印制电路板进行手工焊接时，要注意以下几个方面：

（1）要时刻保持烙铁头的清洁，以便使烙铁头的温度能迅速地传给被焊金属，从而减少焊接时间，提高焊接质量。

（2）要确保烙铁头焊接面平滑，以防焊接中刮伤焊盘。

（3）焊接时要使烙铁头确实紧靠元器件的引脚和焊盘，以便使被焊接金属均能同时受热。

（4）上锡时，焊锡丝要对着烙铁头，以便使焊锡丝能迅速地熔化而包围元器件的引脚，并沾满整个焊盘。

（5）如果第一次焊接不太满意而需要修理焊点时，也要对同一焊点的焊接有片刻的间隔，而使该焊点有一个降温过程，不致温度过高。

2. 具体训练方法

选用废旧的印制电路板进行练习，并以安装连接线作为基本训练方式。

（1）一次安装 20 根连接线，焊接 40 个焊点，作为一次体会练习。

（2）再安装 20 根连接线，焊接 40 个焊点。第二次的焊接时间应比第一次时间短，而且焊接质量也应有较大的进步。

（3）第三次安装 40 根连接线，焊接 80 个焊点。焊点的焊接形状一致性要达到50%，焊点的一次成功率要在 80% 以上。

（4）拆除所有焊点，清理焊盘，清理焊孔（参见本章"第 7 节　元器件的拆焊"内容）。以便于再次进行焊接训练。

3. 多用电路板的焊接技能训练

印制电路板上的焊盘有大有小，这些大小不一的焊盘，是根据所安装元器件的外形大小而设定的。通常焊盘的外径在 3 mm 以上，所以作为第一次焊接的练习内容较为合适。而且，废旧的印制电路板取材方便，费用低廉。

多用电路板也是用敷铜板制成的一种电路板，只是它没有具体的印制电路，只有一个一个的焊盘。多用电路板的每个焊盘直径一般只有 2.5 mm 左右，有的多用电路板的焊盘直径只有 2 mm。这样小的焊盘，对练习焊接技能，提高焊接水平是十分有好处的。

六、贴片元件的焊接技能

1. 焊接工具

贴片元件由于体积小，所以不能使用普通电烙铁，特别不能使用普通的烙铁头来焊接贴片元件。

适合焊接贴片元件的烙铁头是尖头形烙铁头，或者是 $\phi 1$ mm 以下的斜口烙铁头，或者是刀头形烙铁头。图 3-35 所示是 3 种适合焊接贴片元件的烙铁头形状。

图 3-36 所示是 T12 烙铁芯（头）外形实物示意图，这种烙铁芯（头）发热速度很快，通电后 5 s 内就能达到焊接温度，是一款特别适合焊接贴片元件的焊接工具。

T12 烙铁芯（头）使用的是 24 V 直流电压，所以 T12 烙铁芯（头）是由一个烙铁手柄和一个专用控制器组成。专用控制器能对 T12 烙铁芯（头）实现温度控制，使烙铁芯（头）的发热温度在 200 ～ 400 ℃之间自由调节，使电烙铁适应对多种大小不一的焊点进行焊接。如焊接贴片元件，烙铁头的温度控制在 260 ℃比较合适；焊接一般分立元器件，烙铁头的温度控制在 320 ℃为宜；焊接较大的焊点时，烙铁头的温度可以调到 360 ℃左右。而且这种烙铁芯还具有防静电隔离效果，也比较适合焊接集成电路。

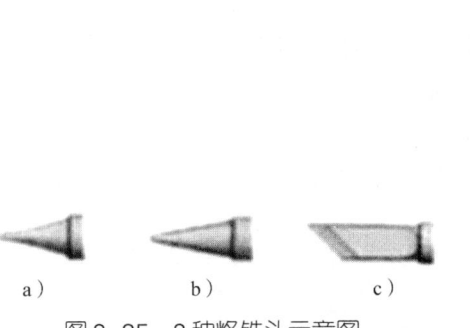

图 3-35　3 种烙铁头示意图

a）I 型　b）B 型　c）K 型

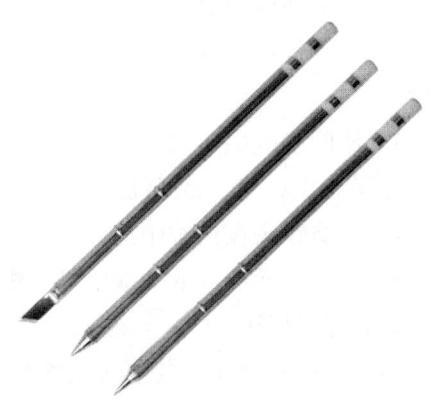

图 3-36　T12 烙铁芯（头）外形实物示意图

2. 贴片元件的焊接

（1）焊接工具。焊接贴片元件，要准备一把防静电的尖头镊子和烙铁头清洁钢丝球或清洁棉，如图 3-37 所示。还要准备焊锡和松香。

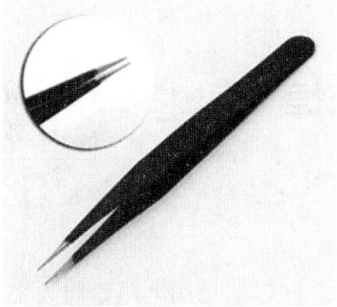

图 3-37　防静电镊子和清洁钢丝球清洁棉实物图

在使用清洁棉前要将其浸湿，并将清洁棉中的水分压干。由于清洁棉中有一定的水分，烙铁头在清洁棉上清洁时会降低烙铁头的温度，所以效果不是最理想的。使用钢丝球对烙铁头进行清洁效果比较好，操作方法如下：

将钢丝球放在烙铁架中，如图 3-38 所示，每次烙铁使用完后再放入烙铁架的同时，实际上也就是插入了钢丝球中，从

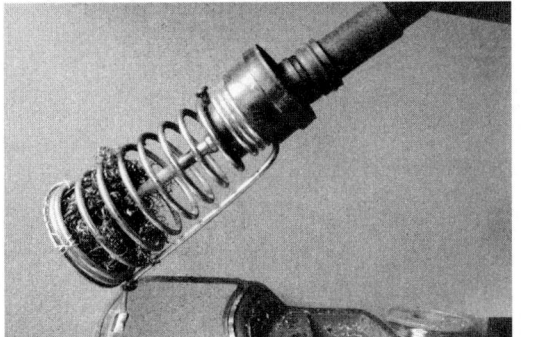

图 3-38　钢丝球清洁法

而使烙铁头上的污垢得到及时的清除。当再次使用时，烙铁头也是干净的。

（2）贴片元件的焊接步骤和方法

1）如使用调温电烙铁，将烙铁温度调节在 260 ℃左右。如使用普通电烙铁，应选功率在 15 ～ 20 W 的电烙铁。

2）检查焊盘，如果有氧化现象，应对焊盘预先上锡，以减少焊接时间，提高焊接质量。

3）用防静电尖头镊子夹持贴片元器件，将贴片元器件置于电路板的焊接位置，元器件与焊盘要对齐，要保证元器件的放置方向正确。

4）将烙铁头在松香中清洁，并上少许焊锡。

5）将贴片元器件的一端电极与焊盘焊接，然后再将贴片元器件的另一个电极与另一个焊盘进行焊接。

（3）贴片元器件焊接中的注意事项

1）焊接贴片元器件时，烙铁头上的焊锡不能多。

2）焊接时，采用从上至下的拉焊方式，可以得到焊接面与电路板焊盘成 45° 的优质焊接质量。

3）焊接时间不能超过 3 s，以防止元器件被损坏。

4）如果发现焊接不理想，应间隔数秒后再进行修焊。修焊时要先擦干净烙铁头上的焊锡，并使烙铁头保持上锡良好和清洁。

第 7 节　元器件的拆焊

一、拆焊

拆焊是电子工艺中的一项技能，与焊接技能同样重要。拆焊就是用电烙铁将元器件从印制电路板上取下来。例如，工作在装配流水线的总检工序时，当发现前面的工序把元器件装错，就得用拆焊技术将错件拆下，重新换上正确的元器件。又如，在总调试工序，当发现元器件由于波峰焊接或调试中损坏时，就得用拆焊技术将损坏元器件拆下。

二、拆焊的技术要求

1. 不能损坏被拆元器件以及元器件的标识字符。

2. 不能损坏被拆元器件的焊盘。

3. 清理元器件引脚上的焊锡。

4. 清理焊盘。

5. 清理焊孔。

三、拆焊注意事项

1.使用夹持力较大的镊子，如医用镊子等。

2.拆焊时，不要烫坏其他元器件。

3.焊锡未熔化前不要硬拉元器件，以防损坏元器件。

四、拆焊方法

1.镊子拆焊法

（1）左手用镊子夹住元器件，做好将元器件向元器件面拉出的准备，并压住印制电路板。

（2）用烙铁头对焊点加热，待焊锡熔化后，用左手的镊子将元器件轻轻拉出，如图3-39所示。

（3）用烙铁头清理印制电路板焊孔和焊盘，做好再次焊接的准备。清理焊孔可用尖头状的金属物或采用牙签，都能收到较好的清孔效果。

2.吸锡器拆焊法

吸锡器是一种专用吸锡工具，能使对元器件的拆焊过程变得又快又好，如图3-40所示。

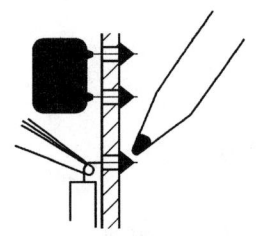

图3-39　镊子拆焊法示意图

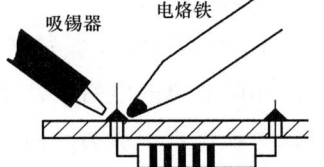

图3-40　吸锡器拆焊法示意图

（1）将电路板的焊接面向上放置。

（2）将吸锡器气阀按钮压下。

（3）将吸锡器吸嘴口对准焊点，再用烙铁头对着焊点加热，待焊锡熔化后压下气阀按钮，液态锡就会被吸锡器吸进吸管中。

如果需要清理吸管中的锡渣，只要按几次气阀按钮即可。

3.贴片元件的拆焊方法

（1）拆焊工具

1）使用尖头小功率电烙铁，以免在拆焊中损坏被拆元器件。为了在拆焊中防止感应电的影响或损坏其他元器件，最好使用具有防静电功能的电烙铁，如936型电烙铁等。

2）使用防静电的尖头镊子，提高拆焊效果和质量。

3）拆焊多引脚的贴片元器件，如使用电烙铁来拆焊是很困难的，因为尖头电烙铁的烙铁头对元器件的加热面很小，无法同时对元器件的多个引脚进行加热。这时，可以采用热风枪拆焊台来进行拆焊，能收到很好的拆焊元件的效果。热风枪拆焊台如图3-41所示。

图3-41　热风枪拆焊台

热风枪拆焊台的型号较多，可以根据各自不同的需要进行选择。图3-41所示热风枪拆焊台有一把烙铁手柄，可以作为烙铁使用，其使用效果相当于936型电烙铁。该设备还有一把热风枪手柄，便于拆焊贴片元件，特别方便拆焊各种贴片式集成电路，是维修小型电子产品不可缺少的工具。

（2）贴片元器件的拆焊

1）贴片元器件的拆焊步骤和方法

①最好使用防静电的电烙铁，将烙铁温度调节在260℃左右。

②将烙铁头在松香中清洁，但不要上锡。

③用防静电尖头镊子夹持贴片元器件，然后用电烙铁对贴片元器件的2个电极（如电阻器、电容器、二极管等）或3个电极（如三极管等）轮流进行加热。注意，每次对某个电极加热不能超过3 s。数秒钟后，元器件就会出现松动，直至将元器件从印制电路板上拆焊。

2）对贴片元器件拆焊时，需注意以下事项

①拆焊贴片元器件时，烙铁头上不能有锡，但烙铁头一定要保持良好和清洁。

②拆焊时，镊子对元器件的夹持不能过于用力，特别是拆焊初期尤其要注意。

③拆焊中，对电极（焊盘）的加热时间，每次不能超过3 s，以防止元器件损坏。

④拆焊中，要记住元器件的原来安装位置及方向，以防新元器件更换后，造成人为故障。

第4章

电子产品的装配工艺

第1节　电子产品装配工艺流程

电子产品的生产过程有：元器件采购→准备工序→装配工序→调试工序（单板调试）→总装工序→总调工序→总检工序→包装工序等。其中，准备工序和调试工序，与装接工的技能有着直接的联系。

一、元器件的采购

元器件的采购是电子产品生产的第一项工作，并与整机产品的质量及生产成本紧密相关。

采购员一般属生产部门管辖，并根据技术部门的元器件清单进行市场采购工作。对采购员的基本要求：

（1）熟悉各种元器件的性能。

（2）熟悉各种元器件的市场行情。

（3）熟练掌握元器件的测量方法。

（4）与商家的协商能力、营销能力和应变能力。

（5）以公司为家的主人翁意识。

采购员的职业要求是：克己为公、以厂为家、精打细算。

二、准备工序

准备工序就是装接前的准备工作或前期工作。准备工序的质量直接影响到装配工序的质量和工作进度。准备工作是一项繁杂而细致的工作。

有些企业的准备工序有独立的生产车间，即准备车间。这是因为准备工序有其特殊性，不便于和其他工序合在一起，同时也为了便于更好地进行生产管理和质量考核。准备工序中的内容有以下几项：

1. 元器件筛选

为了生产优质电子产品，把好元器件的筛选关是十分重要的。元器件的筛选通常作为一个作业组，即筛选组。筛选组的人数根据所需要筛选元器件的种类、数量的多少而定。筛选所用的仪器设备也是根据筛选元器件的要求而定。

对元器件筛选工的基本要求：

（1）掌握元器件的测试仪器，如晶体管特性图示仪等。

（2）熟悉被测元器件的性能指标。

元器件筛选工的职业要求是：轻拿轻放、数量准确、认真负责。

2. 元器件引脚涂锡

元器件如果其生产日期较久，引脚就会出现不同程度的氧化现象，于是就要对其进行涂锡处理。氧化严重的元器件引脚，还要进行去污处理（即用刀片将氧化层刮掉），再进行涂锡。涂锡处理过的引脚，能有效地提高装配质量。

对引脚涂锡工的基本要求：

（1）熟练使用涂锡设备。

（2）掌握各种元器件的涂锡要求。

元器件引脚涂锡工的职业要求是：轻拿轻放、吃苦耐劳。

3. 各种导线加工

各种绝缘导线是电子产品中不可缺少的，而导线的加工质量关系到总装工序是否能顺利进行的大问题。

导线加工的步骤为：裁剪导线→导线的剥头→导线的捻头→导线的涂锡→导线分类及捆扎。

导线加工者的职业要求是：裁剪线长精确、吃苦耐劳。

导线加工与元器件引脚涂锡两者有许多共同之处，通常将导线加工与元器件引脚涂锡两项内容合在一起。

三、装配工序

装配工序的主要内容就是将分立元器件逐个插装在电路板上，并将元器件焊接在印制电路板上，从而完成元器件图形符号在电路图上的连接，变成具体元器件在电路中的连接，所以也称为装接工序。

装配工序是整机生产中的一项重要工作，所以企业在生产管理中把这个工序设立成装配车间。装配车间的生产工位有装配焊接工和检验工。

1. 装配焊接工

装配焊接工通常被称作装接工，装接工是整机生产厂中人数比较多的一个工种。

装接工的工作任务是将分派安装的元器件，准确地装插到印制电路板上，然后用电烙铁将元器件焊接在印制电路板上。同时还要对元器件进行成形，为元器件的装接作好准备。所以，装接工应具备以下技能：

（1）掌握元器件的识别技能。

（2）掌握元器件引脚的成形技能。

（3）掌握电烙铁的焊接技能。

（4）掌握电烙铁的维修技能和烙铁头的修整技能。

装接工的职业要求是：眼明手快、耐心仔细。

2. 检验工

检验工是装配线上的尾部工位，负责检查装接工的生产质量，记录装接工的生产质量和生产效率。同时，对装接工出现的在允许范围内的漏焊及连焊进行加工。所以，检验工通常又是装配线的管理者。

四、调试工序

调试工序在装配工序之后，作用是对装配后的印制电路板的电气性能进行调试。为了生产的连续性，调试工序通常设立在流水线上。这种调试的形式是对一块印制电路板的调试，所以企业中称其为"单板调试"。对调试工的基本要求如下：

（1）具备电子装接工的全部技能。

（2）掌握电子仪器、仪表的使用技能，如能熟练使用示波器、频率计、毫伏表等仪器、仪表。

（3）熟悉被调试电子产品电路的工作原理。

（4）熟悉被调试电子产品电路的调试技术指标。

调试工的职业要求是：脑清眼明、认真细心。

调试工还应有很好的与其他工种人员的协作能力，例如，在装配工序中出现的元件的遗漏现象，要及时地给相关人员补上；又如，出现漏焊或连焊现象，要能及时予以纠正。

五、总装工序

将调试好的电路板与整机其他元器件进行电路连接的工作，就是由总装工来完成的。为了保护整机外形，总装工应戴手套工作。对总装工的基本要求如下：

（1）掌握电子产品的总装线路图。

（2）掌握安装工具的使用与平常的保养技能。

（3）要注意对印制电路板与各元器件的防护，以免造成人为损坏。

总装工的职业要求是：大胆谨慎、轻重合一。

六、总调工序

总调工序的作用是对总装后的整机进行整机性能的调试，以此检验整机性能。对总调工的基本要求如下：

（1）掌握整机的性能指标。

（2）掌握整机调试仪器、仪表的使用。

总调工的职业要求是：思路清晰，判断准确。

七、总检工序

总检的工作是对整机进行总体检查，如整机的使用性能、整机的外观等。

对总检工的基本要求如下：

（1）熟练掌握整机的性能指标。

（2）熟练掌握整机的使用方法。

（3）要有敏锐的判断能力和丰富的工作经验。

总检工的职业要求是：头脑清晰，判断灵敏。

因为总检是一个电子产品的最后一个检测工序，一旦疏忽就可能对用户造成极大的损害。

总检分两步，第一步是在老化前；第二步是在老化后。总检过程一定要注意对整机各个方面的保护。

八、包装工序

包装工作既要有一定体能，又要有严谨的工作态度，还要对整机外形随时注意保护，所以包装也是一项很重要的工种。

第 2 节　多用电路板的装接工艺

多用电路板（见图 4-1）是一种能适应多种电子电路连接，并能达到电路正常工作的电路板，也是学习装接技能的一种比较好的仿真工具。

经过在多用电路板上的装接训练，可以使训练者的装接能力达到技能标准。

下面以 OTL 功放电路为实例，介绍在多用电路板上的装接操作实践。图 4-2 所示为 OTL 功放电路在多用电路板上装接后的实物照片。

要高质量装接一个电子电路，严格地按照装接步骤开展装接工作，并认真分析、周密思考，都是非常必要的。OTL 功放电路的多用电路板的装接步骤如下：

一、熟悉待装接的电路图

图 4-3 所示为 OTL 功放电路图，从电路原理分析考虑，可以把电路图看成是由 3 个部分组成：一是以 VT1 为主组成的前置放大级，对 X1 端、X2 端输入的音频信号

进行放大，以获得较大的电压信号，来推动后级电路正常工作；二是以 VT2～VT4 为主组成的 OTL 放大电路，完成推动放大、自动倒相和对正、负半周音频信号放大的工作；三是以 VT5 和 VT6 为主组成的功率放大电路，对前级输出的较小的音频信号进行功率放大，使整个 OTL 功放电路达到应有的输出功率。

图 4-1　多用电路板

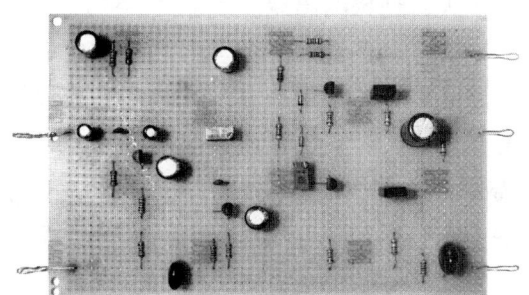

图 4-2　OTL 功放电路在多用电路板上装接后的实物

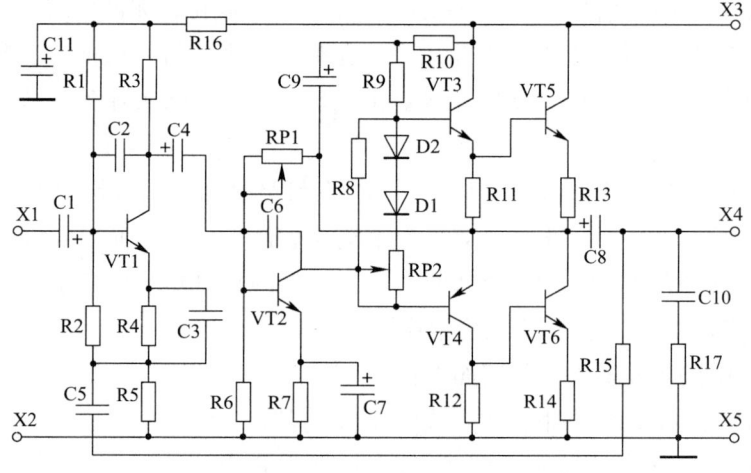

图 4-3　OTL 功放电路图

X1 与 X2 是声源输入端，X3、X5 是工作电源的正、负电压输入端，X4 与 X5 是音频输出端。X2 与 X5 是相通的公共地端，但是 X2 是小信号接地端，而 X5 则是大信号接地端，如果 X2 与 X5 接反，会使 OTL 电路出现自激现象。

为了保证装接过程的正确性与布线的合理性，结合以往的学习知识，应对 OTL 功放电路的工作原理进行简单的分析。

VT1 是一级低频放大电路，由 VT1、R1～R5、C1～C5、R15、R16 和 C11 组成。交流信号从 X1、X2 两端输入，经 VT1 放大后通过 C4 向后级输出。VT1 组成共发射极放大电路，其输入信号从三极管的基极与发射极两端输入，经 VT1 放大后从集电极与发射极两端输出，发射极是输入、输出的公共端，所以为共发射极放大电路形式。在 VT1 中使用了多种电压负反馈网络，如 R2、R4、R5、C5、R15 等元件。

当基极输入信号增大时，发射极上得到的变化电压比基极上的输入信号电压大很多，这是因为：$I_e = I_b + I_c$。从而使 $U_{be}\downarrow$（减小）$\rightarrow I_{be}\downarrow \rightarrow I_c\downarrow \rightarrow I_e\downarrow$，又使 $U_{be}\uparrow$，从而使 VT1 保持在一定的工作电流范围之内，使 VT1 组成的放大电路工作性能得以稳定。同时，通过 R2 的正反馈作用，即当信号很大时，在 R5 上的电压也会增大，从而减小了 R2 的下偏置作用，使 VT1 的基极电流有所上升，迎合了 VT1 在大信号下的放大作用，减小了失真现象的出现。

VT2 ～ VT6 组成自举互补功率放大电路，又由于使用单电源供电，故称为 OTL 功放电路。VT2 的作用是对 VT1 输出信号进行放大，以满足推动互补放大的需要。C4 将信号送给 VT2，VT2 接成共射极放大。共射极放大的目的一是满足推动互补放大的功率需要；二是使输出端的信号极性与 X1 输入端同相。VT2 的基极偏置取之于末级功放的中点电压，具有较深的电压负反馈特性，使 OTL 放大性能稳定。

VT3、VT4 组成互补放大电路。VT3 为 NPN 型三极管，VT4 为 PNP 型三极管。当 VT2 集电极输出正信号时，VT3 为正向导通，从发射极输出信号；而正信号对 VT4 为反相，所以 VT4 截止，无输出信号。当 VT2 集电极输出负信号时，VT4 正向导通，从集电极输出信号；而负信号对 VT3 为反相，所以 VT3 截止，无输出信号。在一个周期中，VT3 和 VT4 轮流导通工作，而输出一个完整的放大信号。这种有选择地对信号进行放大，不要倒相电路就能自动地完成对正或负半周信号放大任务，是互补放大电路的一大特性。

VT5、VT6 组成末级功率放大电路。VT3 发射极输出的信号推动 VT5 作末级功率放大；VT4 集电极输出的信号推动 VT6 作末级功率放大。最后通过 C8 向扬声器输送，使扬声器得到完整的音频信号。在 VT5、VT6 的发射极都接有电压负反馈电阻，用以对 VT5、VT6 起一定的保护作用和稳定作用。

OTL 功放电路各元器件的作用如下：

R1——VT1 的上偏置电阻。主要决定 VT1 的基极电流。

R2——VT1 的下偏置电阻。可以改变 VT1 的基极电流。

R3——VT1 的集电极电阻。VT1 的输出信号在 R3 上输出。

R4——VT1 的发射极电阻，又起电压负反馈作用。当基极输入信号增大时，发射极上得到的变化电压比基极上的输入信号电压大很多，从而使 $U_{BE}\downarrow$（减小）$\rightarrow I_{BE}\downarrow$，从而使 VT1 保持在一定的工作电流范围之中。

R4 的存在即稳定了 VT1 的工作性能，但也使 VT1 的放大效率受到一定影响。为了提高 VT1 的放大效率，在电路中增加了电容器 C3。C3 对 VT1 直流工作点没有任何影响，在信号放大时，C3 的作用相当于将 R4 短路，提高了输入信号的强度，从而提高了 VT1 的输出效率。

R5——VT1 的发射极电阻，又起电压负反馈作用。当基极输入信号增大时，发射极上得到的变化电压比基极上的输入信号电压大很多，从而使 $U_{BE}\downarrow$（减小）$\rightarrow I_{BE}\downarrow$，从而使 VT1 保持在一定的工作电流范围之内。同时通过 R2 还有较小的正反馈作用，即当信号很大时，在 R5 上的电压也会增大，从而减小了 R2 的下偏置作用，使 VT1

的基极电流有所上升，迎合了 VT1 在大信号下的放大作用，减小了失真现象的出现。由于 R5 阻值较小，对放大影响很小。

R6——VT2 的下偏置电阻。可以改变 VT2 的基极电流，同时共同影响着 VT2 ~ VT6 三极管的工作电流（静态工作电流）。

R7——VT2 的发射极电阻。又起电压负反馈作用。

R8——VT2 ~ VT6 静态工作电流保护电阻。以防止 RP2 调整时出现接触不良或开路现象，造成静态电流过大而损坏 VT5、VT6 功放管。

R9——VT3 的上偏置电阻，同时又是 VT2 的集电极电阻之一。改变 R9 阻值，影响到 VT2 ~ VT6 静态工作电流。

R10、C9——组成自举电路。平时 R10 对 C9 不断地进行充电，使 C9 上储存了一定的电能。由于功放电路在较小功率状态下，中点电压波动较小，基本保持在 1/2 电源电压，所以使 C9 上的电能得不到释放。在无 C9 的情况下，当功放电路的输出功率增大时，中点电压降低，同时也通过 RP1 造成 VT2 的基极电流减小，从而使输出功率减少；由于输出功率的减小使中点电压又重新升高，使 VT2 的基极电流也升高，输出功率再次增大，下面就又回到开始的情形，结果出现音乐信号时高时低的现象。由于自举电路的存在，在中点电压降低时，C9 上的电能及时地向中点输送，使中点电压保持较小的变化，克服了音乐信号时高时低现象，同时还增加了功放电路的输出功率。

R11 ~ R14——电压负反馈电阻。用以保护 VT5、VT6 在最大功率时，以免工作电流过大而损坏。

R15——R15 与 C5 组成交流负反馈电路。当功放电路有输出时，通过 R15 和 C5 取到一部分输出信号电压，使 VT1 发射极电位升高。输出功率越大，VT1 发射极电位比原先越高，使 VT1 基极电流减小，有效地防止功放电路大功率输出时所造成的失真现象。

R16——电阻 R16 与电容 C11 组成 RC 滤波电路。为 VT1 组成的前置预放级提供电源，以防止功放电路大功率输出时，电源电压的波动影响预放级。这样，当功率输出增大时，电源电压会有所降低，但由于 C11 上的储能作用，使前置预放级的电源电压相对稳定。

R17——电阻 R17 与电容 C10 组成高频干扰滤波电路。当电源中或信号源中出现高频干扰脉冲时，C10 迅速地将干扰信号对地短路，使输出信号得以纯净，有效地改善音质。

C1、C4——信号耦合作用。C1 将 X1 端的输入信号向 VT1 基极输送。C4 将 VT1 集电极端的输出信号向 VT2 输送。

C2、C6——电压负反馈作用。将三极管放大后的高频信号对基极进行反馈，使高频信号成分受到抑制，消除了音频信号中很难听的、比较令人烦躁的高音成分，从而改善音质。

C7——发射极旁路电容，作用与 C3 相同。在交流信号放大时，相当于将电阻 R7 短路，提高工作效率。

C8——输出电容。将交流信号输出给扬声器发声，而不影响电路的直流成分。

VT1——前置预放电路。用以保证有足够的信号向后级推动，从而使输出有一定的输出功率。

VT2——倒相电路。对 VT1 输入的交流信号进行放大，并在集电极输出已被放大的信号。

VT3、VT4——为互补放大。分别对 VT2、VT4 的输出信号进行有选择地放大，自动完成对正半周或负半周信号进行放大。

在互补级两只三极管的发射极或集电极串有一只负载电阻 R11 和 R12，以便为后级提供推动信号。

经过 VT3、VT4 的放大，输出功率比较小，故在 VT3、VT4 的后面加了一级功放级。末级功放级由 VT5 和 VT6 组成，均采用 NPN 三极管，为了降低制作成本，也是为了方便以后的装配。在 VT5、VT6 的发射极各串入一只电压负反馈电阻 R13、R14，用以稳定工作点，并能有效地保护 VT5 和 VT6。

二、清点所有元器件数量

清点所有元器件的数量是十分重要的工作。对表 4-1 的元器件进行清点，该 OTL 功放电路由 17 个电阻器、2 个可调电阻器、4 个电容器、7 个电解电容器、2 个二极管和 6 个三极管组成。其中在 6 个三极管中，有 3 个 NPN 型小功率三极管，一个 PNP 型小功率三极管和 2 个 NPN 大功率三极管。

表 4-1 OTL 功放电路元器件一览表

序号	名称	规格型号	数量	文字符号
1	电阻器	RJ-1/4 W-120 kΩ	1	R1
2	电阻器	RJ-1/4 W-10 kΩ	2	R2、R17
3	电阻器	RJ-1/4 W-4.3 kΩ	2	R3、R9
4	电阻器	RJ-1/4 W-2 kΩ	1	R4
5	电阻器	RJ-1/4 W-180 Ω	1	R5
6	电阻器	RJ-1/4 W-5.1 kΩ	1	R6
7	电阻器	RJ-1/4 W-200 Ω	3	R7、R11、R12
8	电阻器	RJ-1/4 W-470 Ω	1	R8
9	电阻器	RJ-1/4 W-1 kΩ	1	R10
10	电阻器	RJ-1/4 W-1 Ω	2	R13、R14
11	电阻器	RJ-1/4 W-100 kΩ	1	R15
12	电阻器	RJ-1/4 W-6.2 kΩ	1	R16
13	可调电阻器	100 kΩ（多圈调节式）	1	RP1
14	可调电阻器	1 kΩ（多圈调节式）	1	RP2

续表

序号	名称	规格型号	数量	文字符号
15	电容器	CD−2.2 μF/25 V	2	C1、C4
16	电容器	CC−220 pF	2	C2、C6
17	电容器	CD−100 μF/16 V	4	C3、C7、C9、C11
18	电容器	CL−56 nF/50 V	1	C5
19	电容器	CD−1 000 μF/16 V	1	C8
20	电容器	CL−104	1	C10
21	二极管	1N4148	2	VD1、VD2
22	三极管	CS9013	3	VT1、VT2、VT3
23	三极管	CS9012	1	VT4
24	三极管	E13003	2	VT5、VT6
25	多用电路板	150 mm×100 mm	1	
26	松香焊锡丝	φ0.8 mm	5 m	
27	涂锡连接线		2 m	

三、测量所有元器件

测量元器件是一个比较重要的环节，可以提前发现损坏的元器件，避免坏的元器件装上多用电路板后在调试时造成更大的困难。通过对元器件的测量，特别是对三极管的测量，可以将不同放大倍数的三极管装在正确的位置上。

本功放电路共使用 6 只三极管，其中 VT1、VT2 的 β 值选择在 $100 \sim 150$ 之间；对 VT3、VT4 的 β 值没有要求，但它们的 β 值必须相同或相近，两管的 β 值差距不能大于 $\pm 5\%$。VT5、VT6 的 β 值选择在 $50 \sim 100$。VT1 使用 9013 型或 9014 型，VT2 和 VT3 使用 9013 型，VT4 使用 9012 型，VT5、VT6 使用 E13003 型大中功率低频三极管。

测量 OTL 功放电路的元器件使用万用表就能达到较好的测量效果。

四、在多用电路板上进行元器件的整体布局

在多用电路板上进行合理的整体布局，关系到连线是否方便、合理和正确，还关系到整体的美观。在对多用电路板上的元器件进行整体布局时，要使用到 Protel 99SE 的设计知识，使所有连线不出现交叉的现象。

通过对 OTL 电路图的分析，可以看出只有 C9 的负极与 C8 的正极连接的一根线是穿过元器件的，而其他元器件之间的连接都是很近、很短的。所以，在布局时要对此线的走向进行重点考虑。

布局构思时可以先画在纸上，然后按照纸上的草图对多用电路板进行正式插装。图 4-4 所示是 OTL 功放电路的装配布局图。

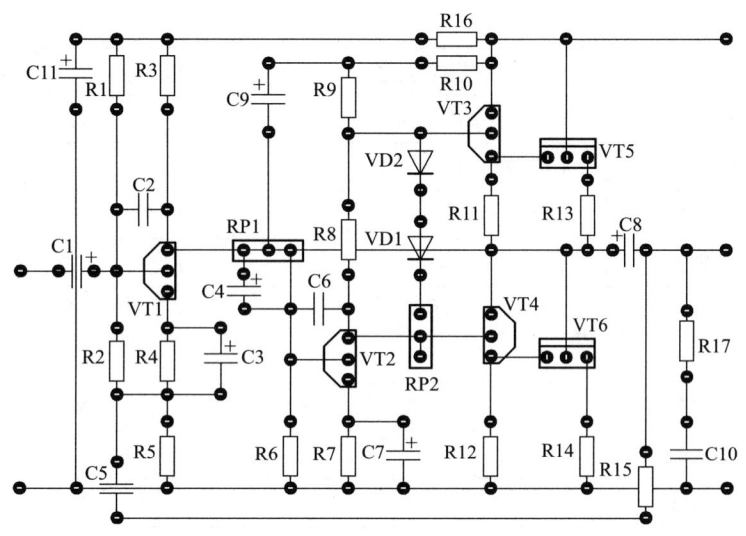

图 4-4　OTL 功放电路的装配布局图

五、元器件插装

为了避免连线断点过多而影响焊接质量，在多用电路板的焊接中，通常将同一根连线上连接的元器件用一根连线进行连接。这样就需要将同一根连接线上的所有的元器件都要首先插装在多用电路板上。由于元器件有高低和大小的差异，当元器件插装好后，很难将所有元器件进行临时固定，一旦把多用电路板翻过来，高的元器件得到桌面的支撑而保持了相对的固定，而小的、矮的元器件就会掉下来。为此，可以采用胶带临时固定插装元器件的方法，焊接后再把胶带去掉。

插装前，应将相关元器件进行成形。插装时应尽量将元器件紧贴板面，以求元器件的稳固。插装中应尽量使元器件的引脚垂直，以方便之后的焊接。

六、焊接元器件及线路连接

多用电路板具有焊点小、点距密、焊盘容易脱落等特性。要保证多用电路板的焊接质量，必须要注意以下几点：

（1）焊接要一步到位，不能多次重复焊接一个焊盘。

（2）焊点要小，以免造成连焊现象。

（3）元器件引脚与连接线的结合要合理，使连接线尽量控制在焊盘范围内。

（4）焊接时间要尽量短，以防焊盘脱落。

（5）脚距很短的连接焊点，可以使用元器件引脚做连接线。

焊接过程是多用电路板装接中很重要的一个环节，优秀的焊接技能和优质的焊接质量都是在长期练习、细心体会中逐步形成的。多用电路板的焊接质量也与焊接工具有很大的关系。

焊接时，最好是将元器件引脚与连接线一起焊接，这种方法的优点是焊点好，速度快。在焊接技能不太熟练的情况下，电路板的焊接可以分两步进行：先将元器件焊接一个引脚或全部引脚；然后根据电路图焊接连线。

为了方便连线焊接中的拐弯，建议使用长 12 cm 的医用镊子。

为了方便电路的调试，在信号输入端和信号输出端都要焊接一个连接线（见图 4-2）。

七、剪切元器件引脚，检查焊接质量与连线质量

焊接好的元器件，应根据需要对元器件引脚进行剪切，并对焊接质量进行仔细检查。

对装接质量的检查，通常采用直观检查法。就是直接用目测的方法进行检查。直观检查法的优点是简便、直观，不需要使用焊接工具和仪器仪表。对元器件引脚间的碰连，焊点的连焊、漏焊、错焊现象，都能用直观法查出。

八、OTL 功放电路的调试

电子电路装接后要保证其能正常工作，就必须对其进行调试。OTL 功放电路的调试分为静态调试和动态调试两个部分：

1. OTL 功放电路的静态调试

电路的静态调试，就是调试电路的各级的工作点，在 OTL 电路中尤其重要，因为 VT2 ～ VT6 是直接连接的，它们的工作点是互相联系的。

（1）首先将直流稳压电源的输出电压调到 8 V，先用较低电压对 OTL 电路进行预调试，这样可以很大程度地起到对被调试电路的保护作用。

（2）将 X1 引线与 X2 引线临时短路，以消除输入端对静态工作点调试的影响；将 RP1 和 RP2 逆时针调到底；将电源输出夹子接到 X3 引线和 X5 引线（正、负不能接错）。打开电源开关后就迅速关掉电源，观察电源上的电流表的瞬间反应。该 OTL 功放电路的整机静态工作电流为 10 ～ 15 mA 之间。如果电流表的读数正常，就可以继续进行调试；如果电流表的读数较大，说明电路板存在装接问题，应停止调试，并对电路板进行检查。

（3）将电源输出电压调到 12 V，再将电源输出夹子接到 X3 引线和 X5 引线上（正、负不能接错）；将万用表挡位调至直流 10 V 挡，黑表笔接 X5 端。

（4）打开电源开关，观察电流表的读数应为正常。用红表笔测 VT1 的 e 极电压为 1.5 V 左右，则 VT1 的静态工作电流为 1.5 mA 左右。

（5）顺时针调整 RP1 可调电阻器，用红表笔测量中点电压值（C8 负极以及与其相连接的各个引脚），应为略大于 1/2 电源电压值。顺时针调整 RP2 可调电阻器，使整机电流在 15 mA 以内。RP1 与 RP2 的调整有相互影响，应反复调整多次，然后关闭电源。

（6）取消 X1 与 X2 的短接线，在 X4 与 X5 端接上喇叭（4 Ω、10 W 以上喇叭）。打开电源，观察电流表应为正常。用镊子接触 X1 端，喇叭中应能发出较大的响声。

2. OTL 功放电路的动态调试

OTL 功放电路的动态调试，主要是观察功放电路在对信号进行放大时，功放电路

中心电压的摆动情况以及 OTL 功放电路的输出功率和失真度。

OTL 功放电路的动态调试是用信号发生器输出的音频信号作为 OTL 功放的输入信号的一种调试，也可以使用 MP3 等设备输出的信号作为输入信号。

（1）在 X1、X2 端接上音频信号发生器的输出信号，输出信号是一个频率为 1 000 Hz、信号幅度约为 100 mV 的正弦波；在 X4、X5 端接上扬声器；在扬声器两端接上示波器或毫伏表；在 X3、X5 端接上电源输出线。

（2）打开电源开关，扬声器中应发出 1 000 Hz 音频声，在示波器的屏幕上应为线性良好的输出波形，输出功率约为 3 W。

OTL 功放电路在 12 V 工作电压、8 Ω 负载的条件下，可输出 2 W 的输出功率。功放电路输出功率的简单计算方法

输出功率 =（输出信号电压）^{2}÷ 负载阻抗，即：

$$P_{CM} = \frac{U^2}{R}$$

（3）如使用 MP3 等设备的音乐输出信号时，应将音量电位器调节到中等音量位置，使 OTL 功放输出不失真。

（4）用万用表电压挡测量 OTL 功放电路的中心电压（C8 负极以及与其相连的各个引脚），中心电压值应在 1/2 电压摆动，摆动越小 OTL 功放电路的工作性能越好，也说明 VT3 与 VT4 以及 VT5 与 VT6 匹配得越好。

（5）该功放电路在动态状态的最大输出时，整机电流为 100 mA 左右。

九、OTL 功放电路的故障检修

如果 OTL 功放电路出现故障，或其他电路需要进行检修时，通常可以采用以下几种方法。

1. 直观检查法

直观检查法就是用目测的方法进行检查。直观检查法的优点是：方法简便，直观，不需要使用焊接工具和仪器仪表。对出现严重过电流的、其表面已有明显反映的元器件，很容易查出。对元器件引脚之间的碰连，焊点的连焊、漏焊、错焊现象，都能用直观法查出。

2. 电压、电流测量检查法

电压、电流测量检查法就是直接测量电路的相关电压值和电流值的方法。该测量法借助万用表来完成。电压、电流值能直接反映被测电路的工作状态，所以这种测量法查找故障的准确率比较高。

（1）电压测量检查法。使用万用表的直流电压挡对电路的各点电位进行测量及检查的方法叫电压测量检查法。例如，工作电源为正电压，则黑表笔接地（电路的负电压端），红表笔接各测量点；反之，红表笔接地，黑表笔接各测量点。

在测量时，要对测量点适当用力，以保证接触良好；但也要注意用力过大会使表

笔打滑，而造成焊盘之间的测量短路。

（2）电流测量检查法。使用万用表的直流电流挡对电路回路进行电流测量及分析检查的方法叫电流测量检查法。测量时，由于需要将两根表笔同时串入电路中，需要将被测点先断开，然后才能进行测量，所以电流测量法测量时比较麻烦。在进行某些电流值的测量时，可以利用欧姆定律进行电流值的换算而间接地进行测量。先测量需要测量电流值的相关回路的电压值，然后通过欧姆定律，算出该点的电流值。例如，测得某发射极电阻两端电压为 1.2 V，发射极电阻值为 1 kΩ，则该电路的集电极电流大约为 1.2 mA（其中包括较小值的基极电流 I_b）。

（3）仪器仿真测量检查法。仪器仿真测量检查法就是用仪器（如示波器等）对电路进行测量的方法。这种测量能直接看到电路在动态情况下的工作状态、工作性能、工作波形，所以称为仿真测量。查找低频电路故障，通常采用示波器和低频信号发生器。用仪器仿真测量检查法查找故障速度快、准确率高，但测量中的连接线路比较复杂，还需要一些仪器。

第3节　印制电路板的装接工艺

各种电子产品的控制电路板都是用印制电路板（见图 4-5）来对各种元器件进行装接，以实现电路的运行功能。

印制电路板的装配技能是建立在多用电路板装接技能之上的一种专业技能，是电子产品生产中不可缺少的工作技能。对印制电路板的装接，在企业生产中都是以流水生产线的形式进行，以提高装接质量和装接产量。

下面通过"数字电路水塔自动供水控制装置电路"来介绍印制电路板的装接工艺。

图 4-6 所示为数字电路水塔自动供水控制装置电路图。它采用双水泵供水方式，两只水泵交替对水塔进行加水，从而使水塔实现全天候供水。该款控制装置适用于企业的供水系统。下面以该控制装置作为装接实例，介绍装配的生产全过程。

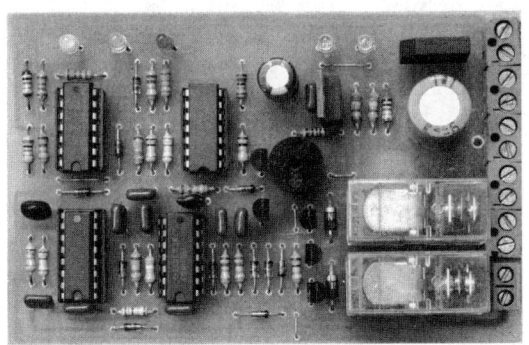

图 4-5　印制电路板

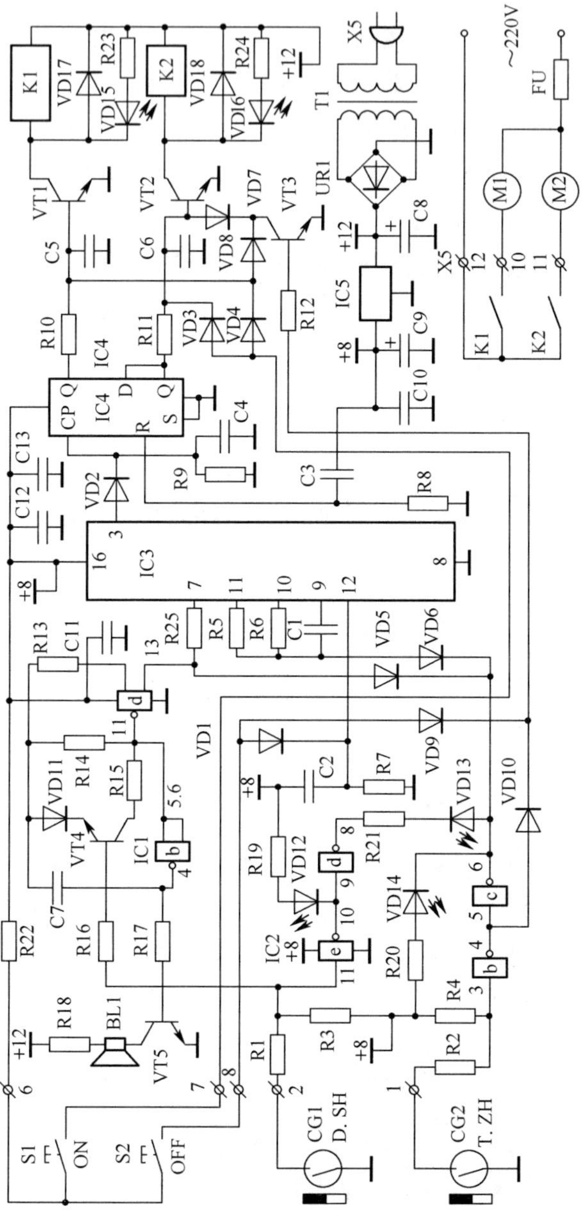

图 4-6　数字电路水塔自动供水控制装置电路图

一、装接生产的流程

为了完成图 4-6 所示的电路装接，要做以下几项工作：

1. 根据电路图编写元器件采购清单。

2. 根据日产量确定准备车间人员和装配线生产人员。

3. 确定准备车间人员和各装配工的工作内容。

4. 布设装配生产流水线。

5. 确定装配生产质量标准。

6. 制定生产车间质量管理制度和人员管理制度。

7. 确定生产车间的后勤保障。

二、生产计划与生产准备

1. 编写元器件采购清单

编写装接生产电路的元器件清单，便于仓库人员核对元器件数量，也便于装接生产的各工位人员领取元器件。表 4-2 所列为数字电路水塔自动供水控制装置电路的元器件采购清单。

表 4-2　数字电路水塔自动供水控制装置电路的元器件采购清单

规格型号	数量	备注	规格型号	数量	备注
RT-1 KJ	3	R1、R2、R22	1N4148	6	
RT-22 KJ	7	R3、R4，R9～R12、R25	1N4004	2	
RT-100 KJ	3	R5、R13、R16	LED（红3、黄1、绿1）	5	
RT-68 KJ	2	R6、R14	CS9013	4	
RT-470 KJ	2	R7、R8	CS9014	2	
RT-150 KJ	1	R15	CD4011	1	
RT-4 K7 J	3	R17、R23、R24	CD4069	1	
RT-3 K9J	3	R19～R21	CD4060	1	
RT-R47J	1	R18	CD4013	1	
CI-1 000 pF	1	C1（玻璃釉电容器）	LM7808	1	
CL-100 nF	7	C3、C4、C7、C10～C13（涤纶电容器）	桥堆	1	1BP10

续表

规格型号	数量	备注	规格型号	数量	备注
CC–103	2	瓷片电容器	继电器	2	JQX–14FC
CL–103	1	瓷片电容器	熔丝管 5 A	1	ϕ 5 mm×20 mm
CD–2200μF/16 V	1	电解电容器	电源变压器	1	220 V/10 V，5 W
CD–470 μF/16 V	1	电解电容器			

2. 确定生产人员及工作内容

准备车间人员和装配线生产人员数量，根据日生产量确定。

（1）准备车间生产人员和工作内容。如按照日生产 200 台产量计算，准备车间应安排 3 人。1 人主要负责对数字集成电路的测量，2 人负责导线的加工和部分元器件的引脚涂锡。

（2）装配车间生产人员和工作内容。按日产量 200 台计算，装配线大概需要 8 人。其中 1 人安排在装配工序的最后面，负责安装 12 位接线排、4 个集成块、2 只继电器及检查 1 ~ 7 工位的装配质量，管理和机动；其余 7 人中：8 根连接线及 5 只电阻管由 1 人安装，并负责拿取印制电路板；1 人装配 15 只电阻器；1 人装配 5 只电阻器和13 只二极管；1 人装配 IC1 ~ IC4 插管；1 人装配 11 只电容器；1 人装配 5 只发光二极管和 5 只三极管；1 人装配 2 只电解电容器和蜂鸣器、IC5 及 UR1。每个工位每块印刷电路板的装焊时间约为 5 min。

（3）调试、总装车间生产人员和工作内容。调试车间安排 2 人，一人只负责调试，另一个人为调试及总装（安装电源变压器、11 位接线排）和运输。

3. 布设装配生产流水线

生产流水线根据生产车间的大小进行设计，可以排成 U 形或是一字形。如果设立两个运输进出口，则一字形流水线比较合适；如果为了方便管理，则 U 形流水线比较合适。

生产流水线的每个工位都要有一定宽度的工作平台，即工作作业面。作业面上除了放置装配的印制电路板以外，还要放置装配工放置元器件的元件盒和焊接工具。在工作区域的上方还要安装照明设备，以保证每个装配工位有合适的照明要求。

装配印制电路板在装配生产流水线上的运输方式，可以采用自动传输生产流水线，也可以采用人工传输的生产流水线。自动传输生产流水线的生产管理更为严谨和规范。人工传输时，前一个工位将装好的电路板放在自己工位的下手，即下一工位的上手。通过这种接力传输，也能取得较好的生产效果，比较适合中小型企业采用。

4. 确定装配生产质量标准

确定生产质量标准是保证质量的前提。在布设生产流水线时，就要制定每个工位的质量标准，使每个生产人员都有据可依。还要使生产质量标准制定得简单明了，让操作工好记，让管理人员好查。

5. 制定生产车间质量管理制度和管理人员制度

制定各生产车间的质量管理制度，就是分解产品总质量的各个质量环节，是产品总质量的具体体现和保证，是保证产品质量的"企业法律"。管理人员是"企业法律"的具体执行者。

6. 确定生产车间的后勤保障

后勤保障是企业生产得以顺利进行的保证。后勤保障包括所有的元器件、生产中的辅助材料（如焊锡等）以及其他设备和材料的供应。

三、印制电路板的流水线装接工艺

与装接生产相关的工作都是为装接生产服务的，而装接质量又是整机质量的重点。装接质量达到生产要求，才能使调试等后续工序得以顺利进行。

通常有两种装接方式，一种是学习阶段使用的一人一装的方法，适合小型企业人少的条件下使用，缺点：一是一人要装接所有元器件，很容易出现错误；二是生产效率比较低。这种方法也是教学常用的一种装接方法。另外一种是适合规模生产的流水线生产方法，其优点是错误率低，生产效率高，监管好。

1. 一人一装方式的装配工艺

（1）熟悉印制电路板的安装布局（见图 4-7），熟悉每个元器件的安装位置，以保证达到最好的装配质量。

（2）对元器件引脚进行成形。

1）对电阻器、二极管按卧式装配方式要求进行成形。

2）对某些大功率的发热元器件按架空式的卧式成形。

（3）各元器件的装接顺序。

1）装接连接线。

2）装接电阻器、二极管。

3）装接 IC1 ～ IC4 集成电路插座。

4）装接三极管、小型电容器。

5）装接接线排。

6）装接电解电容器。

7）装接 IC5。

8）插装 IC1 ～ IC4。

（4）对元器件引脚进行剪脚，检查焊接质量。

2. 流水线装配生产方式的装接步骤

根据元器件的数量，由 8 人组成装配组，具体工作程序如下：

（1）第一装配工位。第一装配工位的工作是检查印制电路板的质量、安装 8 根连接线和 5 只电阻器。

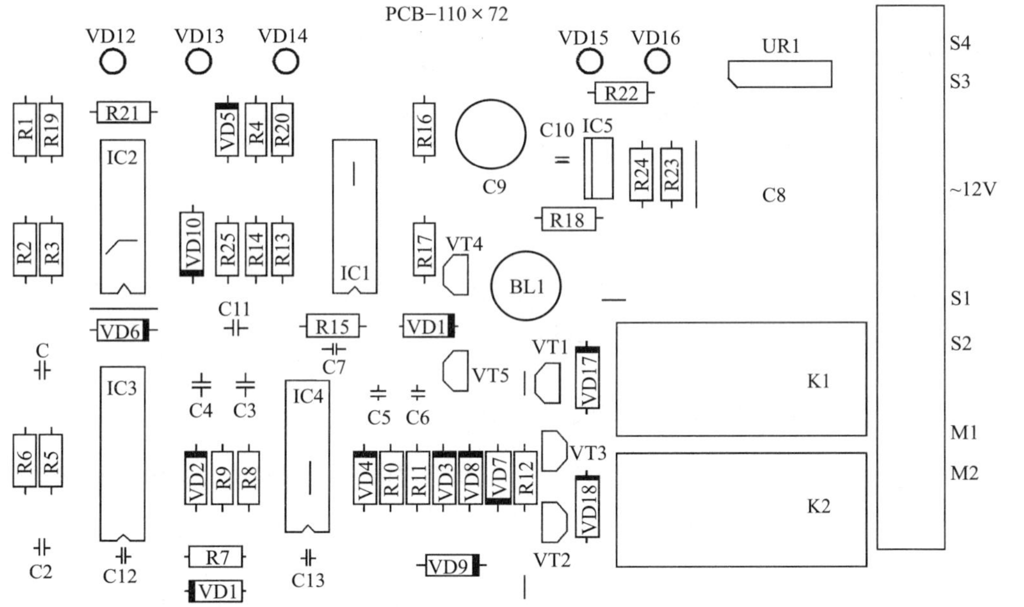

电子工艺基础（第二版）　　　　　　　　　　　　　中国特色企业新型学徒制培训教材

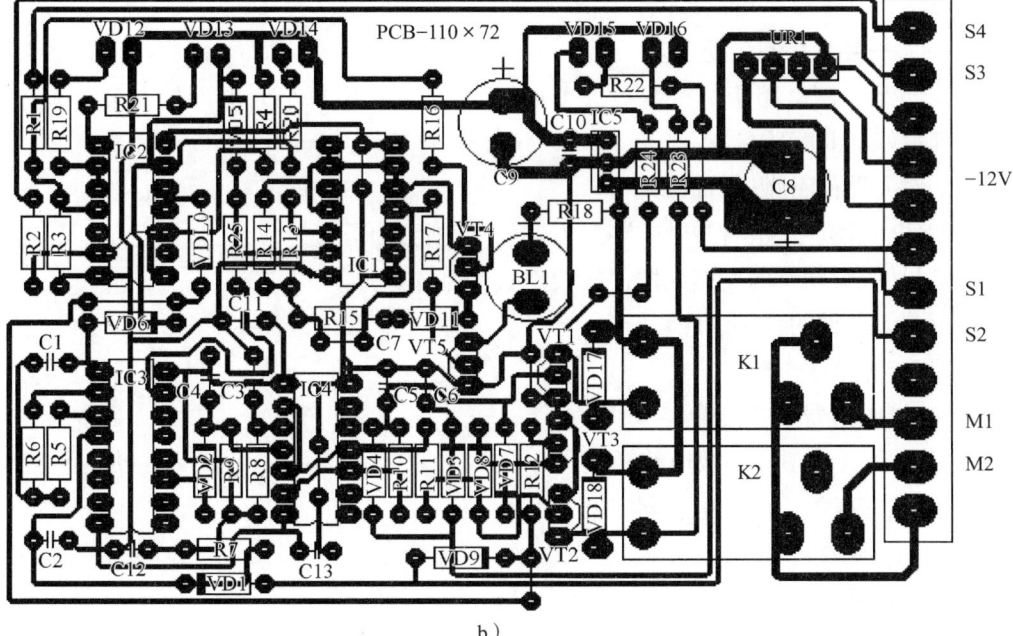

图 4-7　数字电路水塔自动供水控制装置装配图

a）元器件面示意图　b）印制电路板装配示意图

1）装配内容

①检验印制电路板的质量。

②安装 8 根连接线。

③安装电阻 R1、R2、R18、R22 和 R15。

2）装配要求

①检验印制电路板是否符合质量要求。

②连接线、电阻器安装平整。

③焊点符合要求，无漏焊、虚焊和连焊。误差率不超过 5%。

④剪切露出焊点以外的连接线及电阻器引脚。

3）装配步骤

①检查印制电路板的质量。检查印制电路板是否有断线、连线、偏孔等现象。

②将 8 根连接线按照连接线的安装方法逐一进行安装，连接线采用卧式安装方式。用焊接夹板压在印制电路板上，再用夹子将电路板与夹板夹紧，以防连接线从电路板上掉落。再将印制电路板翻转 180°，使印制线路面朝上，以方便焊接。

③按焊接标准对元器件进行焊接。例如，将 5 只电阻器按卧式形式进行插装，插装后用焊接压板将电阻器压住并用夹子夹紧，然后将电路板翻转 180°（焊盘朝上），用电烙铁对电阻器进行逐一焊接。

④剪切连接线和电阻器的引脚，引脚长度应符合标准。

⑤检查插装、焊接、剪脚质量。检查插装、焊接、剪脚质量。

（2）第二装配工位。第二装配工位安装 15 只电阻器。

1）装配内容。安装电阻器 R3 ～ R5、R9 ～ R13、R16、R17、R19 ～ R21、R23、R24。

2）装配要求

①电阻器安装平整。

②无错装、漏装电阻器。

③焊点质量符合要求，无连焊。漏焊率小于 5%。

3）装配步骤

①将 15 只电阻器逐一进行安装。电阻器安装前应对其进行引脚成形。

②用焊接夹板压在印制电路板上，再用夹子将电路板与夹板夹紧，以防电阻器从电路板上掉落。再将印制电路板翻转 180°，使印制线路面朝上，以方便焊接。

③按焊接标准对元器件进行焊接。

④剪切电阻器的引脚，引脚长度应符合标准。

⑤检查插装、焊接、剪脚质量。

（3）第三装配工位。第三装配工位安装 4 只电阻器、13 只二极管。

1）装配内容

①安装电阻器 R6、R7、R8 和 R14。

②安装 VD1 ～ VD11、VD17 和 VD18。

2）装配要求

①二极管、电阻器安装平整。

②无错装、漏装元器件。

③焊点质量符合要求，无连焊。

④漏焊率小于 5%。

⑤剪切露出焊点以外的元器件引脚，引脚长度应符合标准。

3）装配步骤

①将 4 只电阻器和 13 只二极管逐一进行安装。电阻器和二极管安装前应对其进行引脚成形。

②用焊接夹板压在印制电路板上，再用夹子将电路板与夹板夹紧，以防电阻器或二极管从电路板上掉落。再将印制电路板翻转 180°，使印制线路面朝上，以方便焊接。

③按焊接标准对电阻器和二极管进行焊接。

④剪切电阻器和二极管的引脚，引脚长度应符合标准。

⑤检查插装、焊接、剪脚质量。

（4）第四装配工位。第四装配工位安装 IC1 ～ IC4 插座。

1）装配内容。安装 IC1 ～ IC4 插座。

2）装配要求

① IC 插座安装平整，高度一致。

②焊点符合要求，无漏焊、虚焊和连焊。误差率不超过 5%。

3）装配步骤

①对 IC1 ～ IC4 插座引脚进行整形，使每个引脚垂直，并使每个引脚的脚距与 PCB 板孔距相吻合。

②逐一安装 IC1 ～ IC4 插座。

③检查插装、焊接质量。

（5）第五装配工位。第五装配工位安装 11 只电容器，即 C1 ～ C7，C10 ～ C13。

1）装配内容。安装 C1 ～ C7，C10 ～ C13。

2）装配要求

①插件安装正直，C1 ～ C4 和 C10 ～ C13 及 C5 ～ C7 的安装高度应相仿。

②焊点符合要求，无漏焊、虚焊和连焊。误差率不超过 5%。

3）装配步骤

①安装 11 只电容器。11 只电容器采用立式安装方式，插装后用焊接夹板压住电容器，再将焊接压板与电路板同时翻转 180°，使印制线路面朝上，以方便焊接。然后对 8 只电容器进行焊接。

②剪切电容器的引脚，引脚长度应符合标准。

③检查插装、焊接、剪脚质量。误差率不超过 5%。

（6）第六装配工位。第六装配工位安装发光二极管 VD12 ～ VD16（分别是黄、绿、红、红、红），三极管 VT1 ～ VT5。

1）装配内容。安装 VD12 ～ VD16，VT1 ～ VT5。

2）装配要求

①发光二极管和三极管安装正直。

②VD12 ~ VD16 和 VT1 ~ VT5 的安装高度要相仿，焊接发光二极管的焊接时间要尽量短，以防损坏元器件。

③剪切发光二极管和三极管引脚，留下的引脚长度应符合标准。

④焊点符合要求，无漏焊、虚焊和连焊。误差率不超过 5%。

3）装配步骤

①将 5 只发光二极管逐一进行安装，注意二极管正负极安装正确。

②用焊接夹板轻轻压住电路板，再将焊接压板与电路板同时翻转 180°，使印制线路面朝上，以方便焊接。

③按焊接标准对 5 只发光二极管进行焊接。焊接发光二极管的焊接时间要尽量短，以防损坏元器件。

④安装 5 只三极管。5 只三极管插装后用焊接夹板压住元器件，再将焊接压板与电路板同时翻转 180°，使印制线路面朝上，以方便焊接。

⑤剪切元器件的引脚，引脚长度应符合标准。

⑥检查插装、焊接、剪脚质量。

（7）第七装配工位。第七装配工位安装电解电容器 C8、C9，蜂鸣器 BL1，三端稳压块 IC5 和整流桥 UR1。

1）装配内容

安装 C8、C9、BL1、IC5、UR1。

2）装配要求

①元器件安装正直。

②焊点符合要求，无漏焊、虚焊和连焊。误差率不超过 5%。

③剪切露出焊点以外的元器件引脚，引脚长度应符合标准。

3）装配步骤

①安装蜂鸣器 BL1。

②安装 C8、C9。

③安装 IC5。

④安装立式整流桥堆 UR1。

（8）第八装配工位。第八装配工位是装配工序中的最后一位，一般由装配组长担任。第八装配工位安装继电器 K1、K2，安装 12 位接线排，安装 IC1 ~ IC4，检查第一工位至第七工位的装配质量，并进行补焊和质量记录。

1）装配内容

①安装 K1、K2。

②安装 11 位接线排。

③安装 IC1 ~ IC4。

④检查第一工位至第七工位的装配质量，并进行补焊和质量记录。

2）装配要求

①元器件安装正、直。

②焊点符合要求，无漏焊、虚焊和连焊。

③漏焊率小于5%。

3）装配步骤

①将4个集成电路逐一进行安装。插装集成电路时，不能把集成电路的引脚压弯。集成电路插装要平整。对4个集成电路的各引脚进行焊接。其焊点要小，不能造成焊点连焊。

②安装2只继电器。在插装继电器时，继电器插装要平整。对2只继电器进行焊接。继电器的安装焊盘比较大，但焊接的时间不能太长，以免影响继电器的质量。

③安装12位接线排。接线排插装时要将接线排底部紧贴线路板，确保接线排的稳固，以适应接线时旋具对接线排的下压力度。

④检查其他装配工位的焊接质量。

⑤检查元器件的引脚长度应符合标准。

⑥对装配生产流水线进行管理。

⑦在电路板上贴上装配工工号标志。

四、印制电路板装配中的调试

1. 调试设备及器材

（1）12 V 直流稳压电源 1 台。

（2）12 V/100 mA 指示灯泡 2 只。

2. 调试方法

（1）按照图4-8所示的单板调试接线图进行接线。为了方便调试，应在阻值470 kΩ 的电阻 R6 上临时并接一个 68 kΩ 的电阻，这样继电器 K1、K2 的交换时间将约为 3 min，即从 IC3—③脚输出一个脉冲的时间约为3 min。

（2）接通直流稳压电源开关。VD12（黄色指示灯）亮起，测量 C9 正极处为 8 V 电压值，此时继电器 K2 吸合、VD16 亮，说明电路已基本正常。若 VD14 亮，说明水塔中的水量已到最低水位，而需要进行供水，VD14 采用红色指示灯以表示"无水"报警。与此同时，蜂鸣器发出 1 000 Hz 的音频信号，同时 HL1 灯泡亮，表示"水泵 2"开始工作。

（3）按下 SB2 按钮，VD12 灭，VD13（绿色）指示灯亮，说明水位已进入正常水位区。此时，HL1 仍然亮

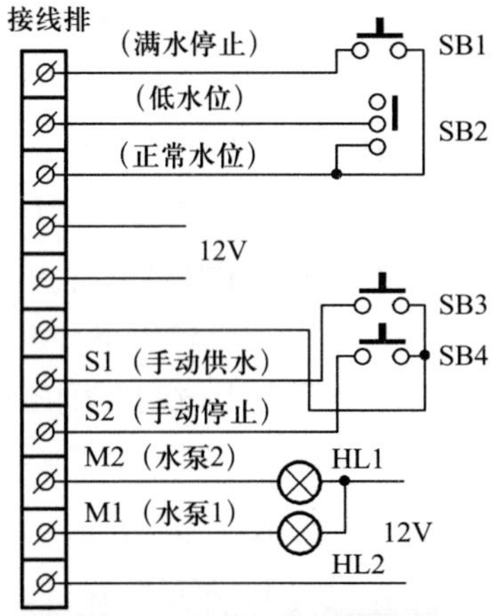

图 4-8 单板调试接线图

着（表示水泵 2 在供水）。

（4）按下 SB1，VD13 灭，VD14（红色）指示灯亮，说明水塔中的水已满。此时 HL1 或 HL2 灯灭，表示水泵 2 或水泵 1 停止运行。

（5）按下调试板上的按钮 SB3，继电器 K1 和 K2 同时吸合，VD15 和 VD16 同时亮起，调试板上的灯泡 HL1 和 HL2 同时亮，表示水泵 1 和水泵 2 被电路强行控制运行。

（6）按下调试板上的 SB4 按钮，继电器 K1 和 K2 应同时释放，VD15 和 VD16 同时灭，调试板上的灯泡 HL1 和 HL2 同时熄，同时 IC3 内部振荡器停止工作，测量 IC3 的脚电压值为 8 V 左右的高电位。

（7）在企业生产中，对已经通过正常调试的印制电路板，应贴上调试工位的工号，便于质量的评估，对质量的检查和跟踪，以及产品的售后服务，对加强企业管理有很大的直接关系。

五、印制电路板装接调试中的故障检修

1. 如果 K1 或 K2 不吸合，VD15 或 VD16 以及 HL1 或 HL2 不亮

（1）在 SB3 按下时，用万用表分别测量 VT1 和 VT2 的基极电压，应大于 0.7 V。如基极电压正常，则是 VT1 或 VT2 损坏或是装错；或是 VD17、VD18 极性装错；如 VT1 或 VT2 的基极电压低于 0.7 V 或无，则是 VD3 或 VD4 损坏或极性装错。

（2）如果 VD15、VD16 亮，而 K1 或 K2 不动作。则是 K1 或 K2 继电器电磁线圈损坏，应更换继电器。

（3）如果 VD15、VD16 亮，K1、K2 动作，但指示灯 HL1 或 HL2 不亮，则是 K1 或 K2 的触点损坏，应更换继电器。

（4）如果 HL1、HL2 亮，但 VD15 或 VD16 不亮，则是 VD15 或 VD16 装反。

2. 如果 K1 和 K2 不释放，VD15 和 VD16 以及 HL1 和 HL2 不灭

（1）在 SB4 按下时，用万用表测量 VT3 的集电极电压应低于 0.7 V。如电压正常，则是 VD7 和 VD8 极性装反或是其中一只二极管装反；如电压大于 0.7 V，则再去测量 VT3 的基极电压值，应大于 0.7 V。如无，则是电阻 R12 开路或损坏，或是 VT3 损坏。

（2）如果 VD15、VD16 灭，K1、K2 释放。但指示灯 HL1 或 HL2 还亮，则是继电器触点损坏，应更换继电器。

（3）如果 IC3 的 ⑫ 脚为低电位，则是 VD1 极性接反。

通过以上的调试，数字电路水塔自动供水控制装置就能正常工作了。至此，水塔自动供水控制装置的印刷电路板装接工作就告结束。

通过以上电子产品生产实例可以看出，装配工序（装接工序）是电子产品生产中人员较多、工位较多的一个工序。装配工序是一个以装接工为主体的生产群体，并与整机生产的后续工序关系密切，与产品的质量关系密切。

第5章

常用电子测量仪器

第1节 电子测量的基本知识

一、概述

电子测量仪器是指将被测量转换成可直接观测的指示值或等效信息的器具。它包括各种指示式仪器、比较式仪器、记录式仪器,以及传感器等。利用电子仪器进行测量的设备,统称为电子测量仪器。

电子测量仪器的精确度一般都能达到相当高的水平,许多情况下是其他测量无法相比的。例如,对时间和频率的测量,由于采用了原子频标和原子秒作为基准,使测量的精确度可达 10^{-13} 量级。正由于此,电子测量仪器在现代科学技术领域得到极其广泛的应用。如发射人造卫星,需要高精度的自动控制和遥测系统,如果测量控制不准,最后一级火箭有 0.2% 的误差,卫星就会偏离轨道 100 km。在这类需要精密测量的地方,几乎都要采用电子测量和其他技术相结合的方法来进行测量。

二、电子测量仪器的分类

电子测量和普通测量一样,分类的方法很多。常见的有如下几种:根据测量过程的控制方式,分为人工测量和自动测量;根据测量过程中被测量是否随时间变化,分为动态量和静态测量;根据对测量结果精度的要求,分为精密测量和工程测量;根据工作频率的高低,分为低频测量、高频测量、超高频测量等;根据测量方法,分为直接测量、间接测量和组合测量,以及必需的测量和多余的测量;根据工作模式,分为模拟测量和数据域测量。

目前一般根据结构、用途等几个方面的特性，把电子测量所用的仪器仪表分为以下几类。

1. 电气测量指示仪器仪表

电气测量指示仪器仪表的特征是：直接将通入测量仪器仪表的被测量转换成可动部分的机械位移，连接在可动部分的指针在标度尺上的指示，直接在标尺上反映被测量的数值，又称直接作用指示仪器仪表。

电气测量指示仪器仪表具有测量简便、读数可靠、结构简单、测量范围广、制造成本低等一系列优点，因此目前仍被广泛使用。但随着微电子技术的发展，以及对测量精度等要求的提高，终将被电子数字仪器仪表所取代。

2. 比较仪器

比较仪器主要包括用于精密测量的交直流仪器和标准量具，它是用比较法测量所采用仪器的总称。直流比较仪器主要有电桥、电位差计、标准电阻箱等，交流比较仪器有交流电桥、标准电感、标准电容等。

由于应用比较法将被测量和标准量具进行比较，所以仪器仪表的测量准确度和灵敏度都很高。

3. 数字仪器仪表和巡回检测装置

电子数字仪器仪表是指能以自身逻辑控制，并以数码形式显示被测量值的仪器仪表。近年来电子数字仪器仪表结构形式不断改进，技术指标大幅度提高，可靠性日益改善，应用范围日益广泛，电测仪器仪表技术的数字化和现代化，无疑是电测与仪器仪表技术的发展方向。

自动巡回检测装置即为数字化仪器仪表加上选测控制系统及打印（显示）输出设备构成的整体，可用一台装置实现对多个测量点的自动循环测量、记录和控制。它是电测技术与自动控制技术融合的基础，是电测技术的又一发展方向。

4. 记录仪器仪表和电子示波器

记录仪器仪表是把被测量随时间的变化连续记录下来，记录仪器仪表一般分为测量和记录两部分。数字电子技术和计算机技术的引入使记录式仪器仪表逐渐走向成熟。如电压监测仪，能连续记录和统计每月的电压合格率，并具有存储功能。

示波器是电信号的"全息"测量仪器，表征电信号特征的所有参数，几乎都可以用示波器进行测量。电压（电流）和时间（相位、频率）是最基本的参数，它们可以用示波器直接测量。一般常把记录式仪表与示波器等电子仪器划为一类。

5. 扩大量程装置和变换器

扩大量程装置是指分流器、附加电阻、电流互感器、电压互感器等。变换器是指将非电量，如温度、压力等，变换为电量的转换装置。对这类装置均有测量准确度的要求。

6. 电源装置

电源装置包括稳压器、稳流器、各类稳压电源、标准电压和电流发生器等。电源装置虽然都作为测量的附件，但对测量的影响较大，因此精密测量一般对电源装置的要求较高，如对电压波动、波形畸变、调节细度等都有比较严格的要求。目前，测量用标准电源主要是向多功能、智能化、程控化、小型化和便携式的方向发展。由于新技术的应用，如数字和微机技术的应用，电源装置的稳定性和精密度均有较大幅度的提高。

第2节　指针式万用表

万用表是电子测试领域最基本、使用最为广泛的一种电子仪表。它结构简单、使用方便、操作简便、功能齐全，而且价格低廉。万用表可以测量直流电阻、交直流电流和电压等参数，是工程技术人员和电子、电器产品调试、维修人员的必备工具。

万用表目前有指针式和数字式两种类型。指针式万用表是由动圈形表头指示测量数据，是属于模拟型的测量方法；数字式万用表是由LCD液晶显示屏指示测量数据，属于模拟测量→数字显示的测量方法。

指针式万用表是用指针指示测量值的一种模拟式测量仪表，各种项目的测量都转换成驱动动圈形的直流电流表。此外，在万用表中还设有分流器（用以扩大电流的测量范围）、倍率器（用以扩大电压的测量范围）、整流器（将交流变成直流）、电池（为测量电阻时提供电源）、切换开关等部分。除了能进行测量直流的电流和电压、交流的电压、电阻以外，还能测量低频交流信号的电压等。

图5-1是一种模拟式万用表的外形图，图5-2是它的刻度盘，显示各部分的刻度功能。

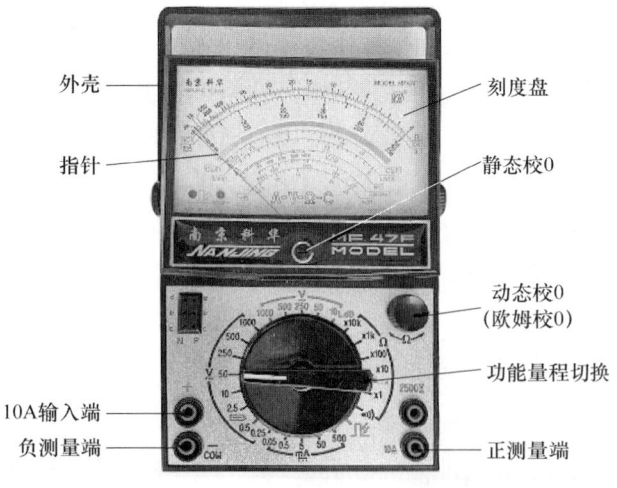

图5-1　指针式万用表的外形图

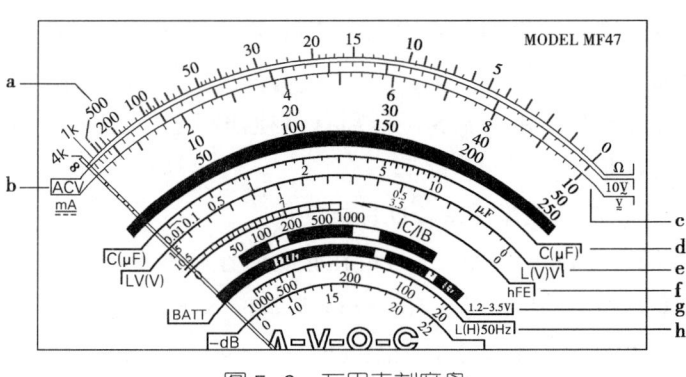

图 5-2　万用表刻度盘

一、指针式万用表的性能

下面以 MF47 型万用表为例，介绍其使用技能。

1. 概述

MF47 型万用表是设计新颖的便携式多量限中型万用电表。可供测量直流电流、交直流电压、直流电阻等，具有 26 个基本量程和电平、电容、电感、晶体管直流参数等 7 个附加参考量程，是量限多、灵敏度高、体积轻巧、性能稳定、过载保护可靠、读数清晰、使用方便，适用于电子仪器、电工、工厂、实验室等领域或场合的万用电表。

2. 指针式万用表的电气特性

MF47 型万用表造型大方、设计紧凑、结构牢固、携带方便、零部件均用优良材料及工艺处理，具有良好的电气性能和机械强度，具有以下特点：

（1）测量机构采用高灵敏内磁式表头，性能稳定，并置于单独的表壳之中，保证密封性和延长寿命，表头罩采用塑料框架和玻璃相结合的新颖设计，避免静电的产生，而保持测量精度。

（2）线路元件排列整齐美观、维修方便。

（3）测量机构采用硅二极管保护，保证电流过载时不损坏表头，线路并设有 0.5 A 熔丝装置以防止误用时烧坏电路。

（4）设计上考虑了温度和频率补偿，使温度影响小，频率范围宽。

（5）电阻挡选用 2 号干电池及 9 V 层叠电池，容量大、寿命长。二组电池装于盒内，换电池时只需卸下电池盖板，不必打开表盒。

（6）配以专用高压探头还可以测量电视接收机内 25 kV 以下高压。

（7）设计了一档晶体管静态直流放大系数检测装置，以供在临时情况下检查三极管之用。

（8）标度盘与开关指示盘印制成红、绿、黑三色。表盘颜色分别按交流红色，晶体管绿色，其余黑色对应制成，使用时读数便捷。标度盘共有七条刻度，第一条专供测量电阻用；第二条为交流 10 V 挡专用刻度线（ACV）；第三条供测交直流电压、直流电流之用（DCV、ACV、DCmA）；第四条供测晶体管放大倍数用（h_{FE}）；第五条供测电容之用（μF）；第六条供测电感之用（H）；第七条供测音频电平之用（dB）。标度盘上装有反光镜，消除视差。

（9）除交直流 2 500 V 和直流 5 A 分别有单独插座之外，其余各挡只需转动一个选择开关，使用很方便。

（10）采用整体软塑测试棒保持长期良好使用。

（11）装有提把，不仅可以携带，且可在必要时作倾斜支撑，便于读数。

（12）MF47 型万用表外形尺寸：165 mm × 112 mm × 49 mm，质量：0.42 kg（不包括电池）。万用表的使用环境一般要求周围温度为 0 ～ +40 ℃，相对湿度为 25% ～ 75%。

二、指针式万用表的各部件功能作用

1. 指针式万用表的各部件名称与作用

MF47 型万用表的外表部件各有以下功能。

（1）表壳。安放万用表中的电子元器件。表壳一般用 ABS 工程塑料制成，具有一定的抗震性能和防潮性能。

（2）指针。是读取测量数据的指示部件。指针是用质量较轻的合金材料制成，万用表在使用中应尽量减少满偏转刻度的测量，以免造成指针变形而影响测量精度。

（3）刻度盘。与指针配合，显示测量数据。刻度盘通常用铝金属薄板制成，上面印着各挡测量数值，测量中只能读取相应刻度线上的数值（见图 5-2），否则会造成读值错误。

图 5-2 所示的万用表刻度盘中：a 为电阻"Ω"刻度；b 为交流电压 10 V 刻度；c 为交、直流电压、电流共同刻度；d 为电容专用刻度；e 为音频专用刻度；f 为 h_{FE} 专用刻度；g 为电感专用刻度；h 为分贝专用刻度。

（4）表针校正器。用以调整万用表的静态"0"位（电压、电流测量时的 0 值）或"∞"位（电阻测量时的 ∞ 值）之用。调整时用旋具微调"校正器"，达到调整零位的目的。

（5）"Ω"调整器。用于欧姆挡测量时的动态校"0"。测量电阻时先将两支表笔互相短路，这时表针应指向 0（表盘的右侧，电阻刻度的 0 值），如果不在 0，可微调此钮（电位器），使表针指零。

（6）h_{FE} 测试座。用于对 NPN 或 PNP 型三极管进行测量。

（7）功能量程切换开关。模拟式万用表根据测量电流、电压或是电阻，以及不同的测量范围，由这个开关进行转换，以选择合适的测量范围。

（8）"+"测量插孔。是万用表测量准备前为红色表笔插入之用，正测量插孔用"+"表示。

（9）"–"测量插孔。是万用表测量准备前为黑色表笔插入之用，负测量插孔用"–"表示。

（10）2 500 V 测量插孔。是万用表高电压（2 500 V）测量的专用插孔。

（11）5 A 测量端。是万用表大电流（5 A）测量的专用插孔。

2. MF47 型万用电表的技术性能

不同型号的万用表有各自不同的测量技术范围。MF47 型万用表的测量技术范围见表 5-1。

MF47 型万用表共有 9 个测量功能，以直流电流、直流电压、交流电压、直流电阻和晶体管直流放大倍数 h_{FE} 为常用功能，所以这些功能的测量精度要较其他功能高。

万用表测量技术范围的标出，一是为使用者指示万用表的使用范围，二是告知使用者不能超出标注的测量范围，以防损坏万用表。

表 5-1　MF47 型万用表测量技术范围

量程范围		灵敏度及电压降	精度	误差表示方法
直流电流 DC	0-0.05 mA-0.5 mA-5 mA- 50 mA-500 mA	0.25 mA	±2.5%	以上量限的 百分数计算
	5 A		±5%	
直流电压 DC	0-0.25 V-1 V-2.5 V-10 V- 50 V-250 V-500 V-1 000 V- 2 500 V	20 kΩ/V	±2.5%	
交流电压 AC	0-10 V-50 V-250 V-500 V- 1 000 V-2 500 V	4 kΩ/V	±5%	
直流电阻 （Ω）	R×1、R×10、R×100、 R×1 k、R×10 k	R×1 中心刻度为 16.5	±2.5%	以标度尺弧长的 百分数计算
音频电压 （dB）	-10 dB ~ +22 dB	0 dB=1 mW 600Ω	10 V+1 dB、50 V+14 dB、 250 V+28 dB、500 V+34 dB	
晶体管直流 放大倍数 h_{FE}	0 ~ 300 h_{FE}			
电感 H （50 Hz）	20 ~ 1 000 H			
电容 C （μF）	R×10 k、R×1 k、R×100、R×10、R×1 0.01 ~ 10 μF-100 μF-1 000 μF-10 000 μF-100 000 μF			
标准电阻箱	0.05 ~ 10 MΩ		±1.5%	

三、指针式万用表的校正

为了提高的测量精度，万用表在使用之前必须对其指针进行校正，也就是要将万用表的指针调整在"∞"或"0"位置调整。这样，测量中才能有效地防止万用表本身引起的测量偏差，以提高测量精度。

万用表的"∞"或"0"位置校正，分为静态校正和动态校正。

1. 指针式万用表的静态校正

静态校零：指万用表在未进入测量状态下的校正，也称为"静态校正"或机械调

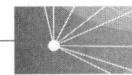

零。万用表是一种精密的测量仪表，在出厂前已经过了调试检验。但万用表在运输中或在取放中可能会造成不同程度的震动而引起指针的偏移。所以，万用表在使用前应检查其指针是否指在机械零位上，如指针不指在零位时，可旋转表盖上的调零器使指针指示零位，即静态校零。静态校零是万用表表笔开路时，表的指针指在表盘的最左侧，电压和电流刻度的"0"值位置，既欧姆的"∞"位置的一种校正。如果指针不在"0"的位置，则可用旋具微调"调零器"螺钉（图 5-1 中的"静态校 0"螺钉）进行调整。

校正方法：万用表的静态校正调整时，如观察到指针原偏向"∞"（0）的左侧，则将调零器螺钉顺时针方向进行调整；当万用表指针原偏向"∞"（0）的右侧，则将调零器螺钉逆时针方向进行调整。

注意：万用表在进行静态校正时，应将万用表平放在桌面上，这样静态校正才能准确。优质的万用表，在静态校零准确后，如将万用表向左倾斜 90°，或向右倾斜 90°，或垂直放置的三种姿势下，表头指针都应指在"∞"（0）位置。指针偏离"∞"（0）位置越多，则万用表的表头质量越低，万用表的质量越差。

2. 指针式万用表的动态校正

动态校零：指万用表进入测量状态或进入模拟（如两测试棒进行接触）测量状态下的校正，也称为"动态校正"。动态校零是将万用表的红、黑两根表笔进行接触时，指针偏转最大并指在"0"（表盘的右侧，也就是欧姆挡的 0 Ω 值）的一种校正。在万用表对电阻器进行测量之前都必须进行零位校正，否则会严重影响测量结果。万用表的动态校零，主要是受到其内部电池电能逐渐下降的影响。所以，万用表的动态校正是一项经常性的调整工作。

校正方法：万用表的动态校正部件是万用表上的"Ω 调整旋钮"（见图 5-1）。首先将万用表的红表笔插入万用表上的"+"插孔中；再将黑表笔插入万用表上的"−"插孔中。测量时，将万用表的红、黑表笔进行短接，同时观察万用表的指针应向右偏转。如果观察到指针向左偏转，则是由于万用表中的电池极性装反的缘故，应立即停止欧姆校正工作，然后将电池极性进行重新调整安装，即重新调整电池的安装方向。指针向左偏转的这种情况，一般出现在新万用表第一次使用时。

在测量中，如观察到万用表的指针读数大于"0"（在"0"的左侧）时，则将"Ω 调整旋钮"进行逆时针调整；如观察到指针读数小于"0"（在"0"的右侧）时，则将"Ω 调整旋钮"进行顺时针调整。

注意：在万用表进行动态校正前，应按照万用表使用说明的要求，在万用表中安装直流电源（电池），否则万用表无法进行动态校正工作。在安装电池时，要注意电池的极性不能装错，否则万用表指针将会向反方向偏转。MF47 型万用表需要安装一枚 2 号电池（电池电压为 1.5 V）和一枚层叠式电池（电池电压为 9 V，型号为 6F22）。

四、指针式万用表的测量准备

1. 测量前的准备工作

万用表在使用前，应将红、黑表笔分别插入万用表的"+"标志插座和"-"标志插座中，方可进行正常测量。当用万用表进行特殊测量时，如测量交、直流2 500 V或直流5 A时，红插头则应分别插到标注为"2500 V"或"5 A"的插座中，黑表笔的位置不变。

2. 万用表测量前的挡位选择

万用表在进行测量前，还应正确调整好测量挡位或量程。测量挡位或量程的调整应注意以下几点：

（1）根据测量内容选择相应的测量挡位，根据测量电压值的大小选择合适的测量量程。目的是使测量时，万用表的指针偏转尽量超过指针满度偏转的1/3，以便能更好地看清数值，提高同等条件下的测量精度。

（2）测量电压、电流值前，应将测量量程调整到大于估计测量值的挡位上，避免过大的电流将万用表烧坏，从而可以有效地保护万用表。如观察到测量值较小（指针偏转较小）时，应先停止测量，然后减小测量量程后再测量。

举例说明：如欲对一个电路进行测量，当知道该电路的工作电压为8 V，那么这个电路的最高电压值不会超过8 V，则选用"10 V"直流电压挡最为合适。当然也可以选用"50 V"直流电压挡进行测量，但读取刻度上的测量数值就看不太清楚，也就无形中降低了本次的测量精度。所以，在进行直流电压或交流电压测量前，首先了解被测电路的工作电压值或估计判断被测量点的电压值，是非常有必要的，这有利于提高测量精度。

3. "Ω"动态校零

在进行直流电阻"Ω"测量前，一定要对万用表进行精确的动态校零，以免带入人为误差。

五、指针式万用表的直流电流测量

1. 指针式万用表的直流电流测量原理

在使用万用表进行任何一种测量中，无论是对外部电路的直流电压进行测量，还是对外部电路的交流电压进行测量，归根结底都会通过万用表中的电子元件，转换成为直流电流的测量。因为万用表中的表头是一只高灵敏度的直流电流表。当万用表在作某种测量时，表头的线圈中就有直流电流通过，从而使表头指针产生运动（偏转）。各测量挡之间的不同，主要反映在测量电路中，有串联形式接入电路的一组电阻器，或以并联形式接入测量电路的一组电阻器。所以，表头中流过的电流值就生产差异，而显示出各种测量数据。各挡测量电路中，除了回路电阻阻值不同，电阻器的阻值精度也存在差异。图5-3所示是MF47型万用表电路图（供参考）。

图5-4是MF47型万用表直流电流测量表内部分电路原理图。从图5-4中可以看出，直流电流测量中，每挡均有一个电阻与表头并联。被测电流较小时，则测量电路

中与表头相并联的电阻阻值就大；被测电流较大时，则测量电路中与表头相并联的电阻阻值就相应减小。并联电阻阻值取值的大与小，目的有二个：一是使表头中流过额定的电流，使表针产生偏转；二是将测量电路中，大于表头工作电流的多余电流通过并联电阻进行分流，以免损坏万用表表头。在转换测量挡位过程中，实际上就是在改变与表头并联的电阻阻值。

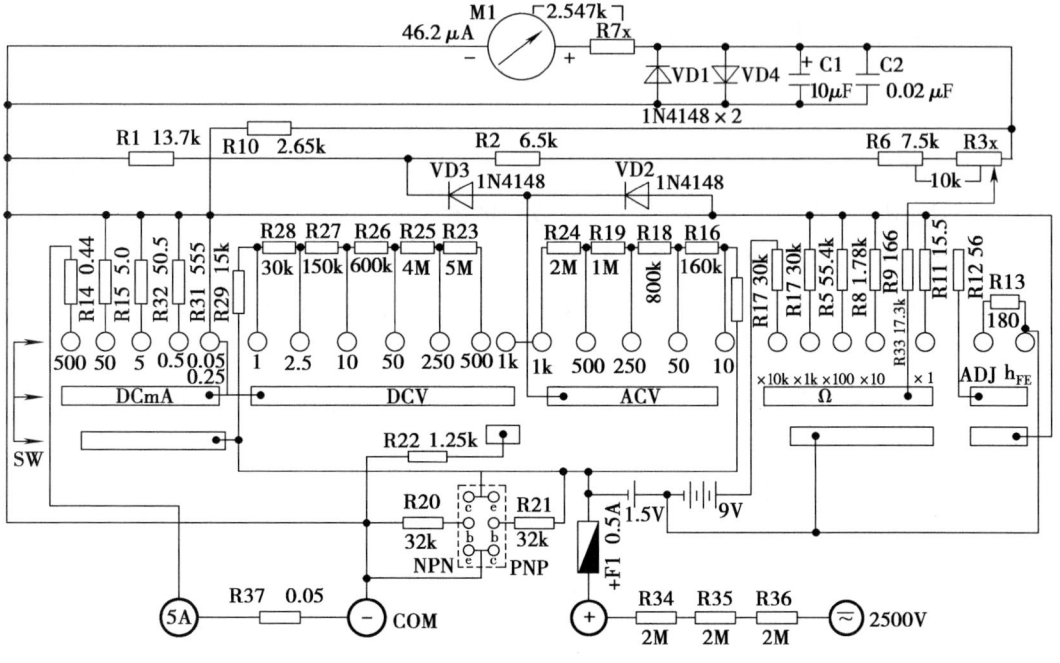

图 5-3　MF47 型万用表电路图

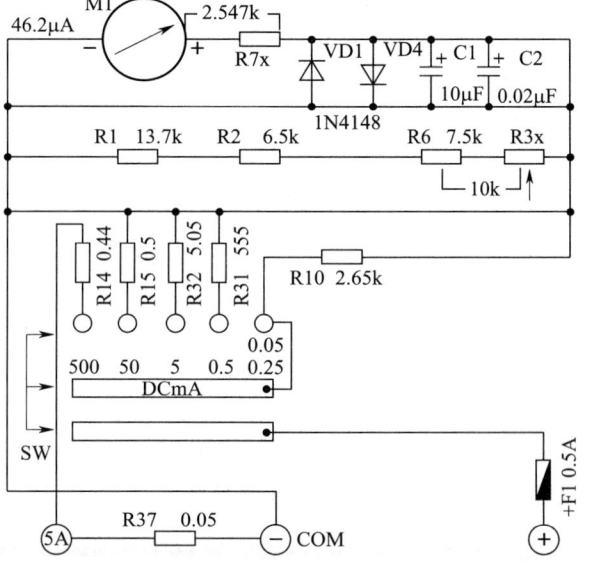

图 5-4　直流电流测量的表内部分电路原理图

图 5-5 所示为直流电流测量原理示意图。其中 Rm 为表头的匹配调整元件，相当于图 5-4 中的 R7x。因为表头满偏转时的直流电流值为 46 μA 左右，通过 R7x 的作用将表头满偏转时两端输入电流正好调整为 50 μA，这样便于其他测量挡位中的电阻器阻值的计算及元件的生产取值，也给表头灵敏度的取值一个选择范围。R7a 可调电阻

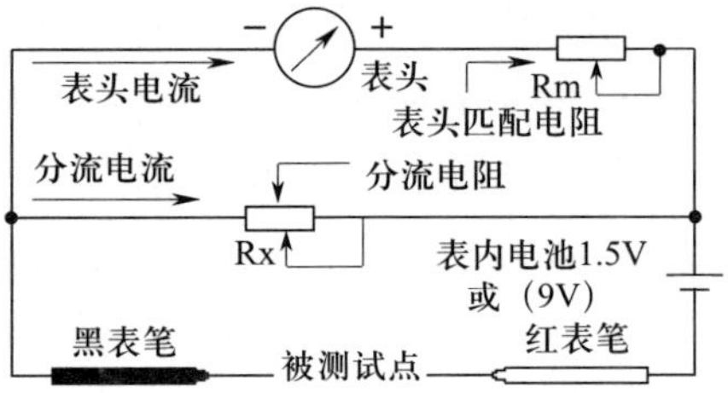

图 5-5 直流电流测量原理示意图

器的设立，弥补了表头生产中产生的满偏转电流不一致的缺陷。因为要生产一只精确的 50 μA 电流的表头，在目前的科技水平还达不到；另外，万用表使用一段时间，表头灵敏度会有所下降。

MF47 型万用表使用的是 20 kΩ 内阻的高灵敏度的表头。MF47 型万用表中的表头有两种类型：一种是内磁式动圈式表头，这种表头制造成本比较低，但表头的工作稳定性能不太高，多数使用在低档的万用表中。还有一种是外磁式动圈式表头，这种表头制造成本较高，但工作稳定性能好，一般在中、高档的万用表中使用。在图 5-5 中，Rx 是分流电阻，相当于图 5-4 中的 R1、R2、R6 和校零电位器 R3x 等，其作用是分流掉 50 μA（表头电流）以外电流，使表头能正常指示测量值；同时防止大电流损坏表头。

每个测量挡位中并联的分流电阻的阻值是不同的，但它们的取值目的是相同的，就是将 50 μA 表头电流以外的电流分流掉。

在进行直流电流测量时，测量电路中有两路电流：一路是分流电流；一路是表头电流（见图 5-5）。但是由于分流电阻比表头内阻小很多，所以分流回路中通过的电流总是比表头回路中的电流大，从而起到保护表头的作用，同时又能提供表头应有的工作电流，从而达到测量效果。

2. 指针式万用表的直流电流测量方法

（1）选择合适的直流电流测量挡位。在测量前，选择合适的测量挡位十分重要。选择测量挡位的依据是：被测电路的电路形式及电路作用。如测量模拟电路中的单级放大的电流值，一般其工作电流在 10 mA 以下；如测量功放电路中的推动级，一般电流值在 50 mA 以下；如测量功放电路中的末级放大级的电流值，则静态电流一般在 50 mA 以内，动态电流电流值在 500 ～ 1 000 mA 之间。

（2）进行直流电流测量时，需将被测点断开，以便将万用表的两根表笔接入测量回路中。接入时，不能将红、黑表笔接错，否则表针反方向偏转，很可能会损伤万用表表针。

红、黑表笔的接入方向应根据被测点的电流方向而定。如是"+"电源供给的电路，应将红表笔接在电流供给的上方；黑表笔接在被供给电流的一方，如图 5-6 所示。

这种测量应先切断测量点，后将万用表串联在电路中的测量方法，测量出的直流电流值比较准确。但是，测量过程比较复杂。

（3）换算测量的测量方法。以上测量直流电流的方法比较麻烦。还有另外一种方法可以比较方便地测量出直流电流：即通过测量回路电路中的某个元件上的电压值，然后通过欧姆定律，求出被测点的近似电流值：

$$I=U/R$$

以图5-6为例：先测量VT1的发射极电压，即R3两端的直流电压值。然后通过欧姆定律，求出VT1的发射极电流。则：

$$0.15 \div 0.1 = 1.5 \text{ mA}。$$

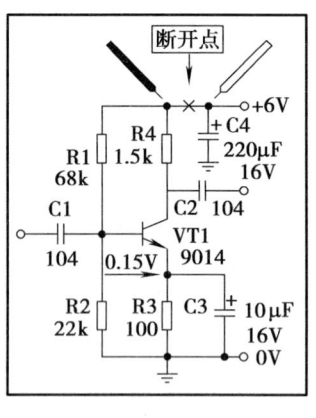

图5-6 直流电流测量示意图

要说明的是，该电流值是VT1集电极电流与基极电流之和，由于基极电流很小，约0.1 mA以下，所以该电流值可以估计看成是VT1的集电极电流。

以上这种先测量电压值，后计算出电流值的方法，比较方便实用。

（4）测量大于500 mA电流，应使用5 A专用插孔。测量前，将红色表笔插入"5 A"插孔，并将挡位置于"500 mA"挡。

（5）直流电流测量时，读取万用表刻度盘上的第三组刻度数值。

3. 指针式万用表在直流电流测量中的注意事项

（1）如使用断开测试点的直流电流测量方法，要注意先将万用表的红、黑两根表笔良好地接入被测电路之中，然后才能接通电源。

（2）如不清楚被测电流值，应将测量挡位拨至最大挡，然后根据测量情况，逐一减小测量挡位。（注意：改变测量挡位，必须先切断电源）。

（3）严禁使用50 μA直流电流测量挡位。该挡位主要不是用于测量之用，而是为万用表在生产中的校验之用。此挡电路中没有加任何分流电阻，表笔两端电流直接加在表头的两端，稍大的电流就可能会对表头造成永久性的损坏。

六、指针式万用表的直流电压测量

1. 指针式万用表的直流电压测量原理

图5-7所示为直流电压测量的表内部电路原理图。从图5-7中可以看出，直流电压测量中，每挡都有一个电阻与表头串联，从而构成不同的量程。被测电压较低时，测量电路中与表头相串联的电阻阻值就小；被测电压高时，测量电路中与表头相串联的电阻阻值就大。测量电路中串联电阻阻值取值的大与小，目的有二个：一是使表头中流过额定的电流（表头两端为1 V电压），使表针产生偏转；二是将测量电路中，大于表头工作电压（1 V）的多余电压，通过串联电阻进行分压，以免大电流损坏万用表表头。在转换测量挡位过程中，实际上就是在改变表头与串联电阻的阻值，从而找到合适的挡位，使表头在偏转范围中指示实时的测量数据。

图5-8所示为直流电压测量原理示意图。其中Rm为表头的匹配调整元件相当于

图 5-7 中的 R7x；Rx 是测量回路的降压元件，相当于图 5-7 中的 R23 ~ R29 等。在测量过程中，当在表头的两端加有 1 V 电压时，表头就生产偏转（满度），而大于 1 V 的电压值，都在 Rx 上产生电压降。

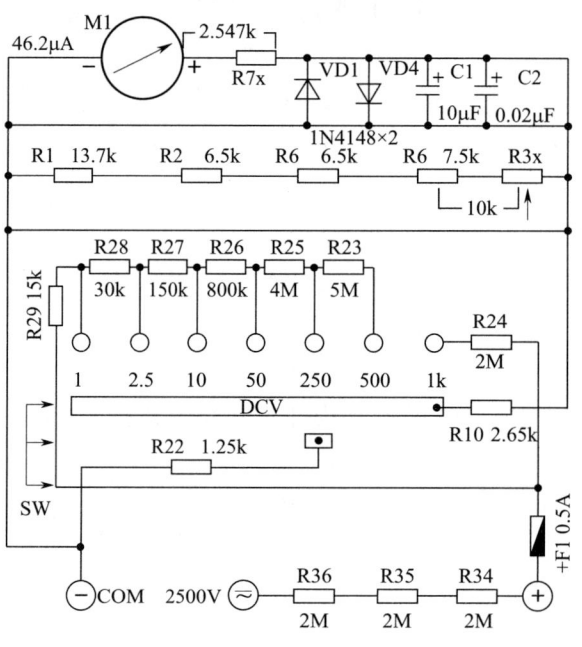

图 5-7　直流电压测量的表内部分电路原理图

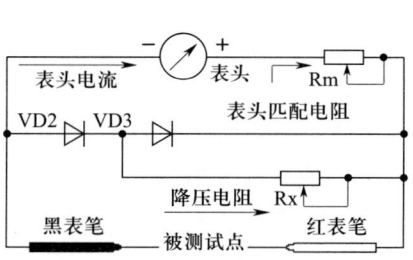

图 5-8　直流电压测量原理示意图

转换测量挡位，实际上就是改变 Rx 的阻值，从而得到不大于测量挡位值的电压值。

在进行直流电压测量时，测量电路中形成测量电流，其路径为：红表笔→降压电阻 Rx（挡位电阻）→表头匹配电阻 Rm →表头→黑表笔。一旦表头中有电流流过，表头指针就产生偏转，并指示一个电压读数。

2. 指针式万用表的直流电压测量方法

（1）选择合适的直流电压测量挡位。在测量前，选择合适的测量挡位十分重要。选择测量挡位的依据是：①被测电压值不会大于被测电路的工作电压值。②测量放大电路的集电极电压，挡位一般选在与电路工作电压相近的偏高挡位上。③测量放大电路的发射极电压，挡位一般选在与 1/3 电路工作电压相近的挡位上。④测量基极电压，挡位选在与 1/3 电路工作电压相近的测量挡位上，或选择更小的测量挡位上。虽然测量挡位小一些对读取测量值会比较清楚，但测量的同时也增大了万用表测量电路将基极电位对地分流的作用，而对被测电路造成工作干扰。

（2）测量中应根据情况更改测量挡位。更改测量挡位的原则是：先高电压挡位，后低电压挡位。

（3）红、黑表笔的接入方法。正确接入万用表的红、黑两根表笔，才能得到正确的测量结果。

如被测电路是"+"电压输入，测量时黑表笔接被测电路的"地"，红表笔接入各测量点（见图5-9）。如被测电路是"-"电压输入，测量时红表笔接被测电路的"地"，黑表笔接入各测量点。如发现万用表指针反向偏转，则应调换红、黑表笔后再测量。

（4）在测量电压时，最好固定住接"地"的那根表笔，左手测量，右手记录。如果稳压电源的输入端是专用的夹子，则可将接"地"表笔插入夹子中。

（5）测量小于2 500 V直流电压前，应将表笔插入2 500 V专用高压测量孔中，同时转换开关应拨至1 000 V挡位上。

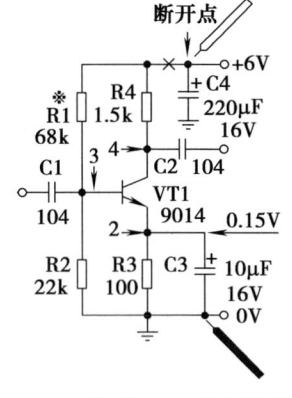

图5-9　直流电压测量示意图

（6）图5-9电路的直流电压测量顺序：

1）首先测量电路的工作电压是否正常。只有在工作电压正常的情况下，才能进行以下测量。

2）测量VT1的发射极电压值。测量出VT1的发射极电压值，可以初步判断由VT1组成的放大电路是正常的。

3）测量VT1的基极电压。

4）测量VT1的集电极电压。

5）图5-9电路测量后的各点电压值为：e极0.15 V；b极0.7 V左右；c极2.2 V左右。

3. 指针式万用表在直流电压测量中的注意事项

（1）根据被测电路的工作电源极性，正确选择红、黑表笔。

（2）如不清楚被测电压值，表针偏转较小时，应将测量挡位减小。转换挡位前，必须切断被测电路的工作电源。

（3）为了保证有相对较高的测量精度，反映测量电压读数的万用表的指针位置，最好在万用表刻度盘的1/4～3/4之间。因为在这个读数区域的刻度画线比较多，比较细，能读出较精确的读数。

（4）测量中，应注意表笔不能与其他焊点相碰，以防造成短路而影响被测电路的正常工作甚至损坏电路元件。

（5）万用表在进行电压测量时，要考虑到万用表内阻的影响。例如，为了测量电压要将表笔接到被测电路上，万用表内的电阻上也有电流流过，这会对测量值有一定影响。即使测量同一点的电压，使用不同的挡位，万用表的内阻不同，影响程度也不同。所以，在不影响读数精度的情况下，应选用高挡位进行测量。

七、指针式万用表的交流电压测量

1. 指针式万用表的交流电压测量原理

图5-10所示为交流电压测量的表内部电路原理图。从图5-10中可以看出，测

量交流电压时比测量直流电压多了一个直流整流电路，目的是将测量的交流电压通过 VD2、VD3 的整流作用变成直流电压。因为万用表的表头是一只直流电流表头，只有直流才能使表头进行动作（偏转）。在每测量挡位中，都有一个电阻与万用表的输入端串联，从而形成了不同的测量量程。被测电压较低时，测量电路中与表头相串联的电阻阻值就小；当被测电压高时，则测量电路中与表头相串联的电阻阻值就大。测量电路中串联电阻器的阻值取值的大与小，目的有二个：一是使表头中流过额定的电流（表头两端为 1 V 电压），使表针产生偏转；二是将测量电路中，大于表头工作电压（1 V）的多余电压，通过串联电阻进行降压，以免大电流损坏万用表表头。

图 5-11 所示为交流电压测量原理示意图。其中 Rm 为表头的匹配调整元件，相当于图 5-10 中的 R7x；Rx 是测量回路的降压元件，相当于图 5-10 中的 R16 ~ R19、R24 等；VD2、VD3 为整流元件。在测量过程中，在表笔两端输入的交流电压，首先经过降压电阻的降压作用，然后都要通过 VD2 或 VD3 进行半波整流，最后在表头的两端形成低于 1 V 的直流电压，使指针生产偏转，指出读数。

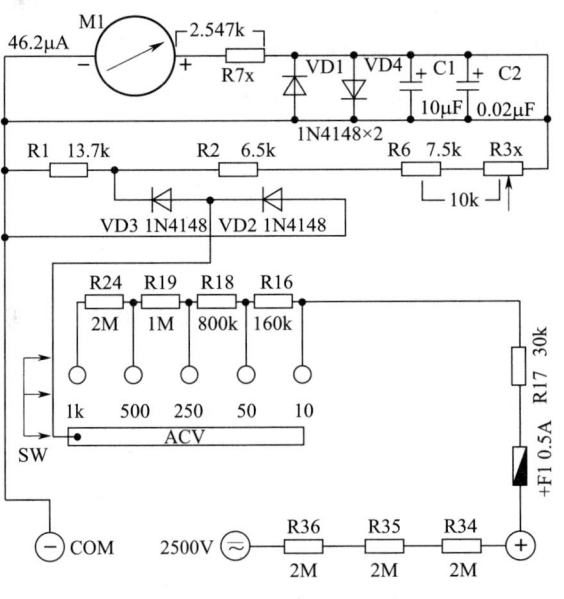

图 5-10 交流电压测量的表内部电路原理图

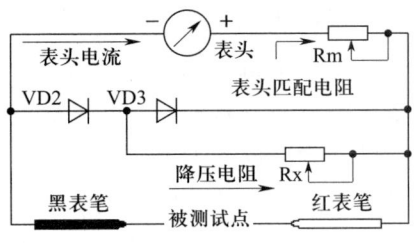

图 5-11 交流电压测量原理示意图

转换测量挡位，实际上就是改变 Rx 的阻值，从而得到不同的各挡电压值和测量读数。

在进行交流电压测量时，测量电路中形成测量电流，其路径为：红表笔→降压电阻 Rx（挡位电阻）→ VD2（VD3）整流→表头匹配电阻 Rm →表头→黑表笔。一旦表头中有电流流过，表头指针就产生偏转，并指示一个交流电压读数。

2. 指针式万用表的交流电压测量方法

（1）选择合适的交流电压测量挡位。在测量前，选择合适的测量挡位十分重要。

①测量 220 V 交流电压时，应将挡位选在 250 V 交流电压挡位上。测量时读取第三条刻度线上的刻度值。②测量小于 10 V 的交流电压时，挡位选在 10 V 交流挡，读取第二条刻度线上的刻度值。

（2）测量交流电压时，红、黑两根表笔无须区分。

（3）测量小于 2 500 V 交流电压前，应将表笔插入 2 500 V 专用高压测量孔中，同时转换开关应拨至 1 000 V 挡位上。

3. 指针式万用表在交流电压测量中的注意事项

（1）测量中要注意安全。在准备进行交流测量前，应认真检查表笔和表笔引线是否完好。

（2）测量前，要将挡位置于大于 250 V 的交流挡位上。然后根据测量情况更改测量挡位。

（3）测量时，一定要注意手不能触及表笔的金属部分。

（4）如需更改测量挡位，应先停止测量。

（5）万用表在进行电压测量时，要考虑到万用表内阻的影响。例如，为了测量电压要将表笔接到被测电路上，万用表内的电阻上也有电流流过，这会对被测电路有一定的电流分流作用，而对测量值有一定的影响。即使测量同一点的电压，使用不同的挡位，万用表的内阻不同，影响程度也不同。所以，在不影响读数精度的情况下，应选用高挡位进行测量。

八、指针式万用表的直流电阻测量

1. 指针式万用表的直流电阻测量原理

万用表的直流电阻测量，又称为欧姆（Ω）测量。图 5-12 所示为万用表直流电阻测量的表内部分电路原理图。从图 5-12 中所以看出，在直流电阻测量的回路中，串联了一个直流电源（电池），为测量回路提供直流电流。由于在测量回路中存在着直流电流，就有可能对高灵敏度的表头造成损坏。为此，在测量回路中加有电流分流元件，分流掉大于表头满度偏转时的多余电流。在每个测量挡位中，分流电阻的阻值都是不同的，其阻值的大小主要与测量挡位相配合。如测量挡位小，则分流电阻的阻值也相应地小。这是因为：小挡位是用来测量小阻值的电阻器的。由于被测电阻小时，测量回路中的电流大，而表头满度偏转时的工作电流没有改变。所以，万用表中的分流电阻的阻值也相应地减小，否则多余的测量电流就会造成表头指针过偏转或损坏。反之，高挡位中的分流电阻阻值比较大。

选用合适的测量挡位，使表头得到小于或等于满度偏转时的直流电流，从而使指针正确地指示测量刻度数。

图 5-13 所示为直流电阻测量原理示意图。其中 Rm 为表头的匹配调整元件，相当于图 5-12 中的 R7x；Rx 是测量回路中的直流分流元件，相当于图 5-12 中的 R4、R5、R8、R9、R11、R12 等。

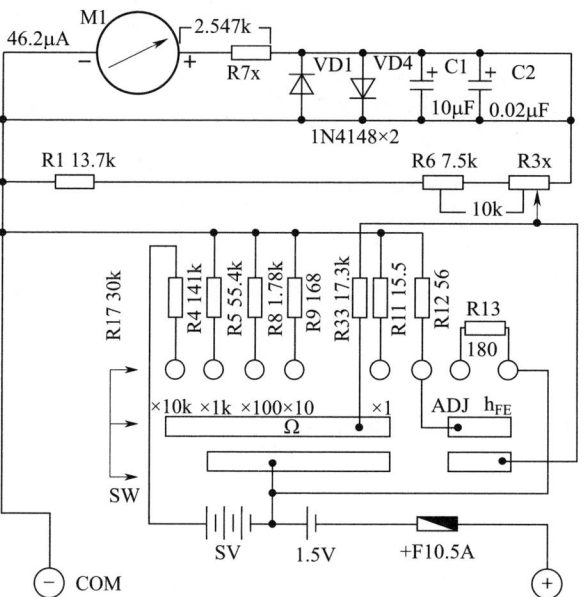

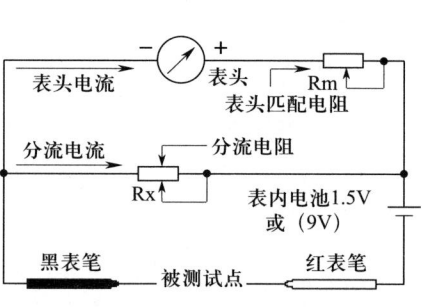

图 5-12　直流电阻测量的表内部分电路原理图　　　　图 5-13　直流电阻测量原理示意图

转换测量挡位，实际上就是改变 Rx 的阻值，从而得到不同的各挡直流分流值和各种测量读数。

在进行直流电阻测量时，测量电路中的测量电流路径为：红表笔→电流电源（电池）→然后分成两路：一路是分流电阻，对测量回路中的电流进行分流；另一路是表头电路。最后这两路都在黑表笔处汇合→被测电阻。表头中当有电流流过时，表头指针产生偏转，并指示在一个直流电阻读数上。

2. 指针式万用表的直流电阻测量方法

万用表的"Ω"测量挡主要是对电阻器进行测量，同时也能对晶体二极管和三极管的性能进行测量，还能对电容器进行估计测量。电阻器的测量方法如下：

（1）选择合适的测量挡位。在对电阻器进行测量前，要选择合适的测量挡位。选择测量挡位的标准是以读取刻度盘上的有效读数为首选，而尽量不读取刻度盘上的估计读数。例如测量一只 110 Ω 的电阻，如选用 R×10 挡，则指针指在"11"的位置，经过 11 Ω×10=110 Ω 的简单计算，就能得出测量结果。如选用 R×1 挡，则指针指在"100"偏左的位置，其中数字"100"是看得清的，但"10"只能进行估读，因为没有几十的刻度线。这样，测量值为（100 Ω+10 Ω）×1=110 Ω（估计）。如选用 R×100 Ω 挡，则指针指在数字"1"偏左位置，其中"0.1"只能进行估读，因为只有 0.5 的刻度线，而没有"0.1"的刻度线。这样，测量值为（1 Ω+0.1 Ω）×100=110 Ω。所以，仔细观察后就会发现：R×10 挡中的"10～20"的刻度线距离有 20 mm 左右，而且刻度数值的精度为 1。而 R×1 挡中的"100～200"的刻度线距离只有 8 毫米左右，其刻度数值的精度为 0.2。观察万用表刻度盘上的刻度线，会得出这样的结论：刻度线间的距离越大，可读取刻度数越小，则读取的阻值数精度就越高。从上例可知：在以上 3 种测量挡位的选择中，以选用 R×10 挡为最佳，以选用 R×100 挡为最劣。

（2）进行 Ω 校 "0"。选好挡位后，将红、黑两根表笔的测试头（金属部分）进行短接，然后调整 "0 Ω 调整钮"，使表针指示在 "0" 位。

（3）正确算出测量结果。电阻测量中，将刻度盘上指针指示的数值，乘以挡位的倍率数，最后得出被测电阻器的阻值数。单位为 Ω。

（4）测量电路中的电阻时，应先切断电源。如电路中有电容，则应先对电容器进行放电。

电阻器的测量原理见图 5-14 所示。

测量电阻器的姿势：左手拿电阻元件（见图 5-15），右手以握筷子的姿势拿表笔。

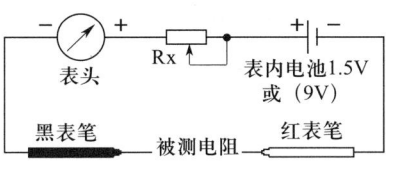

图 5-14 电阻器测量原理示意图

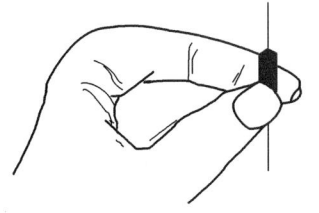

图 5-15 电阻器测量姿势示意图

3. 指针式万用表在电阻测量中的注意事项

（1）万用表平放在桌上，或小于 45° 角斜放在桌上。

（2）双眼与表面保持垂直，不要过于偏左或右。以保证读取数值准确。

（3）测量中，不要振动万用表，以防指针摆动而影响读数。

（4）测量电阻器时，要手拿着电阻器，以保证测量的方便。测量时，手不能同时触碰电阻器的两根引脚。避免人体电阻加入而影响测量结果。

（5）对引脚有轻微氧化的电阻器，在测量时要将表笔在引脚上轻轻刮动，以使表笔与电阻器引脚之间接触良好，从而提高测量准确性。

（6）每换一个测量挡位，都要进行校 "0"。

（7）当 R×1 挡不能调 "0" 时，表明万用表内的 1 节电池（1.5 V）电力不足需更换。当 R×10k 挡不能调 "0" 时，表明仪表内 6F22（9 V）层叠电池电力不足需更换电池。

九、指针式万用表的使用注意事项

1. 测量高压或大电流时，为避免烧坏开关，应在切断电源情况下，变换量限。

2. 被测电路的电压和电流的大小不能预测大致范围时，必须先调到最大量程，测大约的测量值，然后再切换到相应的测量范围的挡位上进行准确的测量。这样既能避免损坏万用表，又可减少测量误差。

3. 如偶然发生因过载而烧断熔丝时，可打开表盒换上相同型号的熔丝。

4. 测量高压时，要站在干燥绝缘板上，并单手操作，防止意外事故。

5. 万用表内的电池是在测量直流电阻时起作用，当电池的电量消耗以后，Ω 调整将无法进行。此时，应及时更换新电池。

6. 电阻测量挡使用的干电池应定期检查、更换，以保证测量精度。如长期不用，应取出电池，以防止电液溢出腐蚀万用表中的其他零件。

7. 仪表应保存在室温为 0 ~ 40 ℃，相对湿度不超过 80%，并不应有腐蚀气体的场所。

8. 万用表的表头是动圈式电流表，表针摆动是由线圈的磁场驱动的，因而测量时要避开强磁场环境，以免造成测量误差。

9. 为了使万用表能长期正确使用，应定期使用精密仪器进行校正，使万用表的读数与基准值相同，误差在允许的范围之内。

第 3 节　数字式万用表

广泛采用新技术与新工艺并由大规模集成电路构成的数字仪表，是近几十年来发展起来的一种新型仪表，具有测量精度高、灵敏度高、速度快及数字显示等特点。20 世纪 80 年代后，随着单片 CMOS A/D 转换器的广泛使用，新型袖珍式数字万用表得到迅速普及。尤其现代电子设备普遍应用微机作中央控制系统，因此，除在测试过程中特殊指明外，不能用指针式欧姆表测试微机和传感器，以免微机或传感器受损，通常应使用高阻抗的数字式万用表（内阻在 10 MΩ 以上）。

一、数字式万用表的特点

（1）数字式万用表由功能选择开关把各种输入信号分别通过相应的功能变换变成直流电压，再经 A/D 转换器直接用数字显示被测量的大小，其分辨率大大提高。

（2）数字式万用表电压挡的内阻比普通万用表高得多，因而精度高、功耗小。

（3）数字式万用表具有比较完善的过流、过压保护电路，过载能力强。

（4）数字式万用表插入"+"插孔的红表笔在测量电阻挡时是高电位端，这一点与普通万用表相反，在使用中必须注意。

数字式万用表的显示位数一般为 4 ~ 8 位，若最高位不能显示 0 ~ 9 的所有数字，即称作"半位"，写成"1/2"位。例如，袖珍式数字万用表共有四个显示单元，习惯上叫三位半数字万用表。由于采用了数显技术，测量结果一目了然。

$3\frac{1}{2}$ 式数字万用表与指针式万用表主要性能比较见表 5–2。

电子工艺基础（第二版）　　　　　　　　　　　　中国特色企业新型学徒制培训教材

表 5-2　$3\frac{1}{2}$ 位袖珍式数字万用表与指针式万用表主要性能比较

$3\frac{1}{2}$ 位数字式万用表	指针式万用表
数字显示，读数直观，没有视差	表针指示，读数不方便且有误差
测量准确度高，分辨率 100 μV	准确度低，灵敏度为一百至几百毫伏
各电压挡的输入电阻均为 10 MΩ，但各挡电压灵敏度不等，如 200 mV 挡为 50 MΩ/V，而 1 000 V 挡为 10 kΩ/V	各电压挡输入电阻不等，量程越高，输入电阻越大，500 V 挡一般为几兆欧。各挡电压灵敏度基本相等，通常为 4～20 kΩ/V；直流电压挡的灵敏度较高
采用大规模集成电路，外围电路简单，液晶显示	采用分立元件和磁电式表头
测量范围广、功能全，能自动调零，操作简单	一般只能测量电流、电压、电阻，需要调机械零点，测量电阻时还要调 Ω 零点
保护电路较完善，过载能力强，使用故障率低	只有简单的保护电路，过载能力差，易损坏
测量速度快，一般为 2.5～3 次／秒	测量速度慢，测量时间（不包括读数时间）需数秒
抗干扰能力强	抗干扰能力差
省电，整机耗电一般为 10～30 mW（液晶显示）	电阻挡耗电较大，但在电压挡和电流挡均不耗电
不能反映被测电量的连续变化	能反映被测电量的变化过程和变化趋势
体积很小，通常为袖珍式	体积较大，通常为便携式
价格偏高	价格较低
交流电压挡采用线性整流电路	采用二极管作非线性整流

二、数字式万用表主要技术性能

以 DT-890 型数字式万用表为例，说明数字式万用表的性能和使用方法。

图 5-16 所示为 DT890 型数字式万用表的面板，该表前后面板主要包括液晶显示器、电源开关、量程选择开关、h_{FE} 插座、输入插孔以及在后盖板下的电池盒。

液晶显示器采用 FE 型大字号 LCD 显示器，最大显示值为 1999 或 –1999。仪表具有自动调零和自动显示极性功能，即如果被测电压或电流的极性错了，不必改换表笔接线，而在显示值前面出现负号 "–"，也就是说此时红表笔接低电位，黑表笔接高电位。

当叠层电池的电压低于 7 V 时，显示屏的左上方显示低电压指示符号 "LO BAT"。超量程时显示 "1" 或 "–1"。小数点由量程开关进行同步控制，使小数点左移或右移。

电源开关右侧注有 "OFF"（关）和 "ON"（开）字样，将开关按下接通电源，即可使用仪表；测量完毕再按开关，使其恢复到原位（即"OFF"状态）以免空耗电池。

量程开关为 28 个基本挡和 2 个附加挡，其中蜂鸣器和二极管测量为公用挡，h_{FE}（晶体管放大倍数）采用八芯插座，分 PNP 和 NPN 两组。

压电陶瓷蜂鸣片装在电池盒下面，当被检查的线路接通时，能同时发出声、光指示，面板上的半导体发光二极管发出红光。

输入插孔共有四个，分别标有"10 A""A""V/Ω"和"COM"，在"V/Ω"与"COM"之间标有"MAX 700 V（AC），1000 V（DC）"字样，表示从这两个孔输入的交流电压不得超过 700 V（有效值），直流电压不得超过 1 000 V，即测量电压、电阻时表笔插入这两个插孔。测电阻时，插入"V/Ω"插孔的表笔为电源高压端，插入"COM"插孔的表笔为电源负端。测直流电压时，当"V/Ω"插孔引出的红表笔接被测端高电位时，显示测量数字为正，反之为负。另外，在"A"与"COM"之间标有"MAX 2A"，表示输入的交、直流电流最大不超过 2 A，若超过 2 A 小于 10 A 时，可用"10 A"与"COM"两插孔。

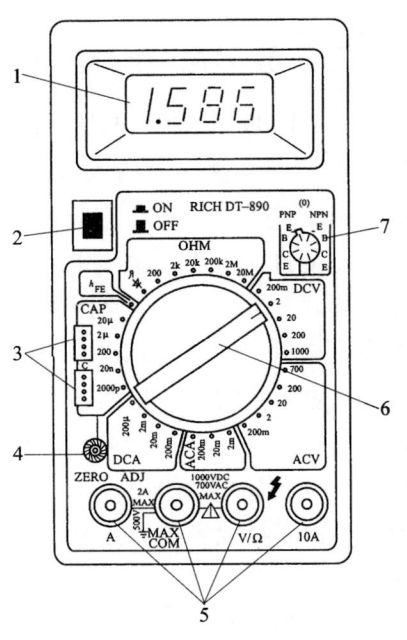

图 5-16　DT-890 型数字式万用表面板
1—液晶显示器　2—电源开关　3—电容插孔
4—测电容零点调节器　5—输入插孔
6—量程选择开关　7—h_{FE} 插座

仪表背面有电池盒盖板，按指定方向拉出活动抽板即可更换电池。为检修方便，表内装 0.2 A 快速熔丝管。

DT-890 型数字式万用表主要功能及挡位如下：

（1）基本挡（28 个）：

DC.V（直流电压测量）：200 mV、2 V、20 V、200 V、1 000 V。

AC.V（交流电压测量）：200 mV、2 V、20 V、200 V、700 V。

DC.A（直流电流测量）：200 μA、2 mA、20 mA、200 mA。

AC.A（交流电流测量）：2 mA、20 mA、200 mA。

Ω（电阻测量）：200 Ω、2 kΩ、20 kΩ、200 kΩ、2 MΩ、20 MΩ。

C（电容测量）：2 000 pF、20 nF、200 nF、2 μF、20 μF。

（2）检查二极管及线路通断（蜂鸣器）。

（3）h_{FE} 测量。

（4）附加挡（2 个）：

DC.A：10 A。

AC.A：10 A。

DT-890 型数字式万用表采用 9 V 叠层电池供电，整机功耗为 30 ~ 40 mW。

电子工艺基础（第二版）　　　　　　　　　　　　中国特色企业新型学徒制培训教材

三、数字式万用表的使用

以 DT-890 型数字式万用表为例。使用时，将黑表笔插入"COM"插孔，红表笔视测量不同参量，可插入"V/Ω"或"A"及"10 A"插孔，按下"ON/OFF"开关，如液晶显示屏左上角无"LO BAT"字样，则意味着电池电压正常，可以进行测试。

测量直流电压及交流电压时，当将量程开关转换到相应测量范围，在没测量时，显示屏显示 000；在电流挡测试前，显示也相同。而在电阻测试前，即表笔开路时，液晶屏显示"1"（在 1/2 位上）。

测量电容时，将量程开关置于 CAP 的相应挡位，由于各电容挡都存在失调电压，即没有电容时也会显示一些初始值，因而测量前必须调整"ZERO ADJ"（零点调节）旋钮，使初始值为 000 或 –000，然后再插上被测电容进行测量。测量电容时必须注意：每次更换电容挡，都要重新调零；应事先将被测电容短路放电，以免造成仪表损坏或测量不准。

二极管及线路通断检测是用同一个挡位。测二极管时，将红表笔插入"V/Ω"孔，接二极管正极，黑表笔插入"COM"孔，接二极管负极，则测出数值为其正向压降。据此压降值可确定二极管为锗管（显示 0.150 ~ 0.300）还是硅管（显示 0.550 ~ 0.700），并确定管脚的极性。当用来测线路通断时，若被测两点间电阻小于 30 Ω 时，则声、光同时指示。

将量程开关置 h_{FE} 挡，按 PNP 或 NPN 管分类正确插入测试插座，万用表即显示被测晶体管的 h_{FE} 值。

第 4 节　示　波　器

一、常用示波器的种类与特性

示波器就是用示波管显示信号波形的设备，常用于检测电子设备中各种信号的波形。

在电子设备中有很多产生、传输、存储或处理各种信号的电路，在检查、调试或维修这些设备时，往往需要检测电路输入或输出的信号波形，通过对信号波形的观测判断电路是否正常或通过观测波形将电路调整到最佳状态。

示波器可以根据内部结构或使用领域以及测量范围等进行分类，总的来说有射线管显示屏的示波器与液晶显示屏的数字式示波器两大类，图 5-17 所示为数字式示波器，其具有体积小、质量轻、功能多等优点，但是其使用功能与射线管式示波器基本相同。

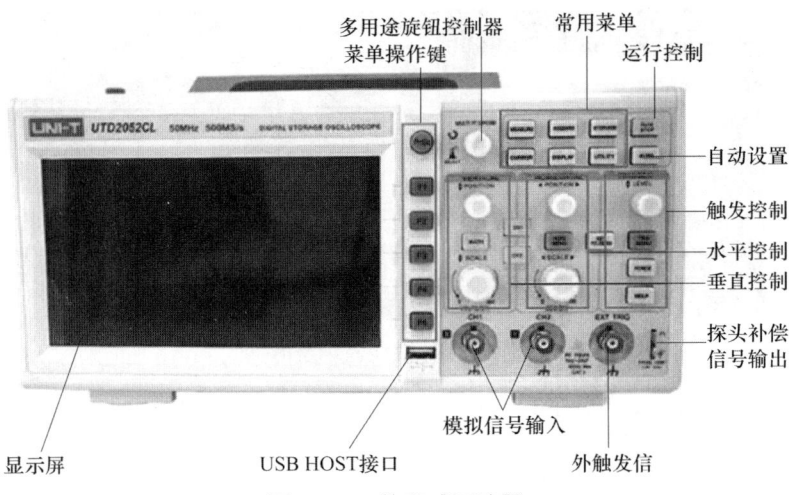

图 5-17　数字式示波器

根据测量信号的范围分类，可分为如下几种：

（1）超低频示波器。适合于测量超低频信号。

（2）普通示波器。适合于测量中频信号。

（3）高频示波器和超高频示波器。适合于测量高频（100 MHz）和超高频（1 000 MHz）信号。

按显示信号的数量来分，有单踪示波器（只显示一个信号的波形）、双踪示波器（可同时显示两个信号的波形）、多踪示波器（可同时显示多个信号的波形）。

按电路结构来分，有电子管示波器、晶体管示波器和集成电路示波器。

按测量功能来分，有模拟示波器和数字式记忆示波器。数字式记忆示波器是将测量的信号数字化以后暂存在存储器中，然后再从存储器中读出显示在示波管上。在测量数字信号的场合经常使用，便于观察数字数据信号的波形和信号内容。

示波器从波形显示器件来分，有阴极射线管（CRT）示波器、彩色液晶显示器两大类。随着科技的发展，现在还有彩色液晶触摸显示屏的数字示波器，这种示波器在使用中只要触摸显示屏上的相关功能"按钮"，就能调出各种测量功能，同时还能存储保留被测量的波形信号，以便后期对被测量做进一步分析。这种示波器还能测量瞬间信号波形，如红外遥控信号波形等，使用极为方便。

为适应测量电视信号的特点，示波器生产厂家专门生产了同步示波器，在示波器电路中设有与电视的行、场信号同步的电路，在控制面板上专门设置了选择电视行或电视场的键钮，以便在观测电视信号时，信号波形稳定。

二、示波器的整机结构

射线管示波器如图 5-18 所示，它是由一只示波管和为示波管提供各种信号的电路组成的。在示波器的控制面板上设有一些输入插座和控制键钮。测量用的探头通过电缆和插头与示波器输入端子相连。

电子工艺基础（第二版）　　　　　　　　　　　　　　　　中国特色企业新型学徒制培训教材

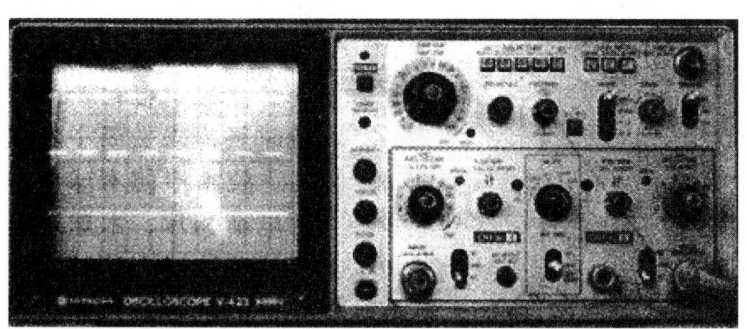

图 5-18　射线管示波器

1. 示波器的电路方框图

示波器的功能方框图如图 5-19 所示。从图 5-19 可见，它主要是由示波管和为垂直偏转、水平偏转提供驱动信号的电路构成的。

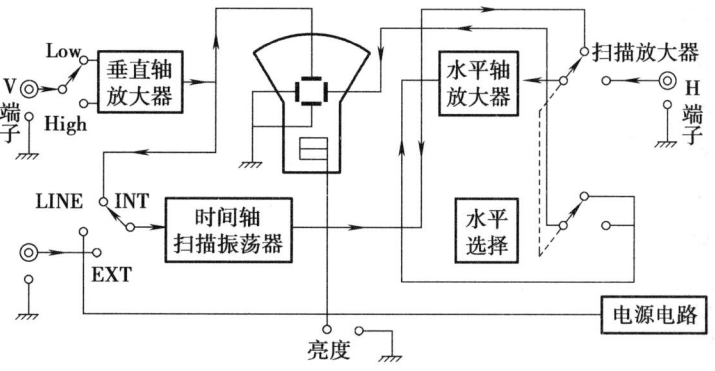

图 5-19　示波器的功能方框图

要观测的信号加到示波器面板上的垂直输入端子（V 端子），此信号由垂直放大器进行放大，然后加到示波管的垂直偏转电极上。与此同时，在示波器内部设有水平扫描电压产生电路，它所产生的水平扫描锯齿波电压加到示波管的水平偏转电极上。这个电路又被称为"时间轴扫描振荡电路"。

2. 示波器面板的各键钮功能

该示波器的左侧是示波管，示波管上安装一个塑料护罩，护罩同时将透明的刻度板固定在示波管前，刻度板上刻有 8×10 的方格，每格 1 cm²，用于测量波形在垂直和水平方向的刻度，一般垂直方向等效为电压值，水平方向等效为时间值（周期）。在测量时，1 个方格常被称为 1DIV，每个键钮都有符号标记，表示其功能。

以图 5-20 所示的面板为例，各按钮功能如下：

① CRT 护罩。示波管是一种阴极射线管，简称 CRT，护罩用以保护示波管屏幕不受损伤。

② 刻度盘。刻度盘由透明的有机玻璃板制成，上面刻有水平和垂直刻度线以便目测波形的幅度和周期。

170

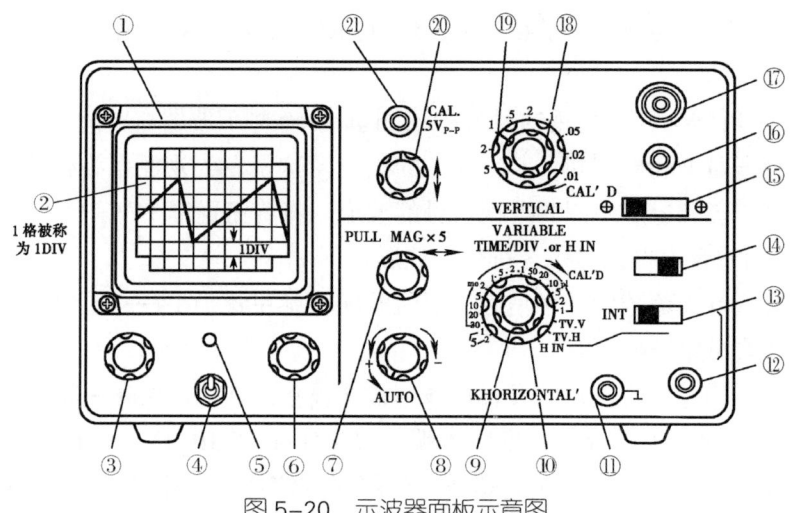

图 5-20 示波器面板示意图

③亮度调整（INTENSITY）。亮度调整，标记常为 INTEN，是扫描线亮度的调整钮。

④电源开关（POWER）。接通和断开电源的开关。

⑤指示灯。指示电源工作状态。当接通电源时，指示灯亮。

⑥聚焦调整（FOCUS）。用以调整扫描波形图像的聚焦状态，使用时应调整使波形最为清晰。

⑦水平位置调整（H.PSITION）。调整显示图像的水平位置。拉出时，时间轴扩展 5 倍。

⑧同步位置调整（TRIG LEVEL）。同步位置调整实际上是触发电平调整，示波器的同步方式有两种，一种是触发同步方式，另一种是强制同步方式。同步示波器就是具有强制同步方式的示波器。触发同步方式是通过调整示波器内同步电路中的触发电平，可微调同步信号的频率或相位，使之与被测信号的相位一致（频率可为整数倍）。

将触发电平钮逆时针旋转，置于自动（AUTO）位置，用于波形比较简单、规律性强的信号观测。可以观测信号波形的起始位置，例如脉冲的上升沿的观测，如果要观测波形的其他部位，则触发电平旋钮要进行左右微调，以便能观测到波形的任意相位。

⑨扫描时间和水平轴微调（VARIABLE）。这种调整旋钮通常标有，TIME/CM 符号，即时间 / 厘米，即时间轴的单位，一格（10 mm）相当于多长扫描时间（周期），如指在刻度"1"上，表示一格的扫描时间为 1 ms。使用中，调节扫描时间旋钮，应与被测信号的周期相关，当扫描时间的选择与被测信号的频率（周期）相适应时，就能显示比较清晰的被测信号波形。水平轴微调旋钮的调节，可以扩展被测波形，如水平微调向右顺时针旋转，被测波形就可以被扩展。

CAL 是 Calibration 的缩写，即校正的意思，使用示波器进行电压测量时需要进行校正。旋钮要置于此位置。

电子工艺基础（第二版）　　　　　　　　　　　　　中国特色企业新型学徒制培训教材

扫描时间。示波器的电子束在屏幕上进行扫描时，电子束扫描1cm所需要的时间称为扫描时间。

⑩ TV—H和TV—V（电视信号的行场测量）。有些示波器在时间轴调整钮方面设有电视行（TV—H）和电视场（TV—V）的挡位。这是专为观测电视信号中的行信号和场信号而设的。能稳定地观测电视信号的波形。将旋钮置于TV—H时，扫描时间为19μs/cm，在示波管上可以显示3行信号波形。

如果要观测电视信号中的场信号，要将时间轴旋钮置于TV—V位置，这样使观测的电视场信号波形比较稳定。

⑪ 接地端。测量信号波形时要将地线与被测设备的地线连接在一起。

⑫ 外部水平轴输入端或外触发输入端（EXT.H or。TRIG.IN）。当用示波器的内部扫描同时与外部信号同步时，从此端加入外部同步信号。另外对于外部扫描时，此端加入外扫描信号。

⑬ 同步（触发）信号切换开关（TRIG SOURCE）。这是为使观测信号波形静止在示波管上而设的同步信号选择开关。INT+、INT− 的位置是选择内同步信号，将该信号从垂直轴与送入的观测信号同时连接到扫描振荡器上，达到稳定被测波形的效果。

所谓同步信号，就是使显示信号与扫描同步所必要的信号。使扫描的周期与观测信号的周期成整数倍，显示的波形才能静止而稳定。

内部同步是将垂直信号的一部分作为同步信号，这就是内部同步。

外部同步是将外部（EXT）水平输入的信号作为同步信号。

⑭ 同步倾斜切换（TRIG SLOPE）。

⑮ 交流—直流—接地（AC—DC—GND）切换开关。当观测交流信号的波形时将开关置于"AC"位置，当观测直流信号或观测交流信号时，将此开关置于"DC"位置。当观测地的电平位置时开关置于"GND"。

⑯ 接地端（GND）。

⑰ 垂直轴输入端（VERT、INPUT）。被测信号输入端通常使用一个带探头的电缆，将被测的信号通过探头及电缆送入示波器的此端。

⑱ 垂直轴灵敏度微调（VARIABLE）。

⑲ 垂直轴灵敏度切换（VOm/DIV）。

以上⑱、⑲两项，是一个同心调整旋钮，外圆环形旋钮是灵敏度切换钮，它可以根据被测信号的幅度切换电路的衰减量，使显示的波形在示波管上有适当的大小。内圆旋钮是微调旋钮。

⑳ 垂直位置调整（V.POSITION）。调整此钮可以使示波管上显示的波形在垂直方向（Y轴方向）上下移动，如图5-20所示。

㉑ 旁边的标记"V"是英文Vertical（垂直）的缩写，这里是指示波器扫描线垂直方向的意思。垂直轴灵敏度校正用方波输入端（CAL）。这是示波器内部电路自己产生的一个标准信号，一般示波器却输出一个1kHz 0.5Vp-p的方波信号。

172

三、示波器的校正

为了提高波形的测试精度，应对测试探头进行校正。使用探头测量信号时，为了得到较高的测量精度，测量前预先将示波器的校正电压加到探头上，即将探头接到"CAL"端。

将示波器探头接到校正信号输出端（CAL），示波管上会出现 1 kHz 的方波脉冲信号。如果校正方波的形状不好，如图 5-21 所示，应对探头进行调整。

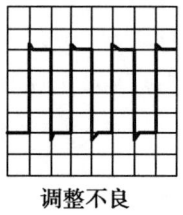 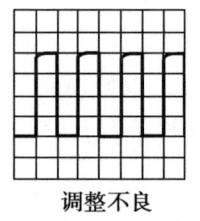

调整不良　　　　　　调整正确　　　　　　调整不良

图 5-21　1 kHz 测试方波

示波器探头中设计了一个可调电容，从探头一端的插头上有一个调整用的小孔，可以清楚地看到，如图 5-22 所示。

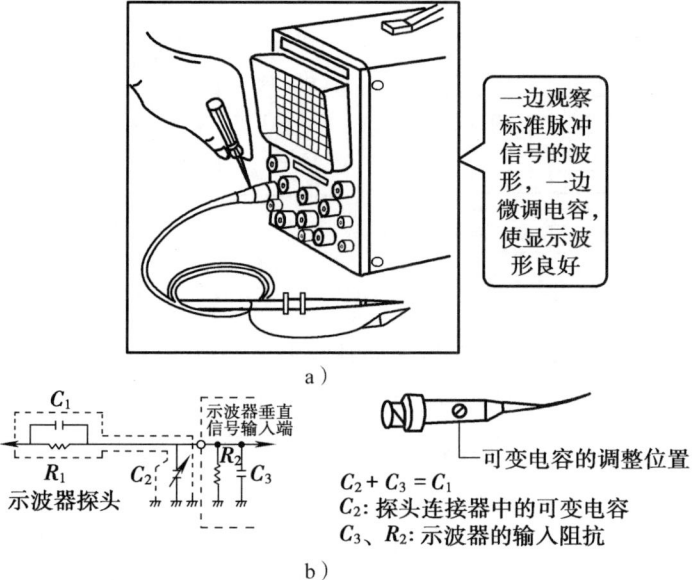

图 5-22　示波器聚焦调整示意图

调整探头中的可调电容器，应采用一字无感旋具，可以防止调整中的感应误差，同时也能防止因使用金属旋具而可能对可调电容器的损伤。调整示波器探头上的微调电容时，应一边观测信号波形一边进行仔细调整，直至屏幕上显示的波形良好（见图 5-22）。

四、示波器的使用方法

1. 示波器使用前的设置和调整

使用示波器前，应对示波器各个旋钮的位置进行检查及调整，才能使示波器正常工作。

（1）示波器的亮度调整。调试示波器亮度调整（INTENSITY）旋钮，使示波器上的扫描线的亮度适中，以便更好地观察测试波形。旋钮顺时针调节，亮度增加；旋钮逆时针调节，亮度降低，如图5-23所示。

（2）示波器的聚焦调整。调试示波器聚焦调整（FOCUS）旋钮，使示波器上的扫描线的清晰度最好，以便清楚地观察测试波形，提高测试效果。顺时针调节或逆时针调节旋钮，使聚焦性能最佳，如图5-24所示。

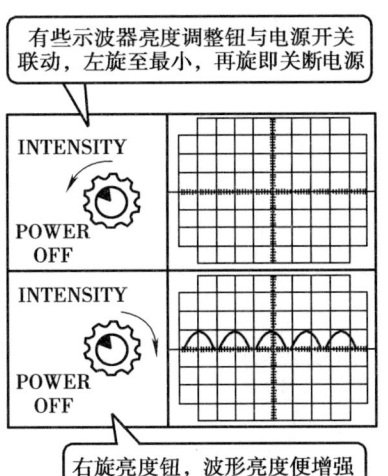

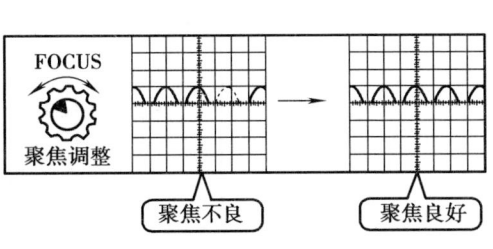

图5-23　示波器亮度调整示意图　　　　图5-24　示波器聚焦调整示意图

（3）示波器的水平位置调整。调试示波器水平调整（H.POSITION）旋钮，使示波器上的波形位于屏幕的中央位置，以便能清楚地观察测试波形，提高测试效果。调整旋钮逆时针调节时，测试波形向左移动；调整旋钮顺时针调节时，测试波形向右移动，如图5-25所示。

（4）示波器的垂直位置调整。调试示波器垂直位置调整（V.POSITION）旋钮，使示波器上的波形的位置位于屏幕的中央，以便清楚地观察测试波形，提高测试效果。调整旋钮逆时针调节时，测试波形向上移动；调整旋钮顺时针调节时，测试波形向下移动，如图5-26所示。

（5）示波器的扫描速度调整。调试示波器扫描速度调整（TIME/CM）旋钮，使示波器上的波形在屏幕上形成一个完整的波形，或形成多个完整的波形，以便清楚地观察被测试波形的频率，以提高测试效果。调整旋钮逆时针调节时，被测试波形增多；调整旋钮顺时针调节时，被测试波形减少，如图5-27所示。

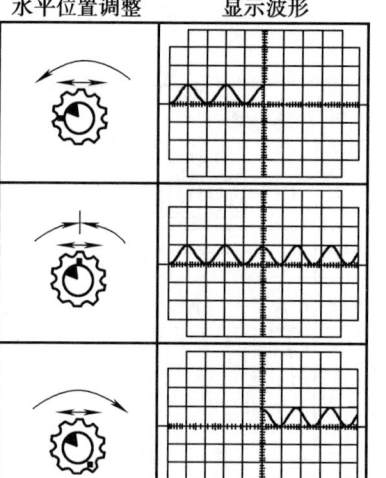

图 5-25　示波器水平调整示意图

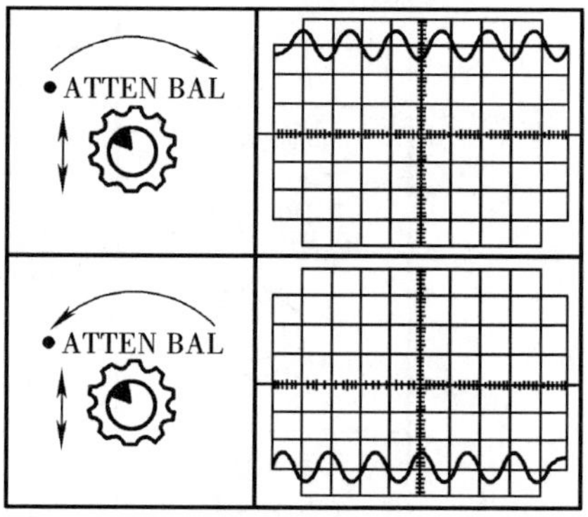

图 5-26　示波器垂直调整示意图

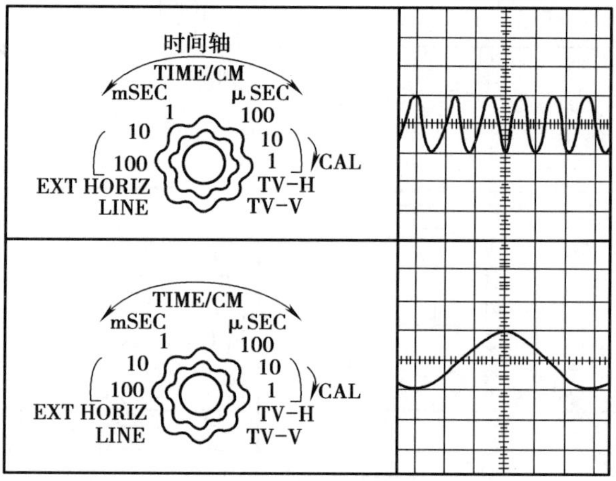

图 5-27　示波器扫描速度调整示意图

（6）示波器的同步调整。调试示波器同步调整（TRIG LEVEL）旋钮，使示波器上的波形清晰、稳定，以便清楚地观察到被测试波形，从而提高测试效果。顺时针调节或逆时针调节旋钮，使被测试波形稳定，如图 5-28 所示。

2. 示波器的使用方法

（1）将示波器的电源开关 POWER 置于 ON 位置，电源接通，指示灯亮。

（2）调整亮度旋钮，示波管上就会出现一条横向亮线。

（3）调整聚焦钮使显示图像清晰。

（4）微调水平或垂直位置旋钮，使显示的扫描线位于示波管中央。如图 5-28所示。

（5）调整同步调整旋钮，使扫描线在屏幕上稳定（不跳动）。

（6）接好接地线。示波器上的接地引出线要确保良好。示波器上的接地线也应与被测设备连接良好。如图 5-29 所示。

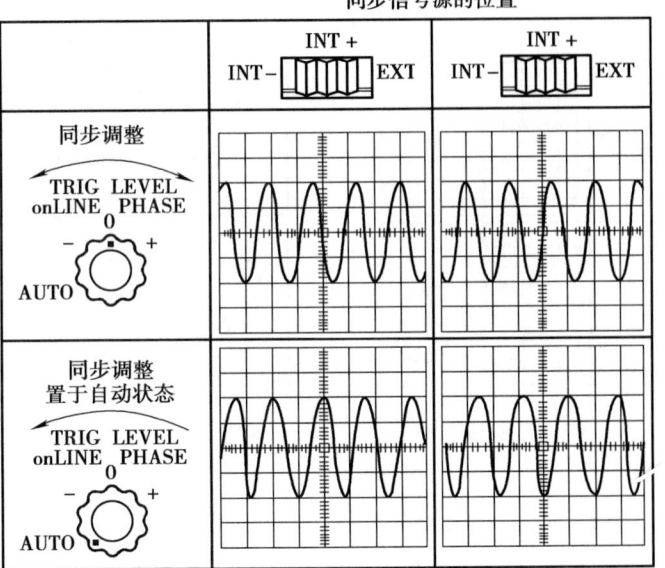

图 5-28　示波器同步调整示意图

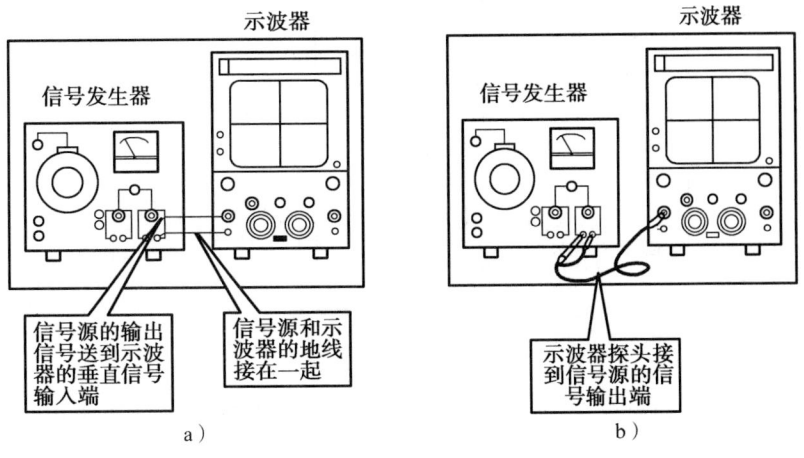

图 5-29　示波器与外部仪器连接示意图

（7）将示波器的探头连接到垂直输入端（VERT.INPUT），并将切换开关⑩的位置拨到 AC（测交流信号波形），如同时检测直流分量，将此开关置于 DC（直流）位置。示波器探头与被测试点连接。测试中，将测试探头接触被测试点，同时调整"频率"调整旋钮和"同步"调整旋钮，使被测波形稳定。

（8）将垂直轴灵敏度切换钮旋至衰减高的位置（反时针旋转）。

（9）将示波器的探头接到被测电路后，一边观察波形图像，一边调整垂直幅度旋钮，使波形在显示屏上的显示大小适当。

（10）将示波器的时间轴切换钮左右旋转，使示波管上的信号波形显示出比较清楚的波形，一般显示 2 ~ 3 个周期波形为宜。如果波形不容易同步，可微调同步位置钮（TRIG.LEVEL），使波形稳定为宜。

（11）测试波形的读取。

1）信号波形幅度的读取。被测信号送入示波器就会在示波管上显示出该信号的波形，波形的幅度可以根据刻度估算出来。例如，图 5-30 所示的信号是一个锯齿波信号，在测量电压的时候要将旋钮（VARIABLE）顺时针旋至最大值，即为 CAL（校正）的位置。读数过程如下：

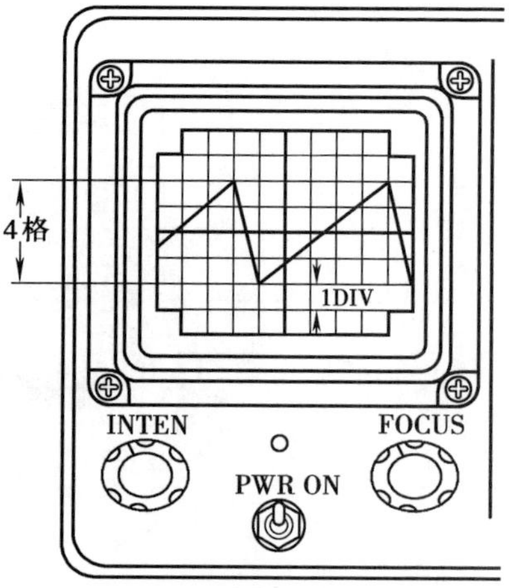

①观察波形垂直方向的大小，图示状态为 4 格（DIV）。

②"⑩"开关的位置为 1 V/cm。

③使用示波器探头，衰减 10∶1。

④电压值 = 刻度值 × 开关挡 × 探头倍率 = 4（格）×1 V/ 格 ×10=40Vp-p。

图 5-30 波形的读取示意图

2）信号周期的读取。信号周期的测量，仍以上述锯齿波为例，水平轴微调钮⑨顺时针旋至最大值，即 CAL（校正）的位置，其他旋钮的位置不变。周期读数过程如下：

①信号一个周期的长度，图示状态为 6 格（DIV）。

②水平轴切换开关⑩为 2 ms/cm（2 ms 每格）。

③周期则等于 1 周期的刻度值 × 水平轴开关范围。

6（格）×2 ms/ 格 =12 ms。频率数为周期 T 的倒数 $f=1/T=1/12=83.3$ Hz。

第 5 节 频 率 计

一、频率计的性能特点

频率计数器简称频率计，是一种基础测量仪器。随着科学技术的不断发展，频率计技术已经非常成熟，测量范围（测量频率的上限）有很大拓展，测量精度进一步提高，工作稳定度进一步提升。对提高被调设备的质量起到很大的作用。

图 5-31 为晶体管频率计数器外形图。

在测试通信、微波器件或产品时，常常需要测量频率，通常这些都是较复杂的信号，如含有复杂频率成分、调制的或含有未知频率分量的、频率固定或变化的、纯净的或叠加有干扰的等等。为了能正确地测量不同类型的信号，必须了解待测信号特性和各种频率测量仪器的性能。微波计数器一般使用类型频谱分析仪的分频或混频电路，另外，还包含多个时间基准、合成器、中频放大器等。虽然所有的微波计数器都是用来完成计数任务的，但制造厂家都有各自的复杂设计，使得不同型号的计数器性能和价格会有所差别，因此，需要根据其附加特性或价格来合理选择。

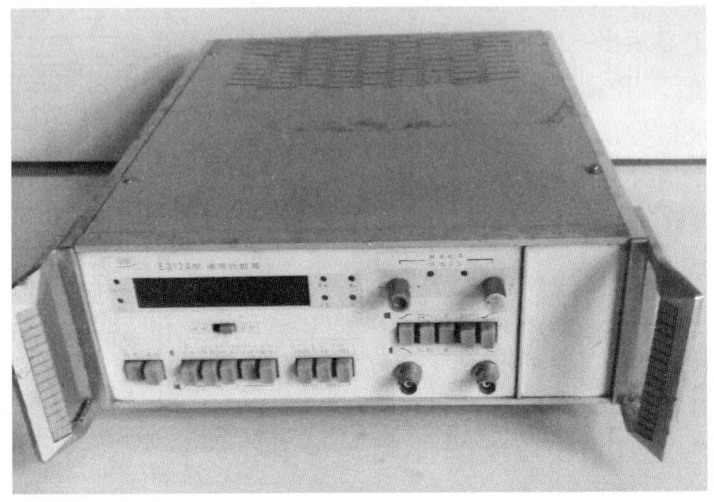

图 5-31　频率计数器

1. 对灵敏度和准确度的要求

为了测量微波频率，频率计必须在测量频率点上有足够的灵敏度，因为有些仪器的实际性能比说明书给出的指标要好些，这样当测量临界信号时才可能有更多的灵活性。例如，微波计数器说明书给出在 20 GHz 时灵敏度为 –25 dBm，那么完全可以成功地用来测量该频率点上 –30 dBm 的信号。当然，如果计数器的额定最高频率为 18 GHz，那么由于计数器电路不能工作在 18 GHz 以上，所以不能用它测量在 20 GHz 上 0 dBm 的信号。因此，如果要做精确的测量，一定要保证被测信号的频率和幅度在测量仪器的指标范围之内。

说明书上的测试性能指标给出了测量仪器的"准确度"和"分辨率"。准确度指标表明仪器的读数接近实际信号频率的程度；而分辨率指标表明多小的频率变化可以在仪器上显示出来。假如需要在 15 GHz 有 1 Hz 的分辨率，仪器必须至少显示 11 位数。高分辨率可以快速测出更小的漂移值和不稳定值，但这时的读数不能完全代表仪器的准确度。

2. 测量仪器的准确度的选择

仪器的频率测量准确度取决于时基（基准频率）。大多数仪器使用的 10 MHz 基准振荡器具有 10^{-7} 或 10^{-8} 的频率准确度和稳定度。高分辨率比高精度更容易实现，因为增加显示位数比制造更稳定的振荡参考源要容易得多。

为了提高仪器的测量准确度和稳定度，可以购买一个具有小型恒温槽的参考振荡器作为时间基准。好的恒温槽温度可以稳定到零点几度，这样就可以保证在外部温度变化时振荡器的频率变化相当小。当然，仪器的固有准确度取决于制造的精度以及校准实验室对时基振荡器的校正；准确度主要取决于晶振的热稳定性，而与老化关系不大。

通过使用铯束频率标准或 GPS 信号作为一个参考频率源送入频率计测量系统中的基准频率振荡器中，可最大限度地提高频率测量准确度，这样在测量仪器中就不需要有精确的时基，而可以达到 10^{-12} 到 10^{-14} 的频率测量准确度，也就是说，可以达到比仪器最高分辨率高得多的频率测量准确度。

二、电子频率计

下面以 E312A 型通用电子计数器为例。

E312A 型通用电子计数器是一种具有多种测试功能并采用大规模集成电路的电子计数式测量仪器，因具有体积小、质量轻、耗电省、可靠性高等优点而被广泛应用。

1. 主要技术性能

（1）频率测量。从 A 通道输入；频率测量范围为 1 Hz ~ 10 MHz；当输入端为 AC 耦合时，适于正弦波，为 DC 耦合时，适于脉冲波、三角波或锯齿波；闸门时间有 10 ms、0.1 s、1 s 和 10 s 四挡供选择；测量单位为 kHz，小数点自动定位。

（2）周期测量。从 A 通道输入；测量范围为 0.4 μs ~ 10 s，若为多周期测量，倍乘率有 $\times 10^0$、$\times 10^1$、$\times 10^2$ 和 $\times 10^3$ 四挡供选择；测量单位为 μs，小数点自动定位。

（3）频率比测量。从 A、B 通道输入；测量范围：A 通道为 1 Hz ~ 10 MHz，B 通道为 1 Hz ~ 2.5 MHz；倍乘率与周期测量时相同；无单位显示；小数点自动定位。

（4）脉冲时间间隔测量。测量范围：0.25 μs ~（10^7-1）μs；单线由 A 通道输入，双线由 A、B 通道输入（A 为启动信号，B 为停止信号），并要求脉宽 ≥ 0.5 μs，休止期 ≥ 0.5 μs；测量单位为 μs，小数点自动定位。

（5）计数。计数最大值为 10^8-1；小数点在数字右边；其他各项指标与频率测量相同。

（6）输入阻抗。A、B 端输入电阻 ≥ 500 kΩ，输入电容 ≤ 30 pF。

（7）晶体振荡器

振荡频率为 5 MHz，稳定度 ≤ 1×10^{-8} ppm。

（8）显示及工作方式

八位记忆显示，自动复原，显示时间为 0.2 s 加测量时间；可人工复原和保持。

2. 基本工作原理

E312A 型通用计数器由输入通道、计数 / 控制逻辑单元、晶体振荡器、LED 显示器及电源等部分组成。整机原理方框图如图 5-32 所示。

输入通道分 A、B 两个，每个通道均由衰减器、输入保护电路、阻抗变换器、放大器、整形电路、三态灯指示电路以及控制选择门组成，其原理方框图如图 5-33 所示。

电子工艺基础（第二版）　　　　　　　　　　　　　中国特色企业新型学徒制培训教材

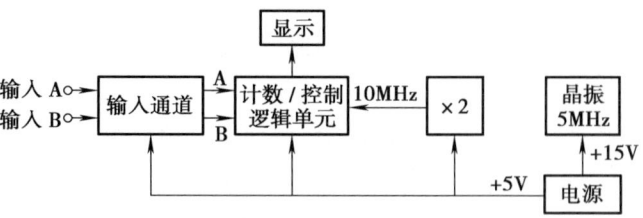

图 5-32　E312A 频率计数器整机原理方框图

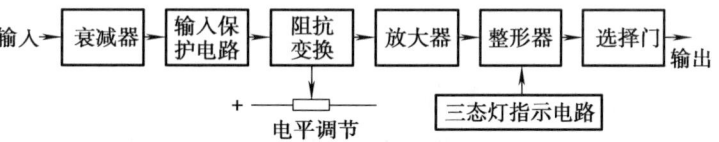

图 5-33　E312A 频率计数器输入通道原理方框图

被测信号经输入通道放大、整形后，形成矩形波输出，控制选择门可选择其上升沿或下降沿，送入计数 / 控制逻辑单元。三态灯指示电路用来检测整形电路的工作状况，当整形电路工作正常时，它将被触发，指示灯闪烁点亮。

计数 / 控制逻辑单元是整机的核心电路，它主要由一块大规模集成电路 ICM7226B 组成，它内部包含有多位计数器、寄存器、时基电路、逻辑控制电路、显示译码驱动电路以及溢出和消隐电路等。它可以直接驱动外接的八位 LED 显示数码管，以扫描形式显示测量结果。

该电路具有 8421 的 BCD 码输出、复原输出、记忆输出、段码输出和扫描位脉冲输出，还具有时钟输入、闸门时间（周期倍乘）输入、功能输入、复原输入、保持输入及 A、B 输入。其原理方框图如图 5-34 所示。

当 ICM7226B 的功能输入端与不同的扫描位脉冲输出端连接时，其测量功能发生变化，可分别完成频率、A/B（频率比）、周期、时间间隔、计数和自校等功能。当

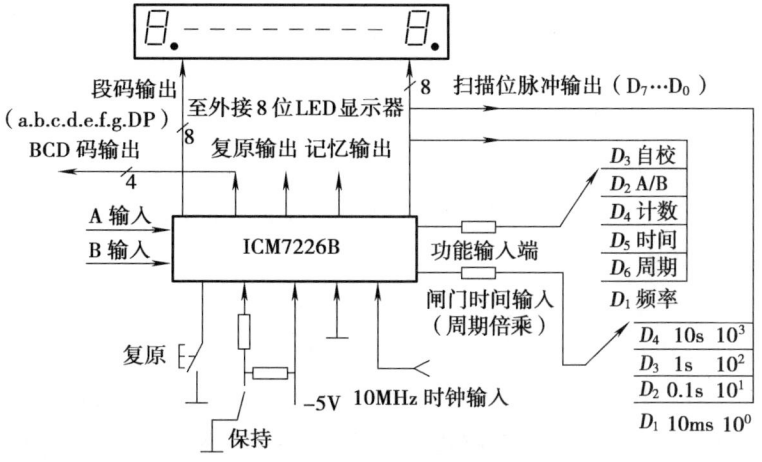

图 5-34　计数 / 逻辑控制单元原理方框图

180

ICM7226B 的闸门时间输入端与不同的扫描位脉冲输出端连接时，可获得 10 ms、0.1 s、1 s、10 s 四挡闸门时间或 10^0、10^1、10^2、10^3 四挡倍乘率。

显示驱动电路有无效零消隐功能，并有计数溢出指示。

晶振采用 5 MHz 的晶体振荡器，经 2 倍频电路，提供 ICM7226B 所需的 10 MHz 标准时钟信号。

3. 基本测量方法

（1）频率计面板的各操作功能。E312A 型通用计数器的面板布局如图 5-35 所示。面板上各控制装置的功能说明如下。

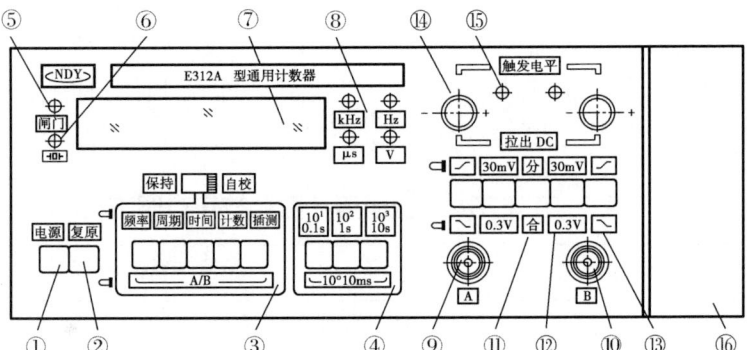

图 5-35 E312A 型通用计数器的面板布局

①电源开关：按下开关接通机内电源，仪器可正常工作。

②复原键：每按一次，产生一个人工复原信号。

③功能选择模块：由三位拨动开关和五个按键开关组成。拨动开关处于右侧时，执行自校功能，显示 10 MHz 钟频；拨动开关处于左侧时，保持显示拨动前的数据（在此位置时，五个按键开关失去作用）；当拨动开关处于中间位置时，功能由按键开关位置决定，五个开关可完成六种功能：测量频率、周期、时间、计数、插测及当五键全部弹出时可进行频率比测量。

④闸门选择模块：由三个按键开关组成，可选择四挡闸门时间和相应的四种倍乘率。

⑤闸门指示：闸门开启，发光二极管亮（红色）。

⑥晶振指示：晶体振荡器电源接通，发光二极管亮（绿色）。

⑦显示器：八位七段 LED 显示，小数点自动定位。

⑧单位指示：四种单位指示：测频为 kHz，测时间为 μs；Hz 和 V 供功能扩展插件用，即插测。

⑨A 输入插座：频率和周期测量时的被测信号、时间间隔测量时的启动信号及 A/B 测量时的 A 信号均由此处输入。

⑩B 输入插座：时间间隔测量时的停止信号，A/B 测量时的 B 信号由此处输入。

⑪分合键：按下为"合"，B 通道断开，A、B 通道相连，被测信号由 A 输入；弹起为"分"，A、B 为独立通道。

⑫输入衰减键：弹出时，输入信号不衰减进入通道；按下时输入信号衰减 10 倍后进入通道。

⑬斜率选择键：用来选择输入波形的上升沿或下降沿。按下选择下降沿；弹起选择上升沿。

⑭触发电平调节器：由带推拉式开关的电位器组成，通过调整电位器完成触发电平的调节作用。开关推入为 AC 耦合，拉出为 DC 耦合。

⑮触发电平指示灯：表示触发电平的调节状态。发光二极管均匀闪亮表示触发电平调节正常；常亮表示触发电平偏高；不亮表示触发电平偏低。

⑯内插件位置：当插入功能扩展单元时，就能完成插测功能的扩展作用。

（2）频率计的校正。仪器测量前应先进行校正检查，以判断仪器工作是否正常。本仪器内部时钟信号频率固定为 10 MHz。当选择不同闸门时间时，显示结果应符合表 5-3 所示的读数，否则说明仪器存在故障。

表 5-3　E312A 型通用计数器校正对照表

闸门时间	10 ms	0.1 s	1 s	10 s
显示读数	10 000.0	10 000.00	10 000.000	0 000.000 0

4. 频率计的使用

（1）频率计的一般使用

1）将"保持—自锁"开关位于中间位置。

2）将"测量频率""周期""时间""计数""插测"五个键全部弹出。

3）选择"闸门倍率"。闸门倍率根据被测量信号频率而定。如测频率或计数频率高时，选短闸门；反之，选长闸门。

4）"周期"选择开关。周期选择根据被测量信号的频率而定。如被测信号频率低周期长时，选低倍乘率；反之，选高倍乘率。

5）"时间间隔"选择按钮。时间间隔选择按钮的选择，主要依据被测信号的频率。如被测信号频率低、周期长时，则选较小的取样次数，可选"10^0"键；如被测信号频率高、周期短时，则选较大的取样次数，可选"10^1""10^2"或"10^3"键。

6）A/B 通道选择。如被测信号从 A 通道输入或从 B 通道输入，则应弹起"分合键"，使 A 通道与 B 通道分开。

（2）频率计对电视机的调试。频率计在家电生产和修理中，是不可缺少的仪器设备。彩色电视机是一个较复杂的家用电子产品，在生产中或在维修中常需要使用频率计，对电视机进行调整。

调整电视机中的各振荡电路的工作频率。频率计可以对彩色电视机电路中的各个振荡电路进行频率调整。如对 PAL 制式中的 4.43 MHz 振荡器和 NTSC 制式中的 3.58 MHz 振荡器，以及图像通道中的视频检波回路 38 MHz 频率进行调整。选择频率计数器时，要求计数器有足够的频率范围以及较高的输入阻抗和测量灵敏度。

1）调整副载波频率。用信号发生器输出 4.43 MHz（3.58 MHz）的调幅信号，接到彩色电视机的相关振荡电路中，用频率计不断地观察信号发生器的输出频率，同时接入电子毫伏表。调整该振荡电路中的调节磁芯，使毫伏表的读数为最大。

2）调整视频检波回路频率。用信号发生器输出 38 MHz 的等幅信号，接到彩色电视机图像通道中的视频检波回路中，同时接入电子毫伏表和频率计。调整时：频率计不断地监视信号发生器输出的频率，同时调整视频检波回路中的调节磁芯，使毫伏表的读数为最大。

第6节　信号发生器

一、信号发生器的分类与指标

信号源是指测量用的信号发生器，是电子电路实验中常用的测量仪器之一。

在电子电路测量中，需要各种各样的信号源。根据测量要求不同，信号源大致可分为正弦信号发生器、函数（波形）信号发生器和脉冲信号发生器三大类。正弦信号发生器具有波形不受线性电路或系统影响的特点。因此，正弦信号发生器在线性测量中具有特殊的意义。

1. 正弦信号发生器的分类

（1）正弦信号发生器按频段分，有以下几类：

1）超低频信号发生器：0.001 ～ 1 000 Hz。

2）低频信号发生器：1 Hz ～ 1 MHz。

3）视频信号发生器：20 Hz ～ 10 MHz。

4）高频信号发生器：30 kHz ～ 30 MHz。

5）超高频信号发生器：4 ～ 300 MHz。

（2）正弦信号发生器按性能可分为普通信号发生器和标准信号发生器。标准信号发生器要求信号有准确的频率和电压，有良好的波形和适当的调制率。

2. 正弦信号发生器的主要质量指标

（1）频率指标

1）有效频度范围。指信号源各项技术指标都能得到保证时的输出频率范围。在这一范围内，频率要连续可调。

2）频率准确度。指信号源频率实际值对其频率标称值的相对偏差。普通信号源的频率准确度一般在 ±1% ～ ±5% 范围内，而标准信号源的频率准确度一般优于0.1% ～ 1%。

3）频率稳定度。指在一定时间间隔内，信号源频率准确度的变化情况。由于使用要求的不同，各种信号源频率的稳定度也不一样。一般信号源频率稳定度只能做到 10^{-4} 量级左右；而目前在信号源中因广泛采用的锁相频率合成技术，则可把信号源的频率稳定度提高 2 ~ 3 个量级。

（2）输出指标

1）输出电平范围。这是表示信号源所能提供的最小和最大输出电平的可调范围。一般标准高频信号发生器的输出电压为 0.1 μV ~ 1 V。

2）输出稳定度。有两个含义：一是指输出对时间的稳定度；二是指在有效频率范围内调节频率时，输出电平的变化情况。

3）输出阻抗。信号源的输出阻抗视类型不同而异，低频信号发生器常见的有 50 Ω、75 Ω、150 Ω、600 Ω 和 5 kΩ 等，高频或超高频信号发生器一般为 50 Ω 或 75 Ω 不平衡输出。

（3）调制指标

1）调制频率。很多信号发生器既有内调制信号，又可外接输入调制信号，内调制信号的频率一般是固定的，有 400 Hz 和 1 000 Hz 两种。

2）寄生调制。信号发生器工作在未调制状态时，输出正弦波中有残余的调幅调频，或调幅时有残余的调频，调频时有残余的调幅，统称为寄生调制。作为信号源，这些寄生调制应尽可能小。

3）非线性失真。一般信号发生器的非线性失真应小于 1%，某些测量系统则要求优于 0.1%。

二、低频信号发生器

1. 低频信号发生器的基本性能

低频信号发生器是产生低频正弦信号的信号源，在音频设备的生产、调试和维修等场合得到广泛的应用。

低频信号发生器的种类很多，以下介绍 XD1 型低频信号发生器的使用技能。

（1）低频信号发生器的主要性能

1）频率范围：1 ~ 20 Hz，共分六个频段。

2）频率准确度：< ± 1.5%。

3）非线性失真：电压 <0.1%，功率 <0.5%。

4）输出幅度：输出电压 >5 V，输出功率 >4 W。

5）衰减器：最大输出衰减为 90 dB。

6）输出阻抗：50 kΩ、75 kΩ、150 kΩ、600 kΩ、5 kΩ。

（2）整机构成。低频信号发生器整机组成方框图如图 5-36 所示。它由振荡器、衰减器、功率放大器、指示表头、直流稳压电源、两组衰减器、切换开关和一组输出匹配变压器组成。

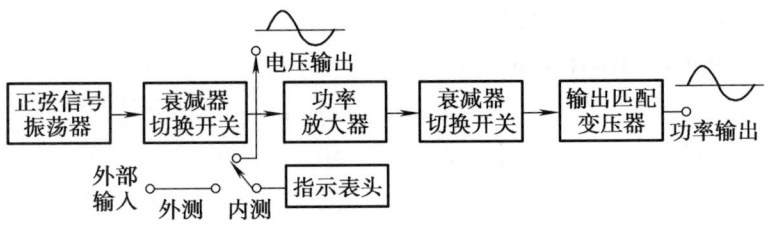

图 5-36　XD1 型低频信号发生器整机组成方框图

正弦波振荡器产生正弦波振荡信号，经过衰减器和切换开关后，可显示振荡信号的信号幅度，也可通过切换开关将外部振荡信号外测型输入。然后经过对电压信号的进一步放大，再经衰减器和切换开关可控制输出电压的大小，最后从低频信号发生器中向外输出，为各种仪器设备的调试作信号源。

2. 低频信号发生器的使用技能

XD1 型低频信号发生器的面板示意图 5-37 所示。左上角信号幅度指示实际上是一只交流电压表头。它用于指示本身的振荡电压或功率输出电压幅度，也可测量外部的交流电压幅度。

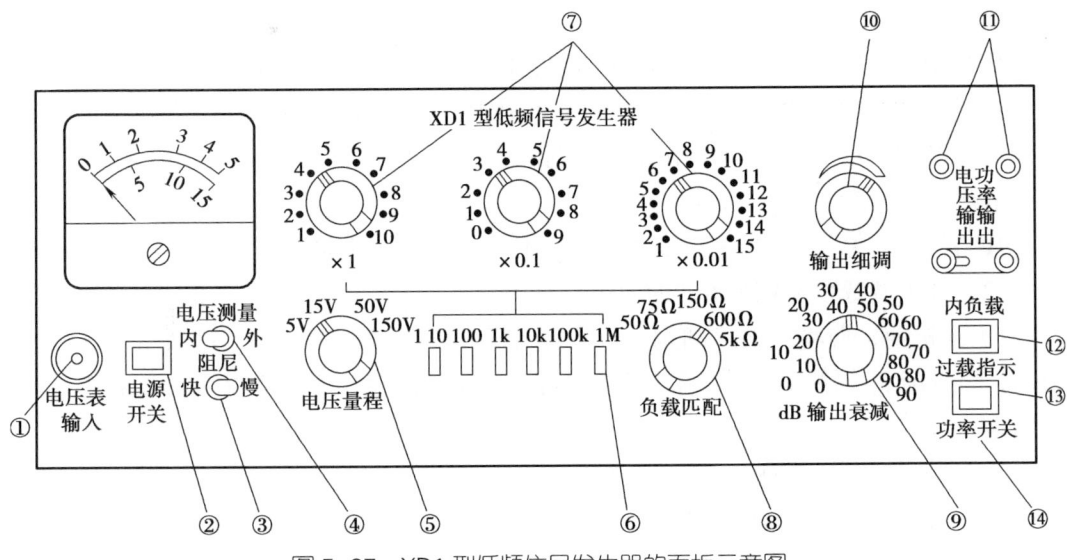

图 5-37　XD1 型低频信号发生器的面板示意图

（1）XD1 型低频信号发生器的各按钮功能

①"电压表输入"插孔。当幅度指示（电压表）用作外测量时，由此插孔接输入电压信号。

②"电源开关"按键。此按钮按下时电源接通，方框中间指示灯亮。再按一下，按键弹起，指示灯灭，电源关断。

③"阻尼"开关。为减小表针在低频抖动而设置，当"阻尼"开关置"快"位置时，未接通阻尼电容；当"阻尼"开关置"慢"位置时，接通阻尼电容。

④"电压测量"开关。当此开关拨到"内"位置时,电压表用作内测量;当拨到"外"位置时,电压表用作外测量。

⑤"电压量程"转换开关。当幅度指示(电压表)作内部测量时,指"5 V"挡位置;当电压表作外部测量时,还可在"15 V""50 V""150 V"挡变换。

⑥频率选择按键。频率选择按键共分为六挡:为频率选择中的粗调节。

⑦频率选择开关。频率选择开关共有三个,分别为:"×1""×0.1""×0.01"三个旋钮,作为频率选择时的细调节。与频率选择按键配合使用,根据所需要的频率,可按下相应的按键,然后再用三个频率选择旋钮,按十进制的原则细调到所需频率。例如按键是"1 k","×1"旋钮置"×1","×0.1"旋钮置"3","×0.01"旋钮置"9",则此时的选择频率为1 000 Hz×1.39=1 390 Hz。

⑧"负载匹配"旋钮。当功率输出时,调节此旋钮,其指示值表示输出与负载匹配。

⑨"输出衰减"开关。调节输出幅度之用,步进值为10 dB衰减量,也对应电压倍数。

⑩"输出细调"旋钮。调节此旋钮,可微调输出幅度。顺时针调节输出幅度增大,反向调节输出幅度减小。

⑪"输出端接线柱"。有"电压输出接线柱"及"功率输出接线柱"。

⑫"内负载"按键。当使用功率级时,按键按下表示接通内部负载。

⑬"过载指示"。当功率输出级过载时,指示灯亮,该指示灯装在功率开关之中,与功率开关为一体结构。

⑭"功率开关"按键。按下此开关时,使功率级输入端接入信号。

(2)XD1型低频信号发生器的使用

1)开机前,应将"输出细调"电位器旋至最小,开机后,等"过载指示"灯熄灭后,再逐渐加大输出幅度。若想达到足够的频率稳定度,需预热30 min左右再进行使用。

2)频率的选择。面板上的六挡按键开关作为分波段的选择。根据所需要的频率,可先按下相应的按键,然后再用三个频率旋钮细调到所需的频率。

3)输出调整。仪器有"电压输出"和"功率输出"两组端钮,这两种输出共用一个输出衰减旋钮,做每步10 dB的衰减。使用时应注意在同一衰减位置上,电压与功率衰减的分贝数是不相等的,面板上已用不同的颜色区别表示。"输出细调"是由同一个电位器连续调节的,这两个旋钮适当配合,可在输出端上得到所需的输出幅度。

4)电压级的使用。从电压级可以得到较好的非线性失真数(<0.1%)、较小的输出电压(200 μV)和小电压下比较好的信噪比。电压级最大可输出5 V,其输出阻抗是随输出衰减的分贝数变化而变化的。为了保持衰减的准确性及输出波形失真最小(主要是在电压衰减0 dB时),电压输出端钮上的负载应大于5 kΩ。

5）功率级的使用。使用功率级时，应先将"功率开关"按下，以将功率级输入端的信号接通。

为使阻抗匹配：功率级共设有 50 Ω、75 Ω、150 Ω、600 Ω 及 5 kΩ 五种负载值。若欲得到最大输出功率，应使负载选择以上五种数值之一，以求匹配；若做不到，一般也应使实际使用的负载值大于所选用的数值，否则失真将增大。当负载接以高阻抗时，并要求工作在频段两端，即接近 10 Hz 或几百 kHz 的频率下时，为了输出足够的幅度，应将功放部分"内负载"按键按下，接通内负载，否则输出幅度会减小。当负载值与面板上"负载匹配"旋钮所指数值不相符时，步进衰减器指示将产生误差，尤其是在"0"到"10 dB"这一挡。当功率输出衰减放在"0" dB 时，信号源内阻比负载值要小，但衰减"10" dB 以后的各挡，内阻与面板上阻抗匹配旋钮指示的阻抗值就相符，可做到负载与信号源内阻匹配。

在开机时，过载保护指示灯亮，但 5 ~ 6 s 后熄灭，表示功率级进入工作状态。当输出旋钮开得过大或负载阻抗值太小时，过载保护指示灯亮，指示过载。保护动作过几秒以后自动恢复，若此时仍过载，则灯又闪亮。在第六挡高端的高频下，有时因输入幅度过大，甚至一直亮。此时应减小输入幅度或减轻负载，使其恢复。

遇保护指示不正常时，就不要继续开机，需进行检修，以免烧坏功率管。当不使用功率级时，应把功率按键开关按起，以免功率保护电路动作影响电压级输出。

6）对称输出。功率级输出可以不接地，当需要这样使用时，只要将"功率输出"端钮与地的连接片取下即可对称输出。

选择工作频段须注意：功率级由 10 Hz ~ 700 kHz（5 kΩ 负载挡在 10 ~ 200 kHz）范围的输出，符合技术条件的规定；但在 5 ~ 10 Hz 和 700 kHz ~ 1 MHz（或 5 kΩ 负载挡在 200 kHz ~ 1 MHz）范围仍有输出，但功率减小；功率级在 5 Hz 以下，输入被切断，没有输出。

三、高频信号发生器的使用与校正

高频信号发生器主要是用来产生高频信号（包括调制信号），或是供给高频标准信号，以便测试各种电子设备和电路的性能的仪器。它能提供在频率和幅度上都经过校准的从 1 V 到几分之一微伏的信号电压，并能提供等幅波或调制波（调幅或调频），广泛应用于研制、调制和检修各种无线电收音机、通信机、电视接收机以及测量电场强度等场合。这类的信号发生器通常也称为标准信号发生器。

高频信号发生器按调制类型分为调幅和调频两种。

1. 高频信号发生器的基本结构

高频信号发生器组成方框图如图 5-38 所示。主要包括主振级、调制级、输出级、内调制振荡器、监测器和电源。

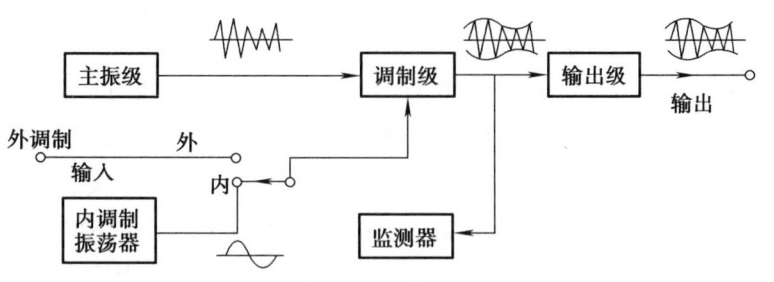

图5-38 高频信号发生器组成方框图

主振级产生具有一定工作频率范围的正弦信号。这个信号被送到调制级作为幅度调制的载波。内调制振荡器产生调制级所需的音频正弦调制信号。调制级用内调制振荡器或外调制输入的音频信号调制（亦可以不调制）和放大后，再送到输出级。输出级可对高频输出信号进行步进或连续调节，以获得所需的输出电平范围，其输出阻抗应满足要求。监测器用以监测输出信号的载波幅度和调制系数，电源供给各部分所需要的电压和电流。

2. 高频信号发生器的使用技能

（1）等幅波输出

1）调幅选择开关置等幅位置。

2）将波段开关扳至所需的波段，转动频率调节旋钮至所需要的频率附近，然后调节频率细调旋钮，达到所需频率。

3）转动载波调节旋钮，使电压表指示在红线"1"刻度上。

这时，从 0 ~ 0.1 V 插座输出的信号电压等于输出微调旋钮的读数和输出倍乘开关的读数的乘积，单位为 μV。例如，当输出微调旋钮的读数为 6 格，输出倍乘开关在 10 的位置时，其输出电压为 6×10=60 μV。

如果再使用带有分压器的输出电缆，且从 0 ~ 0.1 V 插孔输出，这时，输出电压将衰减 10 倍，其实际输出电压为 6 μV。

如果需要的信号电压值大于 0.1 V 时，可从 0 ~ 1 V 插孔输出，这时，先旋动载波调节旋钮，使电压表指在红线"1"上。输出电压值按输出微调旋钮刻度值乘 0.1 读数。当输出微调旋钮指示在 10 时，输出电压即为 1 V。

（2）调幅波输出

1）使用内调制时，将调幅选择开关扳至 400 Hz 或 1 000 Hz，按输出等幅信号的方法选择载波频率，转动载波调节旋钮，使电压表指在红线"1"处。然后调节调幅度调节旋钮，使调幅度表指示出所需的调幅度，一般调节指示在 30% 处。同时利用输出微调旋钮和输出倍乘开关，调节输出调幅波电压，计算方法与输出等幅信号相同。

2）使用外调制时，要选择合适的音频信号发生器作为调幅信号源，输出功率在 0.5 W 以上，能在 20 kΩ 负载上输出大于 100 V 的电压。将调幅选择开关扳到等幅位置，将音频信号发生器输出接到外调幅输入插孔后，其他工作程序与内调制类同。

四、函数信号发生器

函数信号发生器是一种多波形的信号源，它能产生正弦波、方波、三角波、锯齿波和脉冲波等多种波形的信号。有的函数信号发生器还具有调制的功能，可以产生调幅、调频、调相及脉宽调制等信号。

函数信号发生器可以用于科研生产、测试、仪器维修和实验，所以它是一种多功能的通用信号源。

函数信号发生器为了产生各种输出波形，利用各种电路通过函数变换实现波形之间的转换。图 5-39 所示为函数信号发生器的原理图。

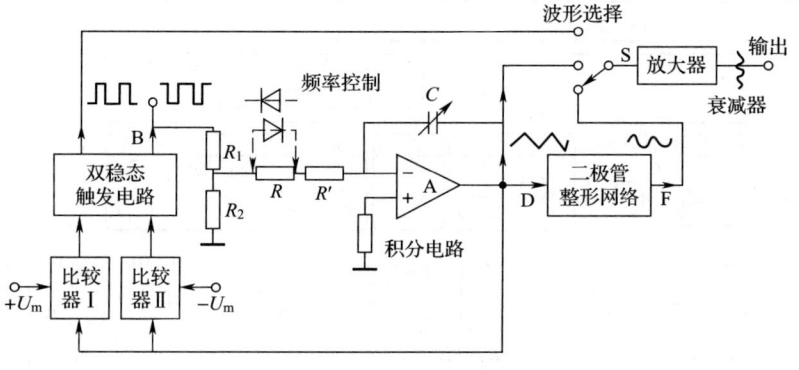

图 5-39　函数信号发生器原理图

1. 使用特性

（1）频率范围：0.2 Hz ～ 2 MHz。

（2）输出波形种类：正弦波、方波、三角波、斜波、单次波、TTL、外调频。

（3）短路自动保护。

2. 技术指标

（1）电压输出

1）频率范围：0.2 Hz ～ 2 MHz。

2）频率调整率：0.1 ～ 1。

3）输出阻抗：50 Ω。

4）调频电压范围：0 ～ 10 V。

5）调频频率：0.2 ～ 100 Hz。

6）输出电压幅度：20 V_{P-P}（开路）；≥ 10 V_{P-P}（50 Ω）。

7）方波上升时间：≤ 100 ns。

8）TTL 输出幅度：≥ 3 V；输出阻抗：600 Ω。

（2）频率计数

1）测量精度：± 1%。

2）时基频率：10 MHz。

3）闸门时间：10 s、1 s、0.1 s、0.01 s。

4）测频范围：0.1 Hz ～ 10 MHz。

3. 注意事项

（1）POWER OUT、VOLTAGE OUT、TTL OUT 要避免短路或有信号输入。

（2）VCF 输入电压不可高于 10 V。

（3）电源熔丝为 0.75 A。

4. 函数信号发生器面板操作说明

函数信号发生器面板示意图如图 5-40 所示。

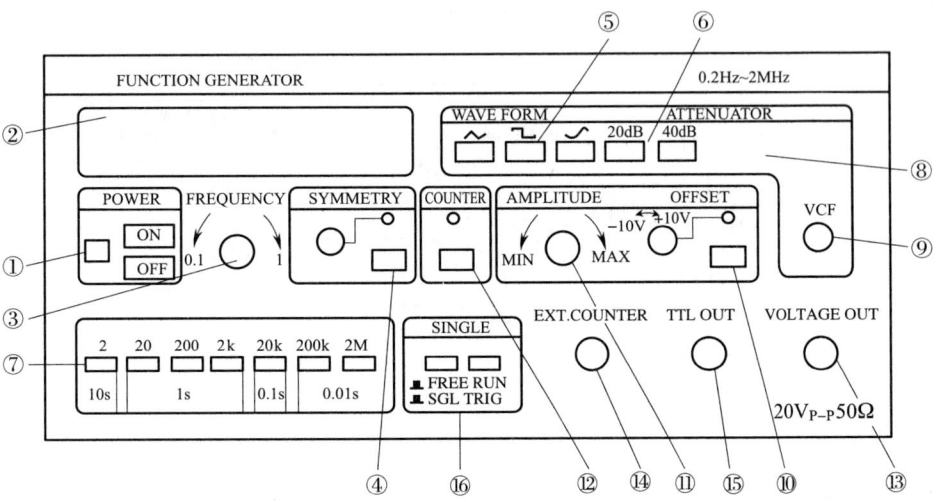

图 5-40　函数信号发生器面板示意图

①电源开关（POWER）：电源开关按键弹起为"关"。

②LED 显示窗口：指示输出信号频率，当"外测"开关按入，显示外测信号频率。

③调节频率旋钮（FREQUENCY）。

④对称性（SYMMETRY）：对称性开关、对称性调节旋钮。将对称性开关按入，对称性指示灯亮；调节对称性旋钮，可改变波形的对称性。

⑤波形选择开关（WAVE FORM）：按入对应波形的某一键，可选择需要的波形；三个键都未按入，无信号输出，此时为直流电平。

⑥衰减开关（ATTENUATOR）：电压输出衰减开关，二挡开关组合为 20 dB、40 dB。

⑦频率范围选择开关（兼频率计数闸门开关）：根据需要的频率，按下其中一键。

⑧功率输出开关（POWEROUT）。

⑨功率输出端。

⑩直流偏置（OFFSET）：按入直流偏置开关，直流偏置指示灯亮，此时调节直流偏置调节旋钮，可改变直流电平。

⑪幅度调节旋钮（AMPLITUDE）：顺时针调节此旋钮，增大"电压输出""功率输出"的输出幅度；逆时针调节此旋钮，可减小"电压输出""功率输出"的输出幅度。

⑫外测开关（COUNTER）：按入此开关，LED 显示窗显示外测信号频率，外测量信号由 EXT. COUNTER 输入插座输入。

⑬电压输出端口（VOLTAGEOUT）：电压由此端口输出。

⑭EXT.COUNTER 端口：外测量信号输入端口。

⑮TTL OUT 端口：由此端口输出 TTL 信号。

⑯单次开关（SINGLE）：当"SGL"开关按入，单次指示灯亮，仪器处于单次状态，每按一次"TRIG"键，输出端口输出一个单次波形。

五、信号发生器的使用注意事项

（1）信号发生器的外壳要地线接触良好，以防干扰信号。

（2）输出信号幅度衰减应放在最大位置，然后根据调试需要改变衰减量。

（3）在调试过程中，不宜大幅度改变信号发生器的振荡频率。

第 7 节　晶体管毫伏表

一、毫伏表的基本功能

毫伏表是一种测量交流信号电压的仪表，它一般可以测量出万用表不能测的交流信号。这种仪表又分为低频毫伏表和高频毫伏表，低频毫伏表一般可测量 200 kHz 以下的交流信号，常用在收音机、录音机及音响产品的维修和调试工作中，测量各种音响电路的输入和输出信号电平、计算增益。它可以直接读取电压值，也可以读取 dB 数值，使用比较方便。

为了进行小信号的测量，还有一种高频微伏表，它可以测量高于 200 kHz 的高频信号。

毫伏表是用来检测交流信号电压幅度的一种电子仪表，在电子电路的设计、开发、生产和调整工作中是不可缺少的设备。

DA-16 型晶体管毫伏表是常用的毫伏表，它是放大—检波式电压表。由高阻分压器、射极输出器和低阻分压器组成的复合衰减器，可获得低噪声电平及高输入电阻，同时放大器使用负反馈，有效地提高了灵敏度、稳定度、频率响应和指示线性。

二、DA-16 型晶体管毫伏表主要性能

（1）电压测量范围：$100\ \mu V \sim 300\ V$，分 11 挡。

（2）频率范围：$20\ Hz \sim 1\ MHz$。

（3）输入阻抗：在 1 kHz 时输入电阻大于 1 MΩ，在 1 mV ~ 0.3 V 各挡输入电容

第 5 章　常用电子测量仪器

电子工艺基础（第二版）   中国特色企业新型学徒制培训教材

约 70 pF，在 1 ～ 300 V 各挡输入电容约 50 pF。

（4）测量基本误差：小于 ±3%。

1. 毫伏表的主要技术指标

（1）灵敏度。电压表的灵敏度，可以用不同的方法表示，最常用到的是灵敏度电压，即电压表所能测量满刻度偏转的最低电压值。这个数值越小，说明此电压表的灵敏度越高。磁电式电压表的灵敏度电压为零点几伏，而模拟式电子电压表的灵敏度电压为零点几毫伏，有的甚至可以达到零点几微伏。可见，电子电压表的灵敏度比普通磁电式电压表的灵敏度要高千万倍。

（2）量程范围。模拟式电子电压表所能测量的最低电压与最高电压之间的范围，称为该表的电压量程范围。一般来讲，灵敏度电压越小的模拟式电子电压表，其电压量程范围也就越宽。

（3）频率范围。一台模拟式电子电压表，只适用于测量某一频率范围内的交变信号电压，这个频率范围就是该表的频率范围。普通的交流电压表只能测量几十赫到几千赫的交流电压，而模拟式电子电压表则可用来测量从超低频到超高频的整个频率范围的信号电压，其频率范围一般从几赫到几百兆赫。根据频率范围可以把模拟式电子电压表分为超低频、低频、高频和超高频几种类型。

（4）输入阻抗。电压表的输入阻抗是指两个输入端之间的等效阻抗，一般是由输入电阻和输入电容的并联电路所组成。测量电压时，需要将电压表与被测电路并联，因此，电压表要从被测电路取用一定功率，这必然影响被测电路的原有工作状态，造成测量误差。输入阻抗越低（即输入电阻越小或输入电容越大），影响越严重。在模拟式电子电压表中，使表头指针偏转的驱动电流不是由被测电路直接提供，而是由表中放大电路来提供，因此，这类电压表的输入阻抗比普通电压表要高得多，一般在几十千欧到几兆欧之间。随着被测电压频率的升高，输入电容的容抗将显著降低，甚至远低于输入电阻。例如，3 pF 的输入电容在 1 MHz 时的容抗为 50 kΩ，当频率升高到 100 MHz 时，其容抗仅为 500 Ω。因而高频测量时，输入电容就成为限制提高测量频率和测量精度的主要因素。要提高电压表的使用频率，就应尽量减小输入电容，一般可以作到 1 ～ 10 pF。

（5）测量精度。测量精度可以衡量仪表的准确程度。一台仪表的测量误差越小，说明测量的结果越近实际的数值，也就是仪表的精度越高。通常，模拟式电子电压表的误差有基本误差和频率附加误差两项。模拟式电子电压表因为其电流表头的精度最高是 0.1 级，即误差在 ±0.1% 范围内，所以模拟式电子电压表的基本误差一般为百分之几，最小的可以达到 1%，最大的为 10%。电压表在测量交流电压时，还要附加上由于频率特性带来的误差，称为频率附加误差。一般在频率范围中段的频率附加误差比较小，模拟式电子电压表约为 1% 或 2%，而在频率范围的低频和高频端，这种附加误差要比中段大些，为百分之几到 10%，因各种电路类型不同而各不相同。因此，必须根据被测电压的频率合理地选用模拟式电子电压表，以保证得到较高的测量精度。

192

此外，还存在温度附加误差、波形附加误差等，在各种产品的说明书中都会标明。上述各项技术指标，由于技术、经济和使用方便等原因，在某一种类的电子电压表中，只能侧重某一个或几个方面。测量中要根据不同的测量对象选用。

2. 毫伏表的电路结构

DV-16 型晶体管毫伏表组成方框图如图 5-41 所示。其输入部分由阻抗变换器、复合射极输出器和低阻分压器组成，放大部分由射极输出器和两级直接耦合放大器组成，指示部分由检波器和指示器组成，电源部分由整流器和稳压电路组成。

DV-16 型晶体管毫伏表的整机电路图如图 5-42 所示。

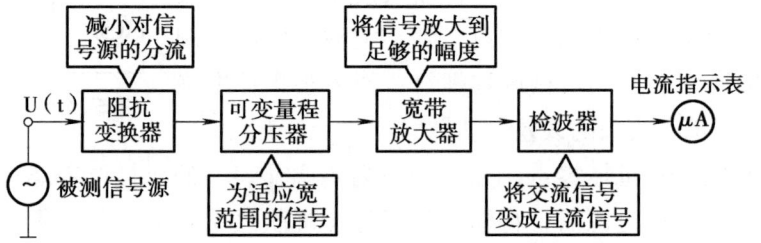

图 5-41　DV-16 型晶体管毫伏表组成方框图

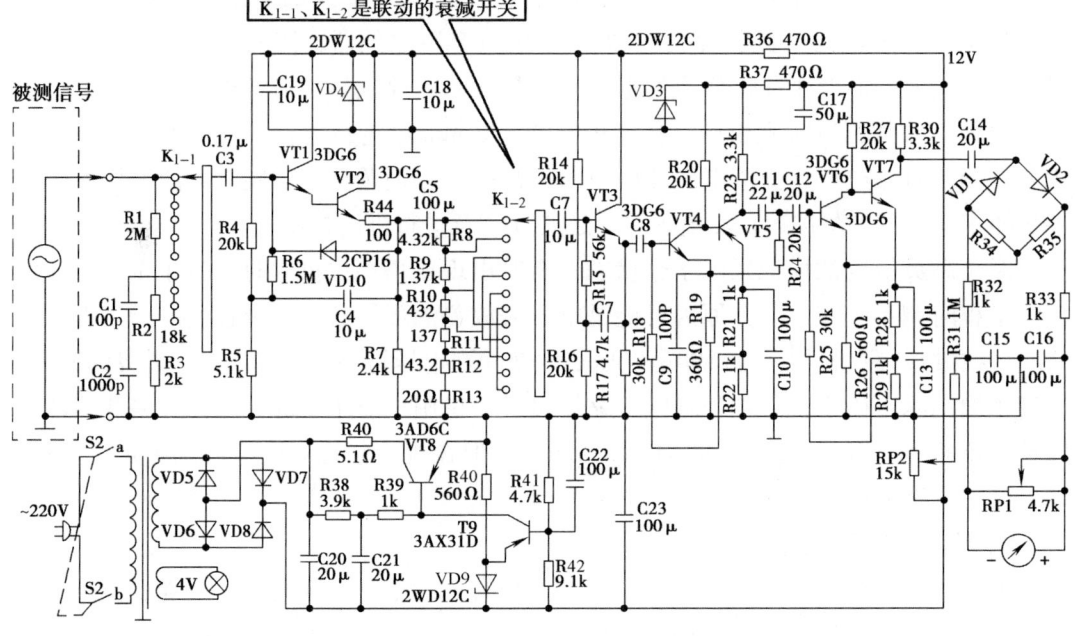

图 5-42　DV-16 型晶体管毫伏表整机电路图

3. 毫伏表的校正技能

毫伏表面板示意图如图 5-43 所示。

毫伏表的零位调整。零位调整分为机械调零和电气调零。

（1）机械调零。机械调零也称静态调零，机械调零不准时，会造成严重的测量误差。如果已知被测电压约为 10 V，电压表的量程范围开关如置于"10 V"挡上或"30 V"挡上，则其准确度就不一样。准确度是用读数中最大的误差电压和满度电压的比值表示的。如果一个电压表的准确度为 ±2.5%，是指它在任何点上的最大误差电压是满度电压的 ±2.5%。例如电压表在"10 V"挡上，最大误差电压是 ±0.25 V，而在"30 V"挡上，则是 ±0.75 V。因此，把量程范围开关拨至"10 V"挡能读得更精确的结果。

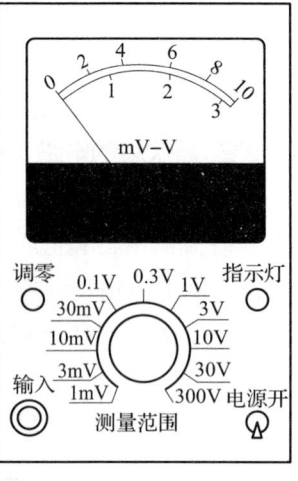

图 5-43　毫伏表面板示意

机械调零是在接通电源之前，将输入接线柱与地接线柱短接。如毫伏表指针不指在零位，则是机械零位没有调好。此时，应调整表头的机械调零螺钉，使表头指针准确地指在零位，以消除表头的误差。

未通电前先检查机械零点，如不准，则要调节表头的机械调零螺钉，使表针准确地指在零位。接通电源后，将输入端对地（屏蔽线）短路，调节零位旋钮使指针指零。

（2）电气调零。电气调零也称动态调零，电气调零是在机械零位已经调好，接通电源后出现不指零的现象；则要进行零位调整。对于电子管式的电压表，接通电源后，应预热 10 ~ 15 s 后，再调节面板上的"零位调节"电位器，使表头指零，以消除电路的起始误差。而对于晶体管式的电压表，虽然不需要预热，但各电路工作也有一个稳定过程，故其调零步骤也应在接通电源 2 ~ 3 min 后进行为宜。对于模拟式电子毫伏表，测量直流电压、交流电压和电阻时，都必须分别调整零位旋钮，使毫伏表在各种功能工作时的测量准确。测电阻时，还必须注意进行满度校正。

对于高灵敏度的模拟式电子毫伏表，有时出现在高挡位量程时零位正常，而在低挡位量程时调不到零位。其原因可能是电压表放置的环境有电磁干扰、缺乏妥善的屏蔽或接线过长等引起的，也可能是电压表内部噪声电压过高造成的。对于外界的原因，应当采取消除电磁干扰、加强屏蔽、缩短接线等措施；对于内部原因，如果低挡位量程挡上不指零现象仅占满度电压的百分之几，但在规定指标以内，可认为是正常的，如果已超过规定指标，就需要进行检修。

4. 毫伏表的使用技能

模拟式电子电压表是常用的测试工具，只有正确地测量与使用，才能发挥仪表的功能，以及提高测试的质量。如果测量使用不当，不仅不会得到正确的测量结果，甚至还会损坏仪表。使用模拟式电子电压表应注意如下事项。

（1）被测电压的频率与波形。被测电压如是直流、高频或超高频信号，可以选用检波放大式电子电压表；被测电压频率如在 20 Hz ~ 1 MHz 以内，可以选用放大检波式电子电压表。

一般模拟式电子电压表只有测量纯正弦波电压时，才可得到正确的测量结果。如果被测电压不是纯粹的正弦波，而是含有较多谐波成分时，将会造成测量误差。这种谐波成分的影响对不同的检波电路造成的误差数值是不同的。如果被测电压是频率不高、失真较小（<10%）的正弦交流信号时，可以选用平均值检波电压表，这样可以得到较高的灵敏度；如果被测电压是频率较高、频率变化范围较宽而失真又不太大的正弦交流信号时，选用峰值电压表有较好的频率适应性，失真引起的误差也不会很大。

如果被测电压不是正弦波，而是三角波、方波或其他脉冲波时，也能用测量正弦交流电压的电子电压表去测量，但是其读数要经过换算。测量时，应根据被测电压的波形和所用电压表的检波电路类型，找出该波形校正系数 K 的数值，然后把测出的电压数乘上校正系数 K。例如用全波平均值检波电压表去测量一个三角波电压，测出的读数是 10 V。已经知道全波平均值检波电路在测三角波时的校正系数 K=0.52，所以这个三角波电压的有效值应该是 $10 \times 0.52 = 5.2$（V）。

在测量时要注意到波形的不对称也会影响读数，所以有时需要反复倒换极性，最好是多测几次取其平均值。

（2）被测电路的阻抗。模拟式电子电压表的输入阻抗很高，对于一般被测电路的影响很小，但当被测电路为高阻抗回路（如 MOS 场效应管、MOS 集成电路等）时，模拟式电子电压表的输入阻抗则必须予以考虑。因为这时可出现由于模拟式电子电压表的接入而导致电路工作状态发生变化，甚至还可能损坏被测电路。

5. 毫伏表的使用注意事项

（1）由于电子毫伏表的灵敏度较高，应将输入线与接地线短接，防止误入信号而损坏毫伏表指针，同时将毫伏表测量挡位调至比被测电路的电源电压稍高的测量挡位上。测量前应先将地线与被测电路的"地"相连接，并确保连接可靠，然后打开被测电路，待被测电路稳定后，再将输入线与地线脱离并接至被测试点。测量结束后，则应相反顺序取下连线和接地线。否则，外界的感应信号可能会输入仪器中，误使毫伏表指针偏转超过限度而损坏指针。

（2）测量时，应选择合适的量程，使测量误差最小，并使测量值尽可能指示于满刻度的 1/3 以上区域。

（3）电子毫伏表只能用于测量正弦波电压有效值，若测量非正弦波电压，则测量值会有一定的误差。

三、DA-1 型超高频毫伏表

1. DA-1 型超高频毫伏表的工作原理

DA-1 型超高频毫伏表属于调制式工作程式的电压表。被测交流电压经检波变成直流，再经过斩波器把直流变成交流，再进行交流放大，然后再经过检波器变换成与输入成正比的直流信号，推动微安表指针偏转。DA-1 型超高频毫伏表组成框图如图 5-44 所示。

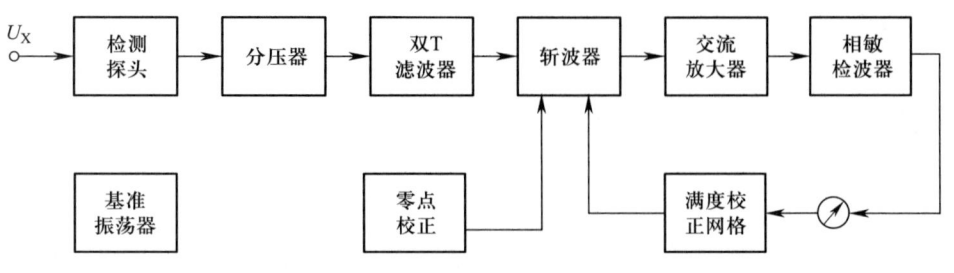

图 5-44　DA-1 型超高频毫伏表组成框图

2. DA-1 型超高频毫伏表主要技术指标

（1）交流电压测量范围：0.3 mV ～ 3 V，量程分八挡。

（2）频率测量范围：10 kHz ～ 1 000 MHz。

（3）基本误差：在正常条件下，当测量频率范围为 100 kHz 的交流电压时，经过内部校准测量误差，1 mV 挡小于或等于 ±15%，3 mV 挡小于或等于 ±5%，其他各挡小于或等于 ±3%（还有频响、温度、电源电压的附加误差）。

（4）输入阻抗：R_i ≥ 10 kΩ，C_i<2.5 pF。

（5）被测处的直流电压大于 40 V。

3. DA-1 型超高频毫伏表的使用

（1）DA-1 型超高频毫伏表的使用方法。DA-1 型超高频毫伏表面板如图 5-45 所示。

1）调零校正旋钮。每一量程各自进行调零，并校正至满刻度。将探测器放在校正插孔内稍拔出，调节零位旋钮即可调零，再往里插调节校正旋钮使指针到满刻度。预热 30 min。

2）量程开关分 0.3 mV、1 mV、3 mV、10 mV、30 mV、300 mV、1 V、3 V 共八挡。根据被测电压的大小选择合适的量程。若被测交流电压大于 3 V，使用附加分压器，把量程开关置于相应挡，经过校正后，分压器套入探测器即可进行测量。

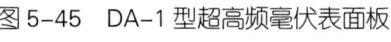

图 5-45　DA-1 型超高频毫伏表面板

3）表面指示。表盘有八条刻度线，选用不同的量程时，可根据该量程的刻度线读出被测值。

4）探测器的探针直接接到被测点上。50 Hz 以下的电压测量，用环形片状接地片，长短探针随意选用；高于 300 MHz 时用短探针，建议用 T 形连接头。

（2）DA-1 型超高频毫伏表使用注意事项

1）被测处直流电压不得超过 40 V。

2）当使用 3 V 挡测量电压或探针触到较高电压（包括手触）后，接着要测 3 mV 以下的电压时，须等待 1 ～ 2 min，以便仪器复零。

第8节　晶体管特性图示仪

一、晶体管特性图示仪的基本功能

晶体管特性图示仪是测试晶体管特性和参数的仪器，它利用示波器的显示功能可以将晶体管的特性曲线以及参数显示出来。这种仪器在电路的设计、调整和修理过程中常用来检查晶体管的性能。QT2 型晶体管特性图示仪如图 5-46 所示。

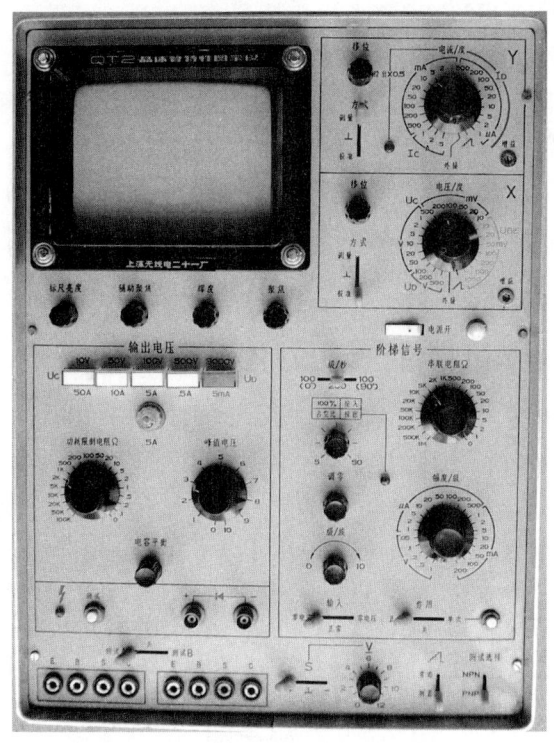

图 5-46　QT2 型晶体管特性图示仪

二、晶体管特性图示仪的特点

以 QT2 型晶体管特性图示仪为例介绍晶体管特性图示仪的特点。

（1）集电极扫描电源

①输出全波整流电压，分四挡，正或负连续可调。

输出电压　　　　输出电流

0 ~ 10 V　　　　50 A（脉冲阶梯工作状态）

　　　　　　　　20 A（平均值）

0 ~ 50 V	10 A（平均值）
0 ~ 100 V	5 A（平均值）
0 ~ 500 V	0.5 A（平均值）

②功耗限制电阻，0 ~ 100 kΩ，按 1—2—5 顺序分为 20 挡。

③二极管测量，输出电压 0 ~ 3 kV 半波形，正向连续可调，最大电流 5 mA。

（2）基极阶梯信号源

①电流范围。1 mA/级 ~ 200 mA/级，按 1—2—5 顺序分为 17 挡。

②电压范围。0.05 ~ 1 V/级，按 1—2—5 顺序分为 5 挡。

③阶级波形。正常（100%），脉冲（占空比 10% ~ 40%）连续可调。

④每族级数。0 ~ 10 连续可调。

（3）Y 轴偏转因数

①集电极电流范围。1 ~ 5 A/度，按 1—2—5 顺序分为 21 挡。

②二极管电流范围。1 ~ 500 μA/度，按 1—2—5 顺序分为 9 挡。

（4）X 轴偏转因数

①集电极电压范围。10 mV/度 ~ 50 V/度，按 1—2—5 顺序分为 12 挡。

②二极管电压范围。分为 100 V/度、200 V/度和 500 V/度三挡。

③基极电压范围。10 mV/度 ~ 1 V/度，按 1—2—5 顺序分为 7 挡。

三、QT2 型晶体管特性图示仪的方框图

QT2 型晶体管特性图示仪的方框图如图 5-47 所示，它由集电极扫描电源、基极阶梯信号源，X、Y 放大器和示波管等部分组成。

仪器由 220 V、50 Hz 的市电供电。主电源产生 +250 V，±100 V 和 ±12 V 直流电源。市电经主电源变压器向电压调节器提供 110 V 电压，电压调节器是一只自耦变压

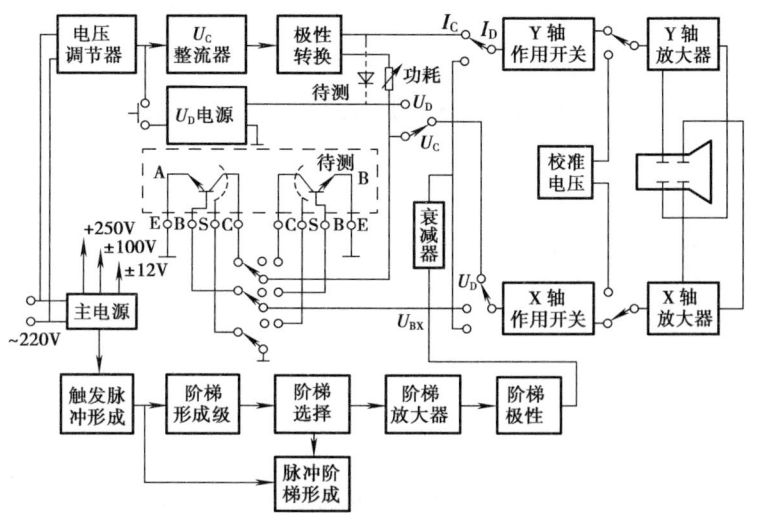

图 5-47　QT2 型图示仪方框图

器，该变压器的输出端接集电极变压器的输入端。集电极变压器有四个次级绕组，它们分别输出 10 V、50 V、100 V、500 V 的电压。由仪器面板上输出电压的琴键开关选择。通过自耦变压器可以从 0 到各挡的最高电压之间，调节集电极变压器的输出电压。

集电极变压器的输出电压经全波整流后得到脉动电压。而脉动电压的极性是根据被测管的需要，由 PNP、NPN 的极性转换开关来改变。为了防止被测管过载和损坏，在被测管的集电极电路中，串入功耗限制电阻。该电阻可以在 0 ~ 100 kΩ 范围内调节。U_D 电源产生最高可达 3 kV 的半波电压，用于测量二极管。U_C 或 U_D 电压送到 X 轴开关。I_C 经 Y 轴作用开关中的取样电阻变为电压送到 Y 轴放大器。

主电源变压器 50 V 绕组的输出电压（50 Hz）送到触发脉冲级产生形成触发脉冲，而触发脉冲的重复频率（100 Hz 或 200 Hz）由触发脉冲级 / 秒开关控制。在触发脉冲作用下，阶梯形成电路产生连续阶梯波输出，阶梯波的级数可以在 0 ~ 10 级范围内调节，由触发脉冲级 / 族旋钮控制。触发脉冲还送到脉冲阶梯形成电路，形成脉冲阶梯波。两种阶梯信号经阶梯选择电路，可以输出连续阶梯信号或脉冲阶梯信号。然后经阶梯放大器变为恒流源，再经阶梯极性转换开关输出正阶梯波或负阶梯波，并送到待测管的基极和 X、Y 放大器。

由 Y 轴偏转作用开关和 X 轴偏转作用开关组成的电流 / 度和电压 / 度开关，可以准确地将被测管的电流或电压变化曲线在示波管上显示出来。Y 轴偏转作用开关有 21 挡集电极电流，1 挡外接，1 挡基极电流或电压。X 轴偏转作用开关有 12 挡集电极电压，3 挡二极管电压，7 挡基极电压，1 挡外接，1 挡基极电流或源极电压。

Y 与 X 轴放大器将被测管的电压或电流放大后，在示波管上以曲线显示。示波管显示电路由高频高压电路及示波管的控制电路组成。

方框图是以晶体管共射电路测试为例。如测共基电路，待测管应将基极接地，阶梯信号送到发射极。

四、QT2 型晶体管特性图示仪的使用

为了显示晶体管的各种特性曲线，必须对基极的阶梯波、集电极扫描电压、X 轴和 Y 轴放大器等的接法和测试脉冲电压极性做相应的改变。这些都是通过测试转换开关和偏转作用开关来实现的。

1. 晶体管共射极输出特性测试

（1）根据管型将集电极和基极的极性开关置 PNP 或 NPN。

（2）将 Y 轴"电流 / 度"开关，置于合适挡位（小功率管置 1 mA/ 度左右，大功率管置 0.5 A/ 度左右）。

（3）将 X 轴"电压 / 度"开关，置于合适挡位（小功率管置 1 V/ 度左右，大功率管置 5 V/ 度左右）。

（4）将阶梯"幅度 / 级"开关，置于合适挡位（一般置较小挡，再逐渐加大，大功率管应达到较大挡）。

（5）功耗限制电阻先取值较大，以后逐渐减小。

（6）将调压器先置左端，按 E、B、C 接入晶体管，逐渐加大电压。

（7）观察和记载曲线。

2. 测量原理

为了具体说明图示仪的基本工作原理，下面以 NPN 型三极管的共发射极电路输出特性为例进行分析。

其发射极的输出特性是表示在基极电流 i_b 不变的条件下，集射间电压 U_{CE} 变化时，集电极电流 i_C 如何随之变化的关系曲线。图示仪显示的特性曲线，Y 轴表示 i_c 的信号，X 轴表示 U_{CE} 信号。其测试原理电路如图 5-48a 所示。在输入回路中接入固定基极电源 E_B（或注入固定基极电流 i_B）和限流电阻 R_b，使 i_B 保持不变。在输出回路中，R_c 为集电输出特性的负载电阻，R_c 也是集电极电流取样电阻。集电极扫描电源 E_c 通常采用 50 Hz 市电全波整流成 100 Hz 的全波整流波形，它直接加在被测管的集电极与发射极之间作为扫描电压，同时，加至示波器 X 轴通道作为 X 轴扫描电压 U_X，使荧光屏水平方向上亮点的偏转距离正比于 U_{CE}。

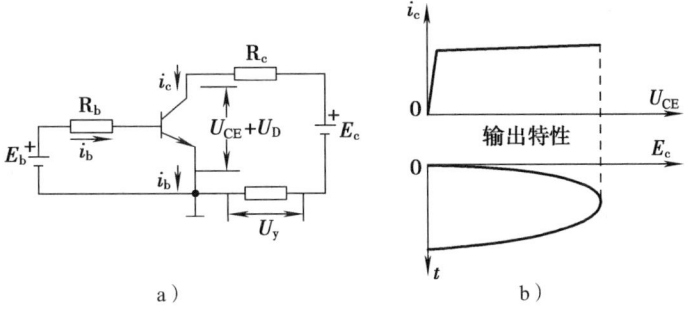

图 5-48　三极管共射电路输出特性测试示意图

这种集电极扫描电压能够从小到大再从大到小重复进行变化，每脉动一次，可以来回扫描两次，产生每秒 200 次的扫描，使显示出来的曲线亮度平衡而不闪烁。扫描电压的最大值能根据不同晶体管的要求进行调节。U_{CE} 的数值可以根据 X 轴作用开关上所标明的伏 / 度值直接读出。被测晶体管在 U_{CE} 的作用下，集电极电流 i_c 将随之发生变化，i_c 的大小可以通过接在集电极电路上数值很小的取样电阻 R_t 两端电压进行测量，因为电阻压降可以直接反应 i_c 的大小。将示波器的 Y 轴输入端与取样电阻相连，光点在 Y 轴上的坐标值，可以表示 i_c 的大小。因此，i_c 的数值可以根据 Y 轴作用开关上标明的毫安 / 度数值直接读出。

当电压 U_{CE} 反复扫描时，荧光屏光点在 U_{CE} 和 i_c 对应值作用下，就会呈现一条稳定不动的输出特性曲线，X 轴为 U_{CE} 坐标，Y 轴为 i_c 坐标，如图 5-48b 所示。

改变 i_b 值，可得到另一条曲线。为了能够同时显示出一族输出特性曲线，可以利用一个阶梯波发生器产生一个等差级数的阶梯电压作为基极电源，其测试电路如图 5-49 所示。

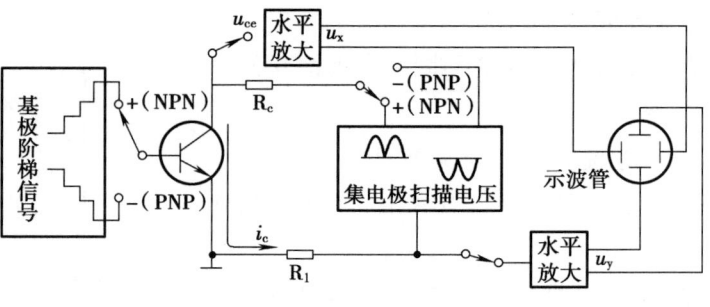

图 5-49　三极管测试电路示意图

　　每一阶梯代表一定的基极电压或基极电流，由于电路上采取了同步措施，使每一阶梯作用时间与集电极扫描电压周期相同。每当集电极电压 U_{CE} 扫描一次，阶梯波就跳一次。其波形如图 5-50 所示。

　　在 $t_0 \sim t_1$ 时间内，显示出 $i_b=0$ 的输出特性曲线，接着 i_b 跳到第二个台阶，显示 i_{b1} 的一条输出特殊性曲线。依次下去，逐次逐条进行显示，可以显示出 4 ~ 12 条特性曲线族。阶梯波每完成一个周期，曲线族重复扫描一次，当阶梯波的重复频率足够高时，则曲线族每秒重复出现的次数足够多，由于人的视觉残留作用不会感到曲线的闪烁。从而得到稳定的一族特性曲线。如图 5-51 所示。

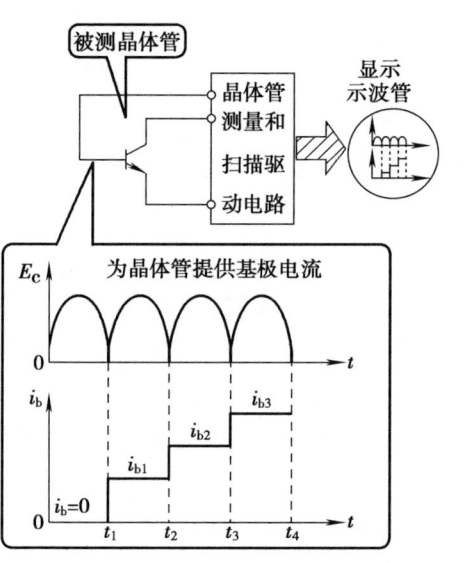

图 5-50　图示仪测试输出特性的电路

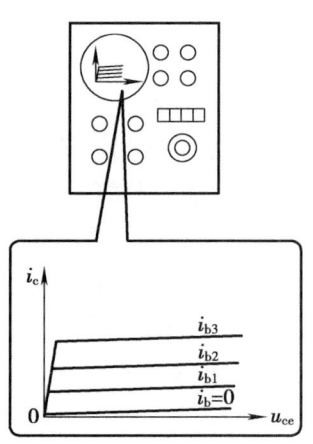

图 5-51　NPN 型三极管特性曲线族

　　如果被测的是 PNP 型三极管，则 E_C 和 E_B 均为负电源，显示的输出特性曲线族倒转 180°，位于荧光屏坐标的第三象限，原点位于右上角，如图 5-52 所示。

　　用特性曲线族这种方法显示特性曲线还有一个优点，即集电极电压 U_C。可以增大到超过晶体管的击穿电压。因为击穿电压和最大电流是瞬时作用的，只要不过大，一般不会损坏管子。这样，特性曲线的显示可以一直延续到出现击穿为止，并从中测出击穿电压的大小，这是用其他测量方法所难以做到的。

3. 场效应管输出特性测试

（1）根据 P 沟道或 N 沟道的不同，将极性开关置 PNP 位置或 NPN 位置。

（2）将 Y 轴"电流/度"开关置于 I_C 合适挡（实际为 I_D），X 轴"电压/度"开关置 U_C 合适挡（实际为 U_D）。

（3）将阶梯"幅度/级"开关置合适的电压挡，先小后大的逐渐加大。

（4）"功耗电阻"先置较大，之后再逐渐减小。

（5）将"调压器"先置左端（电压最低为 0），将待测管 D 极接"C"孔，G 极接"B"孔，S 极接"E"孔，然后将电压逐渐加大。

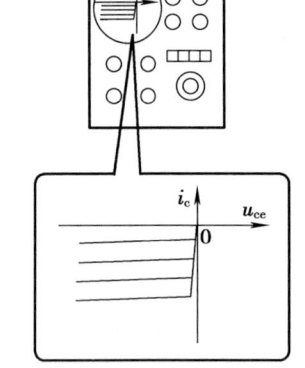

图 5-52　PNP 型三极管输出特性图

第 9 节　其他测量仪器

一、直流稳压电源的使用

直流稳压电源一般有线性负反馈型稳压电源和开关型稳压电源两种。

虽然线性负反馈型稳压电源比起开关型稳压电源来说有效率低、体积庞大、电网波动适应性差等缺点，但是由于它具有纹波小、电压调整率好、内阻小的优点，特别适用于实验，故现在仍然是实验室里的主流电源。

为了不使线性串联负反馈型稳压电源在低电压、大电流输出情况下的效率降得太低，一般都在面板上设置一个选择电压范围的波段开关，以便在低电压输出时将变压器的二次侧电压切换到低电压的抽头上。而为了使过载时或输出端短路时稳压电源内的调整管不至于因功耗过大而烧毁，一般都设置有保护电路。但通常保护电路是限流型保护，故保护电路即使启动，机内的调整管依然处于大功耗状态（但被限制在调整管的功耗指标内），如果超载时间过长，则调整管将因长时间发热而温度升高，如果散热不良，也有烧毁调整管的危险。这是使用稳压电源时应该注意的。

二、直流电桥的使用

利用单臂电桥测量电阻是一种比较精密的测量方法，而电桥本身又是灵敏度和准确度都比较高的测量仪器，若使用不当不仅不能达到应有的准确度，给测量结果带来误差，而且还可能损坏仪器，因此应掌握正确的使用方法。电桥的正确使用方法和注意事项如下。

1. 使用电桥时，首先要大致估计一下被测电阻的阻值范围和所要求的准确度，而后根据所估计的数值来选择电桥。所选用电桥的精度应略高于被测电阻的精度，其误差应小于被测电阻允许误差的 1/3。

2. 如果需外接检流计，检流计的灵敏度应选择适当。如果灵敏度太高，电桥平衡困难，调整费时；灵敏度太低，则达不到应有的测量精度。因此，所选择的检流计在调节电桥最低一挡时，只要指针有明显变化即可。

3. 如果需外接电源，直流电源应根据电桥使用说明的要求，选择各桥臂的适当数值及工作电源电压。一般电压为 2 ~ 4 V。为了保护检流计，应在电源电路中串联一可调电阻，测量时可逐渐减小电阻，以提高测量灵敏度。

4. 使用电桥时，应先将检流计的锁扣打开，若指针或光点不指零位，应调节检流计的零位调整旋钮。

5. 连接线路时，将被测电阻 Rx 接到标有 Rx 的接线柱上。如果为外接电源，则电源的正极应接电桥的"+"端钮，电源的负极接在"−"端钮。接线应选择较粗较短的导线，并将接口拧紧，因为接口接触不良会使电桥的平衡不稳定，甚至损坏检流计。

6. 估计被测电阻 Rx 的大小，适当选择比率臂的比率。选择比率时，应使比率臂各挡位都充分被利用，以提高测量的准确度。如用 QJ23 电桥测 2.222 Ω 电阻时，比率臂应在 0.001 挡位，当电桥平衡时，则比率臂的四个挡位均被利用，此时比率臂上读数为 2.222，则：

$$R_x = R_2 R_3 \cdot R_4 = 0.001 \times 2.222 = 2.222 \ \Omega$$

若比率臂的比率选择不当，如为 0.1，则电桥平衡时，比率臂只能用两挡读数（为 22），即 $R_x = 2.2 \ \Omega$，测量的误差会人为地增大。因此在选择比率时，应以比率臂的各挡位能充分利用为前提。

7. 测量时，先将电源按钮按下并锁住，然后按下检流计按钮，若此时指针向正的方向偏转，应加大比率臂电阻，反之应减小比率臂电阻。如此反复调节，直至检流计指针平衡在零位。

在调节过程中，在电桥尚未接近平衡状态前，通过检流计的电流较大，不应使检流计按钮旋紧，只能在每次调节时短时按下按钮，观察平衡状况。当检流计指针偏转不大时，方可旋紧按钮，以上步骤应进行反复调节。

8. 当测量小电阻时，注意要把电源电压降低，并只能在测量的短暂时间内将电源接通，否则因通电时间较长，会导致桥臂过热。应该提醒的是，直流单臂电桥不适合测量 0.1 Ω 以下的电阻。

9. 当测量具有电感性绕组（如电动机或变压器绕组）的直流电阻时，应特别注意要先按下电源按钮，对被测元件充一下电后再按下检流计按钮；测量完毕应先断开检流计，而后再切断电源，以免因电源的突然接通和断开所产生的反向自感电动势冲击检流计，而使检流计损坏。

10. 电桥使用完毕，应先切断电源，然后拆除被测电阻，将检流计的锁扣锁上，以防止搬动时震坏检流计。若检流计无锁扣，应将检流计短路，也能达到保护检流计的效果。

11. 对测量精度要求较高的元件时，除了选择精度较高的电桥外，为了消除热电势和接触电势对测量结果带来的影响，在测量时应采取改变电源极性的方法，进行正反向两次测量，而后取其平均值。

12. 当使用闲置较久的电桥时，应先将电桥上的有关接线端钮、插孔或接触点等进行清洁处理，使其接触可靠良好，转动灵活自如，以防接触不良等因素影响正常使用和测量结果。

三、万用电桥的使用

1. 万用电桥的测量步骤

（1）估计被测量电感量的大小，然后旋动量程开关至合适量程。

（2）旋动测量选择开关至"L"位置。

（3）在测量空心线圈时，损耗倍率开关放在 Q×1 位置；在测量高 Q 值滤波线圈时，损耗倍率开关放在 Q×0.01 的位置；在测量叠片铁芯电感线圈时，损耗倍率开关放在 Q×1 的位置。

（4）将损耗平衡旋钮放在 1 左右的位置，然后调节灵敏度，使电表的偏转略小于满刻度。

（5）首先调节电桥"读数"步进开关至 0.9 或 1.0 位置，再调节滑线盘，然后调节损耗平衡旋钮使电表偏转最小，再逐步增大灵敏度。反复调节电桥的"读数"、滑线盘和损耗平衡旋钮，直至灵敏度足够。满足测量精度的分辨率（一般使用不必把灵敏度调至最大），电表指针的偏转指零或接近指零，此时可认为电桥达到平衡。

例如电桥的"读数"开关的第一位指示为 0.9，第二位滑线盘为 0.098，则被测电感量为：

$$100 \text{ mH} \times (0.9+0.098) = 99.8 \text{ mH}$$

即被测量 Lx = 量程开关指示值 × 电桥的读数值。

损耗倍率开关放在 Q×1 位置，损耗平衡旋钮指示为 2.5，则电感的 Q_x 值为：

$$Q_x = 1 \times 2.5 = 2.5$$

即被测量 Q_x = 损耗倍率指示 × 损耗平衡旋钮的指示值。

2. 万用电桥测量时的注意事项

（1）被测元件必须与仪器的地线隔离。如果被测元件与仪器的"地"之间有连接线或通过任何阻抗与"地"相连接，都将引起测量误差，甚至无法进行测量。这是因为被测元件置于电桥的一个桥臂上，它的两端与"地"之间应没有直接的联系。

（2）在使用外接音频振荡器测量电容或电感时，外加音频电压值应符合电桥所规定的范围（如在 QS18A 型万用电桥中，该电压值为 1～2 V），此时测得的 Q_x 值等于损耗平衡盘读数乘以 f/f_0。式中 f_0 为仪器内部振荡器的频率（如 GS18A 型电桥为 1 000 Hz），f 为外加音频振荡器的频率。

（3）测量电感线圈时若发现受到外界干扰，可先使仪器内部的振荡器停止工作（将面板上的拨动开关放在"外"的位置），然后移动被测线圈的位置和角度，使指零仪表指示值降低到最低程度，最后使仪器内部振荡器恢复工作，消除干扰后再进行测量。

（4）有些万用电桥的读数盘是通过机械传动装置用数字显示的，也有通过数字电路用数码管或液晶显示读数的，这些万用电桥的基本测量原理及使用方法基本相同，仅仅读数显示部分不同而已。

3. 万用电桥的正确使用

万用电桥有各种型号，使用时也各有特点，但基本使用方法是相同的。现以 QS18A 型电桥为例，将万用电桥的一般使用步骤介绍如下。

（1）测量前的准备工作

1）测量前必须先熟悉仪器面板上各元件及控制旋钮的作用。

2）检查仪器的输入电源电压是否符合仪器使用电源电压的规定值。

3）插上电源插头，合上电源开关预热 5 ~ 15 min。

4）如电桥使用外部音频电源或外部指零仪，应将相应的旋钮开关置于"外接"位置。

5）测量前，各调节旋钮均应置于"0"位置。

（2）测量方法

1）将被测元件接到"测量"接线柱上。

2）根据被测元件的性质，调节"测量选择"开关至相应的"C""L""R ≤ 10""R>10"等位置。

3）估计被测元件参数值的大小，将"量程开关"放置在合适的位置上。

4）逐步增大灵敏度，使指针偏转略小于满刻度。

5）先调"读数"旋钮，再调"损耗平衡"旋钮，观察指零仪表指针的偏转，使其尽量指零；然后逐渐增大灵敏度，使指针偏转略小于满刻度，再调节读数盘及损耗平衡旋钮，使指零仪指针指零。如此反复调整，直至灵敏度调到足够分辨出测量精度的要求，并使电桥达到最后的平衡状态。

6）读取被测元件的数值。当电桥平衡时，把各级读数盘所指示的数字相加，再根据量程开关的位置（或倍率选择开关位置），便可得到被测元件的数值。被测元件的 D 值（或 Q 值）根据平衡时平衡旋钮的示值和损耗倍率开关的位置来决定。

四、仪器仪表的使用注意事项

（1）要正确地使用仪器，必须了解仪器使用中的一般规则和常识，如果不遵守这些规则，并不是一定会导致错误，而是只在某些场合或某些情况下才会得到明显的错

电子工艺基础（第二版）　　　　　　　　　　　　　　中国特色企业新型学徒制培训教材

误结果。这也往往使得人们容易误认为这些测量中的规则或常识似乎并不是那么严格或那么有用，尤其是对于工程实践经验不足的爱好者更是如此。

（2）电子仪器的电源线、插头应完好无损。

（3）测试高压部分的部件时，应特别注意身体与高压电绝缘，最好用一只手操作，并站在绝缘板上，以减少触电危险。万一发生触电事故，应立即切断总电源，并进行急救。

（4）测量时遇到有焦味、打火现象等，要立即切断电源，并检查电路、排除故障。

（5）测量完毕应切断电源，防止意外事故发生。

参 考 文 献

［1］陈余寿.电子技术实训指导［M］.北京：化工工业出版社，2001.

［2］段雨辰.怎样正确使用指针式万用表［J］.北京：电子世界，1996（4）.

［3］朱国兴.电子技能与训练［M］.2版.北京：高等教育出版社，2005.

［4］李隆宝.实用电子器件和电路简明手册［M］.北京：电子工业出版社，1991.

电子工艺基础（第二版）　　　　　　　　　　　　中国特色企业新型学徒制培训教材

附表　常用电气图的图形符号

DL/T 5028.3—2015 GB/T 4728.1 ~ 13		DL/T 5028.3—2015 GB/T 4728.1 ~ 13	
名称	图形符号	名称	图形符号
插座		T 型连接	形式 1 形式 2
插头		多重连接	形式 1 形式 2
原电池蓄电池		导线跨越	
原电池组或蓄电池组		太阳能电池 光电池	
动断（常闭）触点		按钮开关	
动合（常开）触点	形式 1 形式 2	多极开关	
先断后合的转换触点		手动操作开关	
拉拔开关		旋转开关	
热敏自动开关		接触器的主动合触点	
电动机	Ⓜ	三相鼠笼式 感应电动机	Ⓜ3~
电阻器		继电器线圈	
可调电阻器		交流继电器线圈	~
压敏电阻器	U	带滑动触点的电位器 （电位器）	

208

续表

DL/T 5028.3—2015 GB/T 4728.1~13		DL/T 5028.3—2015 GB/T 4728.1~13	
名称	图形符号	名称	图形符号
热敏电阻器	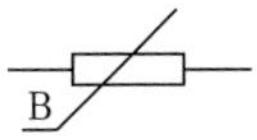	带开关的滑动触点电位器	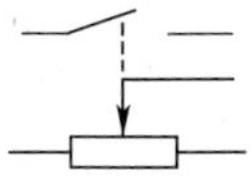
光敏电阻		熔断器	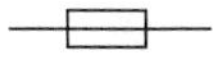
带固定轴头的电阻器	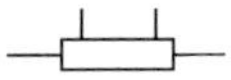	熔断电阻器	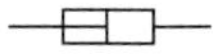
0.125 W 电阻器		0.25 W 电阻器	
0.5 W 电阻器	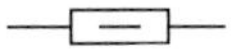	1 W 电阻器	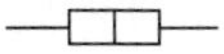
电容器	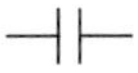	极性电容器	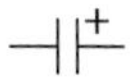
可变电容器		双联同轴可调电容器	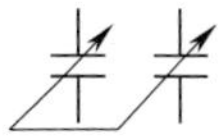
半导体二极管	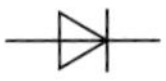	发光二极管	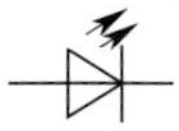
热敏二极管	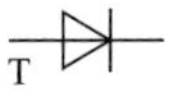	变容二极管	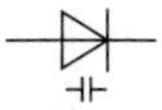
单向击穿二极管	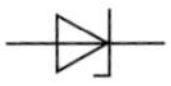	双向击穿二极管	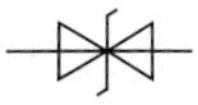
隧道二极管	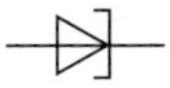	双向二极管	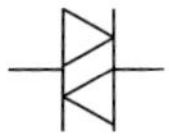
光电二极管	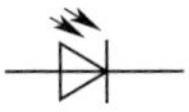	反向导通三极晶体闸流管	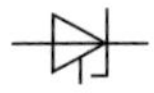
反向阻断三极晶体闸流管	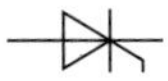	双向三极晶体闸流管（双向可控硅）	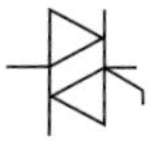
NPN 型半导体管	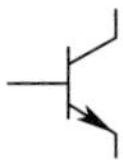	PNP 型半导体管	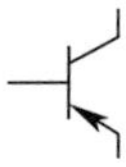
电铃		蜂鸣器	
指示灯 信号灯	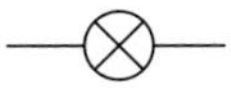	天线	

附表　常用电气图的图形符号

续表

DL/T 5028.3—2015 GB/T 4728.1~13		DL/T 5028.3—2015 GB/T 4728.1~13	
名称	图形符号	名称	图形符号
与	&	运算放大器	▷∞
或	≥1	非门	1
电感器		带磁性的电感器	
带磁芯连续可调的电感器		带固定抽头的电感器	
接地		可变电感器	
保护接地		抗干扰接地无噪声接地	
接底板		接机壳	
保险丝电阻		扬声器	
端子	○	可拆卸的端子	∅
电压表	V	电流表	A
功率表	W	转速表	n
二电极压电晶体		三电极压电晶体	
N沟道场效晶体管		P沟道场效晶体管	
PNP型光电三极管		光电耦合器	
传声器		受话器	